普通高等教育材料科学与工程专业规划教材

生态环境材料学

主编　聂祚仁　王志宏
参编　毛倩瑾　龚先政
主审　左铁镛

机械工业出版社

全书共九章。第一、二章，系统地介绍了生态环境材料学的产生背景、材料与生态环境的关系；第三、四章，重点讲述了材料的环境协调性评价、材料及产品的生态设计；第五~九章，分别讨论了金属、无机非金属、高分子、天然矿物与天然有机高分子材料的环境材料学基础理论，并介绍了研究与发展的最新动向，最后讨论了重要的环境治理功能材料。

本书可作为材料科学与工程专业本科生专业基础课教材，并可供有关科技人员与管理人员参考。

图书在版编目（CIP）数据

生态环境材料学/聂祚仁，王志宏主编. —北京：机械工业出版社，2004.5（2026.1重印）
普通高等教育材料科学与工程专业规划教材
ISBN 978-7-111-14223-2

Ⅰ.生…　Ⅱ.①聂…②王…　Ⅲ.材料科学—环境生态评价—高等学校—教材　Ⅳ.①TB39②X826

中国版本图书馆CIP数据核字（2004）第023046号

机械工业出版社（北京市百万庄大街22号　邮政编码100037）
策划编辑：冯春生　责任编辑：冯　铁　版式设计：霍永明
责任校对：王　欣　封面设计：张　静　责任印制：单爱军
北京盛通数码印刷有限公司印刷
2026年1月第1版第9次印刷
169mm×239mm · 14.75印张 · 287千字
标准书号：ISBN 978-7-111-14223-2
定价：39.00元

电话服务
客服电话：010-88361066
010-88379833
010-68326294

网络服务
机　工　官　网：www.cmpbook.com
机　工　官　博：weibo.com/cmp1952
金　书　网：www.golden-book.com
机工教育服务网：www.cmpedu.com

前　言

生态环境材料（Ecomaterials）的发展，与生态设计和生命周期评价（LCA）相联系，强调所有材料的环境属性，最重要的是，应该从环境材料的观点重新看待所有的材料及其性能。生态环境材料学作为一个新的学科概念和新兴交叉领域，已在世界范围内得到发展。国内许多大学近年已先后开设了有关生态环境材料的专业教育课程。本书是在编者多年来讲授生态环境材料学课程的基础上，并结合国内外近年来科学研究和工程实践的成果编撰而成。

全书共九章，分为生态环境材料基础、材料环境协调性评价及其应用、环境协调的材料与工程三大部分。第一部分包括第一、二章，系统地介绍了生态环境材料学的产生背景、材料与生态环境的关系；第二部分包括第三、四章，重点讲述了材料的环境协调性评价、材料及产品的生态设计；第三部分包括第五到第九章，分别讨论了金属、无机非金属、高分子、天然矿物与有天然机高分子材料的环境材料学基础理论，并介绍了研究与发展的最新动向，最后讨论了重要的环境治理功能材料。本书可作为材料科学与工程专业本科生专业基础课教材，也可供有关技术和管理人员参考。

“生态环境材料学”作为材料科学与工程专业本科生的专业公共基础课，在引导认识材料产业发展与人类生存环境关系的基础上，把环境意识引入材料科学与工程，介绍近年来发展形成的环境材料新概念和基本内涵、主要研究内容及方法，对学生全面了解和把握材料学科发展趋势、建立材料科学与工程发展的新观念有重要意义，是培养面向21世纪的新型材料专业人才和保证材料产业可持续发展所必不可少的基本教学内容，也是材料科学与工程学科教育体系发展的产物。本课程的主要教学目的是使同学掌握环境材料的基本概念和基本分析研究方法，熟悉环境材料学的基本理论框架体系，了解材料环境负荷评价方法（MLCA）及其应用，同时认识材料及物质的再生利用以及与生态系统协调的材料与工程。要求同学具有初步的材料科学与工程知识基础，以及初步的材料工程问题的分析能力，应该是在材料科学与工程学导论、材料科学基础、材料工程学等专业基础课程教学之后安排本课程学习。通过对本课程的学习，不仅是学习课程要求的教学内容，更重要的是使同学树立环境协调发展的新观念，运用材料专业课程和基础课程知识，提高和加强解决可持续发展的材料工程实际问题的能力和知识水平。

本书由聂祚仁、王志宏主编，由左铁镛院士主审。聂祚仁教授编写第一、

二、三、五、八、九章，王志宏教授编写第四、六章，毛倩瑾讲师编写第七章，龚先政副教授编写第三、八、九章部分内容，狄向华、袁宝荣、高峰参加了有关编写资料的收集、整理等工作。

由于生态环境材料学处在不断发展阶段，加之编者学识有限，书中难免有不当之处，敬请读者批评指正。

编者

2004年3月

目　录

第一章 概 论

人类已开始认识到全球环境的恶化，并在努力减轻地球环境的负荷。但仍生活在不可持续发展的方式之中。材料作为社会经济发展的物质基础，推动着人类文明的进步；同时材料产业又是资源、能源消耗和污染排放大户，严重威胁着人类生存的自然环境。材料与环境如何协调发展的问题日益受到人们的重视。20世纪90年代初出现了“生态环境材料”（Ecomaterials）的概念，要求材料在满足使用性能要求的同时还应具有良好的全寿命过程的环境协调性，赋予材料及材料产业以环境协调功能。发展生态环境材料与技术，实现材料产业的可持续发展，已成为必由之路。

第一节 材料可持续发展的产物——生态环境材料

人类在创造社会物质文明的同时，也在不断地破坏人类赖以生存的环境空间。受人类生存活动的影响，大自然必然会发生重大变化，有些变化我们已经感受到，而有些变化暂时还无法预料。如“刀耕火种”的掠夺性农业生产方式，不合理的开发使用土地，使植被茂盛、土地肥沃的地区竟变成了人烟稀少的荒漠。世界“三大文明”的毁灭，是生态环境破坏的结果，至今仍是人类面临的严重环境问题之一。工业革命给人类带来了更大的物质文明，同时也加速了自然资源和能源的过度消耗，引起生态环境的严重失衡。世界范围内污染源的70%来自于工业。由于工业废料的大量排放，造成了诸如全球气候变暖、酸雨、臭氧层被破坏、生物物种锐减等全球性灾难。

随着社会生产力的飞速发展，人类社会活动规模和深度的不断扩大，向自然索取的能力和对自然界干预的能力越来越大，资源消耗和废物排放量与日俱增，加之人类认识上的局限性和主观上的松懈性，致使环境问题越来越严重，污染事件频频发生，对人类生命和财产安全以及社会经济的正常发展构成了严重的威胁，20世纪后半叶发生的一系列世界著名公害事件已引起全球的极大关注。1972年，联合国人类环境会议宣言指出：“人类既是他的环境的创造物，又是他的环境的创造者，环境给予人以维持生存的东西，并给他提供了在智力、道德、社会和精神方面获得发展的机会。”自1992年里约热内卢大会上100多个国家通过了《里约宣言》和《21世纪议程》等重要文件之后，各国一致承诺把走可持续发展的道路作为国际社会未来长期共同发展战略。从那之后，人类虽已开始把减轻地球环境负荷作为共同努力目标，但人们仍生活在日益危险以致难于持续发展的世界中：人口（尤其是贫困人口）加速增长，资源进一步消耗和废弃，而生物物种、森林面积、可利用水资源、可耕土地却更加减少，臭氧层甚至出现空洞。

21世纪的经济仍然是建立在物质基础之上的经济。随着世界经济的快速发展和人类生活水平的提高，现代社会对材料及其产品的需求增长得更加迅猛。1980年全世界的能源消费量约为1900年的10倍。在1900年至1950年间，有40亿t普通金属用于制造业；但在1980年至1990年的仅10年内，就用掉58亿t金属。绝大多数金属用于汽车和家用电器等的制造，而许多稀有金属没有利用就废弃了。随着高科技的发展，电子产品、家用电器更新换代的周期越来越短，被淘汰的废旧电子产品、元器件等电子垃圾也将会大量产生。这些电子元器件含有大量的铅、汞、镉、铬、钍、聚氯乙烯塑料、溴化阻燃剂和各种化合物等上百种对人体有害的物质，这些元素如果进入土壤随雨水渗到地下污染水源，最终将危害人类、植物和微生物；如果把废弃的电器焚烧处理，会产生大量的有毒气体，对空气造成污染，最终形成酸雨；废弃物会透过皮肤、细胞渗透，少量便可造成过敏，引起哮喘，破坏DNA。这些有毒有害的物质加大了电子产品回收再利用的难度。

生态环境材料的出现，不仅是材料本身发展的需求，而且是从整个地球环境、社会发展、人类生存出发，对材料产业提出的要求。生态环境材料概念的最早提出时间是1990年10月，在一次关于材料服务于人类生活、行为的未来状况与环境关系的讨论会上，由日本学者提出，目前已在世界范围内得到普及。东京大学的山本良一教授等提出了生态环境材料的英文名称Ecomaterials，由Environmental Conscious Materials或Ecological Materials缩写而成，按英文字面含义可理解为环境意识的材料或生态材料，也即环境友好型材料或环境协调性材料。近年来，“eco-friendly”（环境友好）已成为既简洁明了、又符合西方人表达习惯而令人感觉亲切，体现当今社会重视生态重视环保的流行用语；Ecomaterials一词的出现也展示出材料领域适应社会可持续发展的时代潮流，为世界所接受。从改善环境的角度出发，具有环境改善功能的材料、高效率利用和低耗能材料、全寿命环境协调材料、零排放的制备技术等生态环境材料与技术是材料科学与技术对全球环境的重要贡献。

从材料本身性质来看，生态环境材料的主要特征应该是：

1）无毒无害、减少污染，包括避免温室效应和臭氧层破坏等。

2）全寿命过程对资源和能源消耗少。

3）可再生循环利用、容易回收。

4）材料的高使用效率等。

地球是人类赖以生存的共同家园。保护资源、保护环境是全人类的共同使命。人口膨胀、资源短缺和环境恶化是当今人类社会面临的三大问题。这些问题的积累加剧了人类与自然的矛盾，并已对社会经济的持续发展和人类自身的生存构成新的障碍。材料产业的发展必须走与资源、能源和环境相协调的道路才是可持续发展的。“生态环境材料”概念，是材料科学与工程研究发展的必然趋势。

第二节 生态环境材料的内涵与定义

从材料的生产—使用—废弃的过程来看，可以说是将大量资源提取出来，又将大量废弃物排回到自然环境中的循环过程。传统的材料研究、开发与生产，往往过多地追求良好的使用性能，而对材料的生产、使用和废弃过程中需消耗大量的能源和资源，并造成严重的环境污染，危害人类生存的严峻事实重视不够。作为人类社会和经济发展物质基础的材料将来应该以怎样的模式发展下去？材料工作者都在认真思考、探索这个问题，而且材料学科科学技术的发展使人们有能力解决材料设计、生产、使用、废弃、回收全过程的环境问题。

国际材料界在审视材料发展与资源和环境关系时发现：过去的材料科学与工程是以追求最大限度发挥材料的性能和功能为出发点，而对资源、环境问题没有足够重视，这反映在1979年美国材料科学与工程调查委员会给“材料科学与工程”所下的定义：“材料科学与工程是关于材料成分、结构、工艺和它们性能与用途之间的有关知识的开发和应用的科学。”这一传统的材料四要素体系没有充分考虑材料的环境协调性问题，或者说环境协调性在当时还没有那么尖锐突出。

在20年后的今天，人们认为在理解上述定义的内涵时应予拓宽乃至修订补充，应该更明确地要求材料科学与工程工作者认识到：① 在尽可能满足用户对材料性能的要求的同时，必须考虑尽可能节约资源和能源，尽可能减少对环境的污染，要改变片面追求性能的观点；② 在研究、设计、制备材料以及使用、废弃材料产品时，一定要把材料及其产品整个寿命周期中，对环境的协调性作为重要评价指标，改变只管设计生产，而不顾使用和废弃后资源再生利用及环境污染的观点；③ 这个定义的拓宽将涉及多学科的交叉，不仅是理工交叉，而且具有更宽的知识基础和更强的实践性，不仅讲科学技术效益、经济效益，还要讲社会效益，把材料科学技术与产业的具体发展目标和全球、各国可持续发展的大目标结合起来。

生态环境材料正是在这样的背景下提出来的，是20世纪90年代国际上材料科学与工程发展的最新趋势之一，这已在世界各国达成共识，并已逐渐兴起了全球性的生态环境材料的研究、开发和实施热潮。这是时代赋予我们的义不容辞的历史责任，是人类社会进步到一定时期的自然产物，是时代的需求。

有关生态环境材料的范围和定义，国际上目前还没有形成统一的说法。从

1993年以来，每两年举行一次的生态环境材料国际会议（The International Conferences on Ecomaterials）已开过五届。另外，生态环境材料的专题研讨会也在世界范围内召开过数次。按照有关的研究报道和生态环境材料的要求，可将有关的材料特征分为十类：

1）节约能源。材料能降低某一系统的能量消耗。通过具有更优异的性能（如轻质、耐热、绝热性、探测功能、能量转换等）实现提高能量效率，即改善材料的性能可以降低能量消耗达到节能目的。

2）节约资源。材料能降低系统的资源消耗。通过更优异的性能（强度、耐磨损、耐热、绝热性、催化性等）可降低材料消耗，从而节省资源。如能提高资源利用率的材料（催化剂等）和可再生的材料也能节省资源。

3）可重复使用。材料的产品收集后，允许再次使用该产品的性质，仅需要净化过程如清洗、灭菌、磨光和表面处理等即可实现。

4）可循环再生。材料产品经过收集，重新处理后作为另一种新产品使用的性质。收集产品视为原材料。

5）结构可靠性。材料使用时具有不会发生任何断裂或意外的性质，是通过其可靠的力学性能（强度、延展性、刚度、硬度、蠕变等）实现的。

6）化学稳定性。材料在很长的使用时间内通过抑制其在使用环境中（暴风雨、化学、光、氧气、水、土壤、温度、细菌等）的化学降解实现的稳定性。

7）生物安全性。材料在使用环境中不会对动物、植物和生态系统造成危害的性质。不含有毒、有害、导致过敏和发炎、致癌和环境激素的元素和物质的材料，具有很高的生物学安全性。

8）有毒、有害替代。可以用来替代已经在环境中传播并引起环境污染的材料。因为已经扩散的材料是不可收回的，使用具有可置换性的材料是为了防止进一步的污染。如氯氟甲烷的替代材料、生物降解塑料等都有很高的可置换性。

9）舒适性。材料在使用时能给人提供舒适感的性质。包括抗振性、吸收性、抗菌性、湿度控制、除臭性等。

10）环境清洁、治理功能。材料具有的对污染物分离、固定、移动和解毒以便净化废气、废水和粉尘等的性质。也包括探测污染物的功能。

对于生态环境材料的合成与加工工艺（也称作绿色工艺），根据其特征，可分为四类：

1）能源节约工艺。能够通过提高能源效率或降低能量消耗但又不损害生产率来节省能量的加工方法。也包括热能循环。

2）资源节约工艺。能够通过提高材料的效率或降低材料的消耗但不损害生产率来节省资源的加工方法。

3）降低污染的加工技术。能够降低污染物（如废气、废液、有毒副产品和废渣等）排放但又不损害生产率的加工技术。

4）净化环境的加工技术。能够净化有害物质（如废气、废液和有毒副产品）以及净化已经污染的空气、河流、湖泊和土壤等的加工技术。

通过十多年的研究，材料工作者较为普遍接受的观点认为，生态环境材料应是同时具有满意的使用性能和优良的环境协调性，或者是能够改善环境的材料。所谓环境协调性，是指对资源和能源消耗少、对环境污染小和循环再生利用率高。

这类材料对资源和能源消耗少、对生态和环境污染小、再生利用率高或可降解化和可循环利用，而且要求从材料制造、使用、废弃直到再生利用的整个寿命周期中，都必须具有与环境的协调共存性。因此，所谓生态环境材料，实质上是赋予传统结构材料、功能材料以特别优异的环境协调性的材料，它是由材料工作者在环境意识指导下，或开发新型材料，或改进、改造传统材料所获得的。我们之所以强调它并非仅特指新开发的新型材料、并不是排它的新材料体系，是因为实际上，任何一种材料只要经过改造达到节约资源并与环境协调共存的要求，它就应视为生态环境材料。这种定义、概念有助于调动更广大的材料工作者的积极性，鼓励和支持他们结合本职工作，对量大面广的材料产品进行生产技术改革，实现节能、降耗和治理污染的目的。生态环境材料与量大面广的传统材料不可分离，通过对现有传统工艺流程的改进和创新，以实现材料生产、使用和回收的环境协调性，是生态环境材料发展的重要内容。同时，要大力提倡和积极支持开发新型的生态环境材料，取代那些资源和能源消耗高、污染严重的传统材料。还应该指出，从发展的观点看，生态环境材料是可持续发展的，应贯穿于人类开发、制造和使用材料的整个历史过程，随着社会发展和科技进步，以新产品取代旧产品是个不断进步的过程，从科学上讲是一个广泛的概念。其实生态环境材料是材料发展的必然结果，其概念是发展的，也是相对的，还需进一步研究和探讨。

生态环境材料的研究进展，将有助于解决资源短缺、环境恶化等一系列问题，促进社会经济的可持续发展。另外，生态环境材料的研究还与政治、经济、贸易等领域的国际竞争相联系，如许多发达国家已将环境保护列入贸易往来的条件，环境问题已直接关系到我国履行国际公约的责任和义务。

第三节　生态环境材料的研究与应用发展

围绕生态环境材料这一主题，国际上开展了广泛的研究，日本和欧洲的一些国家相继成立了相关的研究学会，组织专门的学术和政策研究，多次召开国际性的研讨会，探讨材料与地球资源、环境问题，推动生态环境材料研究与开发，其中已定期召开的学术会议有自1993年开始、每两年一次的Ecomaterials国际会议和1994年开始、每两年一次的Ecobalance国际会议等。近年国内外生态环境材料与技术的研究和应用可以划分为材料的环境协调性评价技术和具体的生态环境材料的设计、研究与开发两大方面。

一、材料的环境协调性评价技术及其应用

日本于1995年开始对一些典型材料进行了环境协调性评估，指导和推进全日本材料及其制品产业的环境协调化发展。德国利用物质流分析的方法研究了国家、地区以及典型材料和产品如铝、建材、包装材料等的物质流动和由此产生的环境负荷，用于指导工业经济材料及产品生产的环境协调发展。奥地利、加拿大、法国、德国、北欧国家、荷兰、美国等许多国家和欧盟、世界经济与合作组织、国际标准化组织等国际组织都将环境协调评价作为制定标志或标准的方法。在评价中已涉及的材料有：交通运输材料（如汽车材料）、包装材料、建筑材料、自行车材料以及其他工程材料和功能材料。

目前世界上有十多个有影响的MLCA数据库和SPOLD数据交换格式以及评价软件等。由于MLCA和MFA数据存在很大的地域局限性、时空差异、主观性以及实用性问题等，各个国家或地区都需要建立自己的数据库和评价标准，在实际应用与研究中不断走向完善。这是一项需要国家政府部门给予支持、发挥导向和宏观调控作用，必须长期积累的工作。

目前材料环境协调性评价技术的研究和应用主要在以下三方面开展：①关于MLCA的系统框架和评价方法的研究。着重于环境协调性评价（LCA）的概念阐述和方法的研究，力图建立一个普遍适用的LCA执行体系。②发达国家以及许多跨国公司根据自身的要求提出了各自的环境负荷评价指标，并针对具体的实际过程建立了环境影响数据库，国家层次上最具代表性的是日本从1998年启动的国家MLCA计划，目前已进入第二阶段实施之中。③将LCA方法应用到实际的材料或产品的设计和生产过程中，用于指导开发及筛选新的环境协调性的材料和产品以及国际贸易。

二、生态环境材料的设计、研制与开发

环境协调设计（Eco design）和环境协调制造在市场和绿色购买的压力下受到影响，日本在1996年成立的绿色购买网（GPN，Green Purchasing Network），有1 910家主要公司、228个地方政府和179个环境和消费组织参加，还包括日本环境协会和环境机构的协调专家。国际上的一些著名公司都在实施相应的研究发展计划。如IBM公司的“环境设计计划”，道化学公司的“减少废弃计划”，Chevroint公司的“节约资金，减少毒气计划”等；一些国际知名的大企业像日本的佳能、东芝、日立、富士、索尼，德国的西门子等从产品和技术的开发等角度一直关注生态效率和资源环境效率，使其开发的新产品不仅具有经济效益，还要具有环境效益，以保持未来的市场竞争力。德国“蓝天使”计划，加拿大

"ECOLOGO"计划，美国"健康建材"计划，丹麦"室内气候标志系统"已实施多年。出现了许多环境协调产品，如 TOYOTA 公司的混合燃料汽车、YOKOGAWA 公司的便携式示波器、DAIKIN 公司的房间空调器、EBARA 公司的无汞泵、National/Panasonic 公司的银合金、Misawa Home 公司的 100% 可再生房屋、日本铁路公司的子弹头火车等等。

近年世界各国无论是在量大面广的现用材料与技术的环境协调性改造升级方面，还是在新型环境工程材料的研制和开发方面，都取得了较大的进展。

1. 清洁生产工艺

材料洁净生产技术，又称为零排放与零废弃加工技术（Zero Emission and Zero Waste Processing），已引起各行业材料科技工作者的极大关注。其基本出发点是，通过对材料制备加工中各种过程的综合分析，采取有效的综合技术，从技术及经济成本的可行性两方面考虑，尽可能减少乃至最终避免在材料制备加工中废弃物和污染物向生态环境中的排放，实现材料制备加工技术洁净化。

2. 冶金短流程

钢铁冶金中，直接还原铁工艺与高炉炼铁工艺相比，原料种类比较简单，只用铁矿石、煤和石灰石三种物料，省去了高炉炼铁工艺中的烧结、焦化工序，缩短了炼铁生产工艺流程，大大降低了生产过程中的环境负荷。近终型加工和短流程的开发应用，极大地降低了生产过程中的物耗和能耗。

3. 生态水泥

水泥生产中利用可燃废料，包括废轮胎、废塑料等，替代部分煤来煅烧熟料，可以显著降低水泥生产能耗，也起到了防治污染、保护环境的作用。目前具有广泛应用前景的绿色高性能混凝土，不但节省水泥熟料，更多地掺加以工业废渣为主的活性细掺料，而且更大地发挥高性能优势，减少水泥和混凝土的用量。

4. 环保建材

新型的功能型和环保型建材、废旧建材的再生利用开发异常活跃，如污泥水泥、木材陶瓷、废旧有机物增强混凝土等。还包括节能建筑材料，如利用相变材料具有可以重复吸热、储热、放热的特点，将相变材料用于建筑物的自动调温等。这些较先进的技术将是环保建材的发展方向。在涂料方面，已发展了多种无毒、无污染的水溶性涂料、粉末涂料、无溶剂涂料等，还可具有杀菌、防霉的作用。

5. 环境工程材料

环境工程材料主要包括对废弃物污染控制和处理的环境净化材料、对已被破坏的环境进行生态化治理的环境修复材料，以及替代有毒有害材料的环境替代材料等。在生态环境材料概念指导之下的环境工程材料，不仅要具有环境治理功能，更强调其本身与环境的协调性。如具有阻燃、低烟雾、消音、隔热、散热、烟尘过滤、电磁屏蔽、吸收冲击波等功能的特种建材，无石棉特种防火材料等。

6. 天然资源环境材料

许多天然矿物及其改性材料在治理环境污染、水资源利用和污水处理、替代有毒有害材料、制作绿色建材、作为催化剂载体等方面有广阔的应用前景。例如应用矿物的环境属性开发起保水与保肥作用的材料治理土壤沙漠化等。

自然界存在的天然生物高分子是巨大的可再生资源，包括植物的纤维素、淀粉、植物蛋白质和动物的甲壳质，体外分泌物如蚕丝、虫胶和各种蛋白质等，可为人类提供丰富的原材料来源，而且其制品都可以在自然环境中实现生物降解。

还有陶瓷化木材、竹材等，通过碳化、热处理等处理可极大地提高这一类天然材料的利用效率，实现资源的高效利用和可再生循环。

7. 降解树脂

合成高分子材料引起的“白色污染”已经引起了各国政府和产业部门的高度重视，尤其在农用地膜、一次性包装材料等领域已经有使用全降解塑料的强烈要求。生物降解树脂在土壤中可以被微生物分解为水和二氧化碳。制备成本可接受的全降解塑料已经成为工业界在该领域研发的焦点课题，其中成本和知识产权的竞争已经国际化，竞争极为激烈。

8. 电磁波防护类材料

随着信息技术的发展，电磁波对人类生存环境的污染越来越受到关注。为了减少电磁波对人体的辐射污染，大量的研究集中在开发有效的屏蔽措施方面，特别是屏蔽材料的加工制备，对不同的电子设备采用不同的防护层，尽量将电磁波屏蔽在机内，最大限度地减少电磁波的机外辐射，则是源头治理的努力方向。

9. 电子功能材料领域的毒害元素替代材料

环境友好的高性能电子材料的系列开发研究已成为世界范围内电子材料产业可持续发展的趋势，某些产品的研究开发已迫在眉睫。欧盟委员会已提出，将在2004年1月1日开始全面实施电子产品无铅化，2008年以后禁止使用铅、汞、镉和溴化阻燃剂等物质制造电器；日本2002年开始含铅材料只在特殊情况下使用，并逐步实现全面禁止；美国国会在电子及其他工业部门中酝酿禁止使用含铅钎料的法案。欧洲各主要厂家迫于环保要求，将从2002年开始停止生产含钍的各种钨电极材料。

第四节　生态环境材料的发展趋势

在全球可持续发展的形势下，世界许多国家的政府、贸易、金融、企业和材料界对生态环境材料已有所共识，并大力促进其研究和发展。围绕生态环境材料研究，国际上从提高资源效率和生态效率的角度开展了全面的工作。除技术开发外，资源的有效利用和环境保护主要靠政策和管理，健全的法规和制度是资源和生态环境的重要保障。目前许多国家制定了有关的法律，来推动本国环境材料的发展，以求能够推动本国经济的持续发展。各国税收政策的调整也在刺激资源效率的提高。特别需要指出的是，有关材料和产品的环境问题已经渗透到国际政治、经济、贸易和文化各个领域，是当今国际竞争的重要方面。发达国家强烈要求发展中国家提高产品的环境标准，提出将环境保护作为贸易的条件。环境问题与贸易措施相结合，国际贸易中的“绿色壁垒”便应运而生。在材料科学与工程技术领域，各种生态环境材料及其产品的开发将成为材料产业可持续发展的方向。

在我国目前和未来的相当一段时期内，生态环境材料的研究与发展应分为几个层次，主要有全民特别是材料界的观念意识改变，如宣传和教育问题；宏观上的国家行为，如立法、立规等问题；国家就有关生态环境材料的科学计划问题，包括基础研究、高技术研究、攻关等科技和经济发展计划，都需支持生态环境材料的发展，引导大家朝这类材料的研究和开发发展；还有教育、学科建设等方面，培养交叉学科人才，落实上述问题的具体工作；建立相应的组织、学术团体，加强生态环境材料方面的交流合作等。

一、关于生态环境材料及其学科的基本问题研究

材料的环境性能、材料再生循环过程性能的演变及机制、材料的生态设计理论和方法等都属于生态环境材料研究的基础问题。同时生态环境材料不仅是一个具体的材料研究与开发的问题，也是一个材料科学与工程学领域的问题，它的研究与开发涉及自然科学与社会科学问题，涉及多学科知识基础问题，涉及对材料工作者的资源、环境观念和意识的教育与培养问题等。因此，要求对这一新概念、新领域开展深入的基础研究，使其成为指导生态环境材料研究开发及发展相关技术的基础。

二、材料的环境负荷评价方法和标准的建立

开展对材料、产品及其生产、制备、使用直到废弃整个寿命周期的环境负荷评估研究，是改造乃至淘汰该材料、产品或生产工艺的基础性工作。目前关于LCA方法及应用尚有许多局限性，有关LCA的数学物理方法、材料环境负荷的表征及其量化指标、LCA的评价范围及生态循环的编目分析、材料生产和使用过程的环境影响评估、环境改善等，还有许多基础性研究工作要做。研究材料的环境负荷评价标准，是ISO14000标准化进程的重要内容，由于各国的地理、资源、工业结构、技术水平间存在很大差异，建立基础数据库和开发实用的软件，配合政府和企业制定相应的标准和方法，已成为各国材料研究及产业发展的一个重要方向。

三、生态环境材料和产品的研究及开发

通过分析材料的环境影响特征，得出环境负荷流动结构。将传统的材料和产品设计方法与 LCA 方法相结合，从环境协调性的角度对材料和产品进行设计(即环境协调性设计)，并结合 LCA 思想，从实际生产过程出发，提出切实可行的生产工艺的改进措施。对大量消耗的基础材料产业的生产等过程进行环境协调性改造，从根本上提高资源、能源利用效率，减少和消除污染以实现零排放工程，是材料产业环境协调性发展的治本之道。

另一方面要积极开发治理污染的材料和技术。对已经产生的污染问题，如何避免和减少其对环境的破坏，即避害技术和治害补救技术，也可以说是治标之道。针对各类污染的环境治理工程和措施都离不开性能优良的环境工程材料，开发门类齐全的环境净化与治理材料，将进入环境的有害物质转化为无害或减轻危害程度，改善由于人工和自然原因而失衡的生态系统，这其中也包括通过改变人们的生活方式以减少对环境的破坏以及产品替代或重新设计生产工艺流程等。

但从根本意义上说，前者是主动的、积极的，而后者是被动的，属尾端治理。

四、制定与实施生态环境材料的教育计划

作为一门学科发展，生态环境材料同时又是一个教育的问题。需要积极制定和实施生态环境材料科学的教育计划。在专门教育方面，使生态环境材料教育溶入国家的环境教育体系；同时逐步建立和健全专业化的学位教育，培养高级专业人才，为发展新的生态环境材料、培养适应 21 世纪可持续发展的材料科学工作者创造条件。

除正规教育外，应在已有基础教育、成人职业教育的环境教育的教学内容中，增加普及型“生态环境材料”内容，广泛利用传播媒介普及、提高现有材料工作者和全体人民的环境意识，加强生态环境材料和绿色产品的宣传和教育，尽快建立一个完整的生态环境材料教育体系，为我国的持续发展奠定良好的基础。

五、推进生态环境材料研究与开发的国际合作与交流

“我们共有一个地球”。生态环境材料是一个全球性问题。积极务实地参与环境保护领域的国际合作，推动生态环境材料发展，实现世界范围的数据共享，建立完善的评价数据库、进行各项数据采集，形成与国际接轨的评价标准和方法，以及其他专业活动，都需要大力开展国际间的交流与合作。

生态环境材料作为一门新兴的交叉学科，将促进保持资源平衡、能量平衡和环境平衡，实现社会和经济的可持续发展，把环境性能融入本世纪所有的新材料开发。完善材料环境协调性评价的理论体系，开发各种环境相容性新材料及绿色产品和降低环境负荷的新工艺、新技术和新方法等，将成为材料科学与技术发展的一个主导方向。

参考文献

1 T. Y. Zuo, T. M. Wang, Z. R. Nie. Ecomaterials research in China. Materials and Design, 2001 (22): 107 ~ 110

2 山本良一著. 环境材料. 王天民译. 北京: 化学工业出版社, 1997

3 王天民. 生态环境材料. 天津: 天津大学出版社, 2000

4 左铁镛. 中国矿产资源利用效率. 资源利用率——一个战略性管理目标. 欧亚会议, 克那根夫, 奥地利, 1998

5 左铁镛. 可持续发展的环境材料及其行动计划. CHEMRWN IX, 特邀报告. 韩国, 汉城, 1996. 9

6 左铁镛. 材料产业可持续发展与环境保护. 见: 共同走向科学——百名院士科技系列报告集 (中), 北京: 新华出版社, 1997

7 山本良一 (日) 著. 战略环境经营: 生态设计——范例100. 王天民译. 北京: 化学工业出版社, 2003

第二章　材料产业与生态环境

人类与其生存环境之间存在着密切的关系，它们既相互依存，又相互作用。1972 年 6 月 5 日，联合国在斯德哥尔摩召开的第一次人类环境会议上发表的《人类环境宣言》，对人类与其生存环境的关系进行了深刻而又高度的概括和总结，即“人类既是他的环境的创造物，又是他的环境的创造者”。这说明一方面，人类是环境的产物，是环境为人类的生存和发展提供了阳光、空气、水、土壤及大量的生物和矿物资源，可以说是环境哺育了人类，创造了人类。另一方面，人类又是环境的创造者，因为人类从原始社会向高度文明的现代社会发展的过程中，始终不断地利用并改造环境，使之适应人类生存和发展的需要，人类活动在不断地影响着、改变着这些环境条件，在塑造着环境。所以，环境是人类生存和发展的物质基础，人类生产和生活在环境之中，受环境的影响，反过来也都在影响着环境。

本章首先简要介绍有关生态环境的基础知识，包括生态系统基本常识、环境概念与环境科学基础、环境工程简介等，这些都是开展生态环境材料研究不可或缺的相关学科基础知识，然后对材料及其产业与生态环境的关系展开初步的讨论。

第一节　生态环境基础

一、生态系统与生态平衡

1. 生态系统

（1）生态学与生物圈　生态学是研究生物与其环境之间、生物与生物之间相互关系的一门科学。这里所指的生物包括动物、植物和微生物。而这里所说的环境，则是指生物生活中的无机因素、生物因素和人类社会共同构成的环境因素。生态学有很多分支学科。随着科学的发展，与人类密切相关的许多环境问题都成为生态学学科发展中的热点问题，它不仅与当前世界面临的粮食、人口、能源、资源和环境五大社会问题直接关联，而且又是解决这五大社会问题的理论依据。生态学把地球上所有的生物及其生活领域的总和叫生态圈。

（2）生态系统　在一定的空间范围内，生物群落与其生存环境之间通过物质循环和能量流动所构成的综合体就叫做生态系统，它是构成生物圈的基本结构单位。生态系统的概念也可用一个简明的公式来表达，即生态系统 = 生物群落 +

环境条件。根据上述概念，我们可将任何生物群体与其生存环境所构成的占有一定空间的自然实体叫生态系统。自然界生态系统多种多样，一个池塘、一片森林、一块草地、一个水库、一个城市，都是一个生态系统。无数个不同的生态系统有机地组合起来，便构成了生物圈。可见，生物圈是地球上最大的生态系统。

一个完整的生态系统由生产者、消费者、分解者和非生物环境四个部分组成。生产者是指生态系统中能以简单的无机物制造有机物的自养生物，包括所有绿色植物与合成细菌，它们是系统中最积极的因素。消费者是指直接或间接利用生产者制造的有机物的各类异养性动物，包括各类动物、某些腐生和寄生菌类。分解者是指生态系统中起分解作用的异养生物，包括微生物（细菌、真菌、放线菌）以及土壤中原生动物和一些小型脊椎动物。非生物环境是指生态系统中无机环境的构成因子，它由有机物、无机物以及自然因素共同组成。其中太阳是万物生长所需能量的源泉，是生态系统的驱动力量；水、空气、无机盐类是生物生长不可缺少的要素；土壤、沙既作为陆地生物存在的支撑载体，又给生物生产提供养分与水分来源。

由此可见，生态系统中的生产者、消费者、分解者与非物质环境在生态系统中缺一不可，各自在生态系统的物质循环和能量流动中发挥着重要的作用，它们相互关联，相互适应，使整个生态系统趋向于达成协调一致或呈现相对稳定状态。

2．生态系统的功能

生态系统不仅具有一定的组成和结构，而且具有一定的功能。生物生产、能量流动、物质循环和信息传递是生态系统的四大基本功能。

在生态系统中，物质循环与能量流动这两大基本功能是密切相关的。能量蕴于物质之中，在物质吸收、转移、储存与释放的过程中，总是伴随着能量的变化。例如，植物从土壤与大气中吸收营养物质与二氧化碳合成有机物，同时伴随着太阳能转化为生物化学能的发生，并被储存在有机物之中。在每一营养级中都有生物的呼吸作用，释放出二氧化碳的过程又是能量以热量形式散失的过程。显然，能量储存于物质之中，物质作为能量流动的载体或运转工具，使能量沿着食物链而逐级转移。而能量作为生物运动和生长的动力，又促使物质反复地循环。可见，在生态系统中，物质循环与能量流动同时进行，二者相互依存，不可分割。但二者也存在根本的差别：能量在生态系统中的流动是一种单向流失的过程，要保持体系的运转就必须由太阳不断地供给能量；而物质在生态系统中流动是一种周而复始的循环运动，物质能被反复地吸收利用。正是物质循环和能量流动维持着生态系统的平衡，并促进它不断演变和发展。

3．生态平衡

（1）生态平衡及其特征　整个生态系统始终处于不停地运动和变化之中，

经过长时间的演变过程，生态系统趋于完善成熟，系统内各因素间能够相互适应、相互协调，生物的种类和数量、结构和功能以及物质和能量的输入、输出等可在长时间内处于相对稳定的状态，并在外来干扰下通过自我调节恢复到初始的稳定状态，这种状态称作生态平衡，又叫自然平衡。

生态平衡的特征主要体现在结构平衡、功能平衡、输入和输出物质在数量上的平衡三个方面。只有三者同时具备，生态系统才能是一个相互适应和相互协调的平衡系统。因此生态平衡是有条件的，同时它也是动态的相对的平衡。因为生态系统是一个开放系统，系统内不断地有物质的输入与输出，各因素都处于不停的运动之中。但物质与能量的输入、输出只是大致相等，完全相等的平衡是没有的。

(2) 影响生态平衡的因素　生态系统具有一定的自我调节能力。但这种能力是有一定限度的，当外来干扰因素超过一定限度时，就可造成其结构破坏、功能衰退、自我调节能力下降等，从而引起生态失调，甚至导致生态危机，直接威胁到人类的生存和发展。

影响生态平衡的因素有自然因素和人为因素。自然因素是指自然界所发生的异常变化。例如火山爆发、地震、台风、山崩、海啸和水旱灾害等等。人为的因素是指人类对自然资源不合理的开发和利用，以及工农业生产造成的环境污染。

自然因素对生态系统造成的破坏是严重的，甚至是毁灭性的，并具有突发性的特点。但这类因素常常是局部的、暂时的，出现的频率并不高。而人类对资源不合理的开发和利用，以及“三废”排放对环境所造成的污染则是大面积的、持久的，因而人为因素使生态平衡破坏的问题更为严重。人为因素使生态平衡遭到破坏的事例屡见不鲜。

(3) 生态平衡的恢复　环境保护的基本任务是维持生态平衡使之不受破坏，或使已遭到破坏的生态平衡恢复与重建新的平衡，使生态系统正常、健康、持续地发展。只要人类按自然规律办事，按生态平衡的原理办事，被破坏了的生态平衡仍可重新恢复。

二、环境与环境科学基础

1. 环境的含义

环境是相对于中心事物而言的。与某一中心事物有关的周围事物，就是这个事物的环境。人们通常所说的环境是以人为中心的环境，即人类的生存环境，它是指围绕着人群的空间及其可以直接或间接影响人类生活、生产和发展的各种物质与社会因素、自然因素及其能量的总体。它包括自然环境和社会环境两个方面。自然环境是由空气、水、土壤、阳光和各种生物所构成，在环境科学中常常把这些自然要素描绘为大气圈、水圈、土圈和生物圈，这是人类赖以生存的物质基础。社会环境是指人们生活的社会经济制度和上层建筑的环境条件，是人类在物质资料生产过程中共同进行生产而形成的生产关系的总体。它是人类物质文明和精神文明的重要标志，并随着人类社会的发展不断丰富和演变。

《中华人民共和国环境保护法》中所称的环境，是指“影响人类生存和发展的各种天然和经过人工改造的自然因素的总体，包括大气、水、土地、矿藏、森林、草原、野生生物、自然遗迹、人文遗迹、自然保护区、风景名胜区、城市和乡村等”。

当今人类活动所涉及的范围大致可分为三个层次，即宇宙环境、地理环境和地质环境。宇宙环境又称为空间环境，它包括大气层以外的全部空间。地理环境是指由大气圈、水圈、岩石圈（含土壤圈）组成的生物圈，是人类目前活动的主要场所，它为人类的生产和发展提供大量的生活、生产资料及可再生资源。当前所说的环境保护，主要就是指保护生物圈。地质环境是指地表以下坚硬的地壳层，一直延伸到地核内部。它为人类提供丰富的矿产资源（包含不可再生资源），它对人类的影响将随生产的发展而与日俱增。

2．环境的基本类型

对于环境的分类，目前尚无统一规定的标准。根据不同的原则，环境有不同的分类方法。

（1）按环境的形式分类，可把环境分为自然环境和人工环境。

（2）按环境的功能分类，可分为生活环境和生态环境。

（3）按环境范围的大小分类，可分为居室环境、庭院环境、街区环境、城市环境、区域环境、全球环境等。

（4）按环境的要素分类，可分为大气环境、水环境（包括海洋环境、湖泊环境）、土壤环境、生物环境（如森林环境、草原环境）、地质环境等。

环境科学中最常用的分类法是第一种，即把环境分为自然环境和人工环境。

3．环境的基本特征

人类环境的主要特性可归纳为以下几点：

（1）整体性与区域性　环境是一个系统。自然环境的各要素间存在着紧密的相互联系、相互制约的关系，从而体现出环境的整体性。由于环境的整体性，导致局部地区的污染可带来全球的危害。例如，酸雨不仅使本地区或国家造成危害，而且能飘洋过海，影响别国。环境的区域性是指环境（整体）特性的区域差异，具体说就是不同（面积不同或地理位置不同）区域的环境有不同的整体特性。例如，不同的经纬度形成了不同的气候带，体现出不同区域自然环境的多样性和差异性，这些多样性和差异性具有重要的生态学意义，它是自然资源多样性的基础和保证。

（2）变动性与稳定性　环境的变动性是指在自然的和人类社会行为的共同作用下，环境的内部结构和外在状态始终处于不断的变化之中。但在一定的时间尺度或条件下，环境又有相对稳定的特性。所谓稳定性，是指环境系统具有一定的自我调节能力。即在人类社会行为的作用下，环境结构和状态所发生的变化不超过一定的限度。也就是说人类生产、生活行为对环境的影响不超过环境的净化能力时，环境可以借助自身的调节能力使这些变化逐渐消失，其结构和状态得以恢复。

环境的这一特性表明，人类的社会行为会影响环境的变化，因此必须自觉地调控人类自己的行为，使之与环境自身的变化规律相适应、相协调，使环境向更有利于人类社会生存发展的方向变化。

(3) 资源性与价值性　人类生活在环境中，没有环境就谈不上人类社会的发展。从这个意义上来看，环境具有不可估量的价值。环境的价值源于环境的资源性。人类社会生存发展都是环境不断提供物质和能量的结果。对于环境资源，除物质性部分以外，还包括非物质性的部分。比如，环境状态就是一种资源，不同的环境状态，对人类社会的生存发展将会提供不同的条件。环境状态将影响人类生存方式和发展方向的选择，并对人类社会发展提供不同的条件，因此它也是一种资源。

4. 环境科学基础

环境科学是伴随着对环境问题及其解决途径的研究而形成和发展的。20 世纪以来，科学技术发生了巨大变化。但与此同时，人类的生产活动对生态与环境所造成的破坏则日益严重，客观上推动了许多学科在不同的层次、从不同的角度去研究环境污染和生态破坏的机理、危害的程度及治理措施。这一时期的中心内容是保护环境，治理污染。随着大量环保工作的实践，使人们进一步认识到环境问题不仅仅是一个科学技术问题，还是一个复杂的社会问题。环境科学的任务已逐渐深化为研究人类社会发展活动与环境演化规律之间的相互作用关系，调整人类的思想、观念，继而调控人类社会行为，寻找人类社会与环境的协同演化与持续发展。它以研究环境建设，寻求经济与社会、环境协调发展途径为中心，以争取人类社会与自然界的和谐为目标，发展到一个新阶段的环境科学，成为了一门独立的科学。

环境科学被定义为是一门研究人类社会发展活动与环境（结构和状态）演化规律之间相互作用关系，寻求人类社会与环境协同演化、持续发展途径与方法的科学。它的基本任务是揭示人类与环境这对矛盾的实质，研究人类与环境之间存在的对立统一关系，掌握发展规律，调节与控制人类与环境之间的物质交换与能量传递过程，找出解决矛盾的途径与方法，以便调整人类的社会行为，保护、发展和建设环境，从而使环境永远为人类社会持续、协调、稳定地发展提供良好的支持和保证，促使环境朝着有利于人类的方向演化。

就环境科学的性质来讲，它是介于自然科学、技术科学与社会科学之间的边缘科学，是一门新兴的、综合性很强、由多学科到跨学科的庞大科学体系，它的研究内容在不断地充实和发展。当前，环境科学研究由定性到定量，由静态到动态，由急性中毒到长期慢性效应，由点源到面源，从区域环境变化和全球环境影响的宏观研究到体内环境的细胞和分子的微观研究，从基础研究到新技术应用，都十分活跃。

环境科学研究正处在蓬勃发展之中，内容十分丰富。现阶段，环境科学主要是运用自然科学和社会科学等有关学科的理论、技术和方法来研究环境问题，因而形成与其有关的学科相互渗透、交叉的许多分支学科。其中属于自然科学方面的有环境工程学、环境地学、环境生物学、环境化学、环境物理学、环境数学、环境水利学、环境系统工程、环境医学等；属于社会科学方面的有环境社会学、环境经济学、环境法学及环境管理学等。此外，尚有一些新的分支学科正在形成，如环境伦理学、森林环境学、资源学等。

第二节　环境工程简介

环境工程是环境科学的一个重要分支，又是工程学的一个重要组成部分。它是一种以工程手段防治污染、保护环境的综合性学科和技术。环境工程的目的和任务主要包括以下三方面的内容：搞好自然资源和能源的保护，消除浪费，控制和减轻污染；寻求防治环境污染的机理和有效途径，保护和改善环境，保护人民身体健康；综合利用“三废”，促进工农业生产的发展。

环境工程包括什么内容，至今没有统一的看法。从环境工程的形成和发展来看，主要有三个方面的内容，即环境污染防治工程、环境系统工程和环境质量评价工程。另外，围绕环境工程的经济工程、监测技术及卫生工程，也是环境工程的重要内容。

环境污染防治工程主要是解决从污染产生、发展直到消除的全过程存在的有关问题和采取的防治措施。它既包括单个污染源或污染物的防治，也包括区域污染的综合防治。按专业来划分，它又分为大气污染防治工程、水污染防治工程、固体废物处理工程、噪声和振动控制工程、恶臭防治工程、土壤污染防治工程等。

环境系统工程就是运用数学、物理学和生物学的基本原理，对环境污染防治工艺、实验室模拟试验结果及污染系统实测数据进行系统分析，并应用现代方法建立数学模式和污染控制模式等，从而对污染防治系统及其有关参数进行分析和描绘，表达出它们间的相互关系，为合理控制污染物排放、正确选择污染防治工艺流程提供科学依据。

环境质量评价就是对环境质量的好坏，即环境对人体健康、工农业发展及生态系统的影响情况，作出定量或半定量的描述和评定，以便为制定规划、采取措施和加强管理提供科学依据。

下面对环境质量评价工程进行简要的介绍。

环境质量是表示环境本质属性的一个概念，是能用定性和定量的方法加以描述的环境系统所处的状态。它包括自然环境质量和社会环境质量两个方面。自然环境质量包括物理的、化学的、生物的三方面的质量；社会环境质量包括经济的、文化的、美学的等各个方面。随着环境科学的不断发展，人类对环境质量的范围将不断提出新的要求和内容。环境质量评价是按照一定的评价标准和评价方法，对一定区域范围内的环境质量进行说明、评定和预测。它研究人类环境质量的变化规律，对环境质量进行定性和定量的描述，为改善和提高环境质量提供科学依据。早在20世纪70年代初期，环境质量评价的研究工作在国外就倍受重视，并颁布相应的法令、条例，使环境评价工作具体化。在本书中讨论环境质量评价还要注意其与材料的环境协调性评价（第三章）的区别。

一、环境质量评价的目的、分类和意义

环境质量评价的基本目的：揭示特定地区或区域环境质量的水平和差异，阐明影响环境质量的原因及有可能采取的种种措施，以便为制定环境保护规划和建设规划、加强环境管理以及环境污染的综合防治提供科学根据。因此，环境质量评价的任务是，在大量监测数据和调查分析资料的基础上，按照一定的评价标准和方法来说明、确定和预测一定区域范围内人类活动对人体健康、生态系统和环境的影响程度。

环境质量评价从不同的角度可以分成许多种类型：按空间属性可分为工程建设项目环境评价和区域环境评价；按时间属性可分为环境回顾评价、环境现状评价、环境影响评价；按内容可分为单要素评价和整体环境质量综合评价。下面简单介绍按时间属性分类的三种评价。

环境质量回顾评价：是对某一区域某一历史阶段的环境质量的历史变化的评价，评价的资料为历史数据。这种评价可以预测环境质量的变化发展趋势。

环境质量现状评价：是目前普遍开展的评价形式。它根据近期的环境监测资料和数据，以国家颁布的环境质量标准或环境背景值为评价依据，阐明环境污染的现状，对当前的环境质量进行估计和分析，为区域环境污染综合防治和科学管理提供依据。同时，通过这种评价还可以了解过去已采取的环境工程措施的技术经济效果和收益。

环境质量影响评价：又称为环境预断评价。它是指在人类开发资源和生产建设之前，就这些活动对环境可能造成的各种影响进行预测和估计，以寻求避免或减少这些活动造成环境损害的对策和措施。

二、环境质量现状评价

1．环境质量现状评价程序

在进行环境质量现状评价时，尽管不同的评价项目可能存在一定的差异，但它们的共同之处是各种评价项目都把污染源—环境—影响作为一个统一的整体来进行调查和研究。因此，环境质量现状评价的基本程序可用图 2-1 表示。

2．环境质量现状评价的内容

环境质量现状评价包括单要素的环境质量评价和整体环境质量的综合评价。前者是后者的前提和基础，后者是前者的提高和综合。但不论哪一种评价，实质上都是对一定环境要素的系统分析和这种分析基础上的系统总结。具体地说，环境要素包括物理要素（如气候环境、大气环境、水环境质量、物理环境结构、土壤理化特性及岩石环境指标等）、生态要素（如生物形态结构、能量分配、物质循环、生态功能、生态效果和生态效益等）和社会要素（如经济结构、经济功能、经济效益、社会效益和文化状况等）。

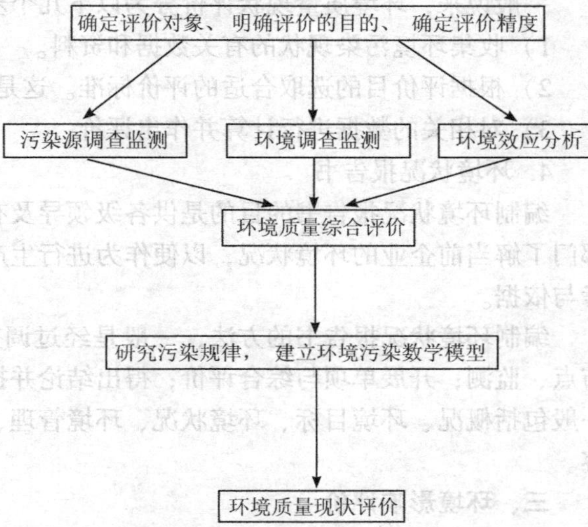

图 2-1　环境质量现状评价程序

在上述要素的每一项中还包括若干从属的因子。单项要素的评价是针对上述某一项或几项要素所进行的分析和评价。我国所进行的环境质量评价中，经常以大气、水体、土壤和噪声这几个要素进行重点评价。整体环境质量现状评价是把各种影响要素都包括进去所进行的分析和评价。但由于受资料数据来源的限制，整体环境质量现状评价不可能包含每一项内容。因此，综合评价是相对的，而不是绝对的。

3．环境质量现状评价的方法

环境质量现状评价始于20世纪60年代，当时多为描述性的，出现了大量数学计算方法，使环境质量现状评价得以充分发展。环境质量现状评价的方法主要有调查法、监测法和综合分析法等。

调查法——对评价地区内的污染源（包括排放的污染物种类、排放量和排放规律）、自然环境特征进行实地考察，取得定性和定量的资料，并以评价区域的环境背景值作为标准来衡量环境污染的程度。

监测法——按评价区域的环境特征布点采样，进行分析测试，取得环境污染现状的数据，按环境质量标准或背景值来说明环境质量变化的情况。

综合分析法——本法为环境质量现状评价的主要方法。这种方法根据评价目的、环境结构功能的特点和污染源评价的结论，并根据环境质量标准，参考污染物之间的协同作用和颉颃作用，以及环境背景值和评价的特殊要求等因素而确定评价标准，来说明环境质量变化状况。

一般说来，环境质量现状评价分为以下几个步骤：

1）收集环境污染现状的有关数据和资料。

2）根据评价目的选取合适的评价标准。这是现状评价的一个关键步骤。

3）对相关的数据进行计算并作出评价。

4. 环境状况报告书

编制环境状况报告书的目的是供各级领导及有关计划、生产、基建、科研等部门了解当前企业的环境状况，以便作为进行生产、治理、技术改造等工作的参考与依据。

编制环境状况报告书的方法，一般是经过调查与资料收集；进行实地采样、布点、监测；开展单项与综合评价；得出结论并提出改进意见。环境状况报告书一般包括概况、环境目标、环境状况、环境管理、评述与分析和对策与展望等内容。

三、环境影响评价

环境影响评价是环境管理工作的重要组成部分，评价的目的是在开发活动或决策之前，全面地评估人类活动给环境造成的显著变化，并提出减免措施，从而起到“防患于未然”的作用。对开发项目而言，它可以保证建设项目的选址和布局的合理性，同时也可以提出各种减免措施和评价各种减免措施的技术经济可行性，从而为污染治理工程提供依据。环境影响评价是使经济、社会和环境和谐发展的科学方法，是实现可持续发展的重要措施。

1. 环境影响评价的分类

根据人类活动的类型，可以将环境影响评价分为三种类型：

（1）单个建设项目的环境影响评价　这种评价是环境影响评价体系的基础。它是根据建设项目规划设计资料进行可行性分析研究，预测建设项目的优化选址和设计服务。这是我国目前开展得最多的一种环境影响评价。

（2）区域开发的环境影响评价　这种评价将区域作为一个总体进行考虑，重点考察区域内的产业结构、建设项目的布局的环境影响，从而为区域开发提供依据。

（3）发展规划和政策的环境影响评价　也称战略影响评价，是国家最高层次上进行的环境影响评价。它着眼于全国长期的环境保护战略，考虑的是一项政策、一个规划可能造成的影响。评价的重点是开发的性质、规模和结构。在世界上一些国家，法律规定凡是可能给环境造成潜在重大影响的公共决策，都必须进行环境影响的评价。这项工作在我国才刚起步。

2. 环境影响评价工作程序

整个环境影响评价大体分为三个阶段：第一阶段为准备阶段，主要工作包括了解开发项目的性质、规模、工艺流程、排放物种类与数量，研究有关文件；进行初步的工程分析和环境现状调查，确定评价项目；确定各环境要素评价范围及精度，编制环境影响评价大纲。第二阶段为正式工作阶段，主要工作包括在完成环境现状调查的基础上进行环境影响预测，并选择一定的环境标准进行环境影响评价。第三阶段为报告书编制阶段，主要工作包括汇总、分析第二阶段所得的各种资料、数据，给出结论，完成环境影响报告书的编写。

3. 环境影响评价的内容

不同的国家，环境影响评价的内容各不相同。在我国，即使是不同部门和地区所做的环境影响评价，其内容也不尽一致。环境影响评价的基本内容可归纳为总则、建设项目概况、工程分析、建设项目周围地区的环境现状调查、环境影响预测与评价、项目的环境影响评价、评价工作成果清单与拟提出的结论和建议的内容、评价工作的组织计划安排及评价工作的经费概算等几部分内容。环境影响评价报告书的编写应内容准确、结论明确、文字扼要、建议可行。

美国早在1969年颁布的《国家环境政策法》中首先确立了环境影响评价制度，使环境影响评价法律化。随后，瑞典、澳大利亚、法国、日本、加拿大等国家也建立了不同形式的环境影响评价制度。我国于1979年颁布了《中华人民共和国环境保护法（试行）》后，也建立了环境影响评价制度，规定一切企事业单位的选址、设计、建设和生产，都必须注意防止对环境的污染和破坏。在进行新建、改建、扩建工程时，必须提出对环境影响的报告书，经环境保护部门和其他有关部门审查批准后才能进行设计。有人把环境影响评价制度比作“通行证”，其实它所发挥的作用远比通行证更重要。我国新制定的环境影响评价法，已于2003年9月1日起施行。

第三节　材料对生态环境的影响

材料产业是国民经济基础性、支柱性的产业之一。但众所周知，材料的生产在原料开采、提取、加工、制备、使用及废弃过程中，不仅将大量的废弃物排放到环境中，造成对环境的污染，而且要消耗大量的资源。因此，对材料的生产和使用而言，资源消耗是源头，环境污染是末尾，三者之间存在着密不可分的关系。

一、材料在国民经济中的地位和作用

材料是国民经济和社会发展的基础和先导，与能源、信息并列为现代高科技的三大支柱。纵观人类发展的历史可以清楚地看到，每一种重要新材料的发现和应用，都把人类支配自然的能力提高到一个新水平，材料科学技术的每一次重大

突破都会引起生产技术的重大变革，大大加速社会发展的进程，给生产、生活带来巨大的变化，把人类的物质文明和精神文明向前推进了一大步。

材料产业从产品的创新和更新换代角度分析，大致可分为传统材料产业和新材料产业两大领域。其中，新材料产业是材料产业中最有活力的因素之一，它有力地推动着高新技术产业的发展。随着世界经济的快速发展和人类生活水平的提高，对材料及其产品的需求日益增长，对新材料的发展和应用提出更高、更迫切的要求，不断有大批质量与性能优异的高新材料面世。到上世纪末，全世界12项新兴产业的年销售额已达万亿美元，其中新材料约占40%。因此，可以说新材料技术及其产业是当代最重要的、发展最快的科学技术之一，是经济效益最大的支柱产业之一。

我国原材料工业从无到有，从小到大，从材料品种单一到品种门类齐全，基本满足了国民经济发展的需要；钢铁、有色金属、化工、建材等主要行业也得到了迅速发展，已经成为支持国民经济发展及国防现代化的基础产业与发展高新技术的支柱和关键。目前我国每年进入经济循环的原材料达60亿t，而且由于我国国民经济持续稳定地发展，在今后较长的时间内，对原材料的需求将继续保持增长趋势。据统计，我国几种主要的原材料，如钢铁、水泥、煤炭、平板玻璃等的产量已连续几年位列世界第一。可以说，在世界范围内，我国既是一个材料生产大国，又是一个消费大国。

二、材料生产和使用带来的环境和资源问题

材料产业作为国民经济的基础和先导，一方面推动着社会经济的发展和人类文明的进步；另一方面，在材料的采矿、提取、加工、制备、生产以及使用和废弃的过程中，需要消耗大量的资源和能源；同时，排放出的大量废水、废气和废渣又会造成环境的污染与生态的破坏，威胁着人类的生存和健康。

1. 材料生产和使用对环境的影响

从能源、资源消耗和造成环境污染的根源分析，材料及其产品的生产是造成环境污染、能源短缺、资源过度消耗乃至枯竭的主要原因之一。而且随着世界经济的快速发展，对资源的消耗速度在成倍增长。如金属资源，在20世纪的前50年间，全世界消耗的金属总量约40亿t，而在20世纪80年代的10年间，全世界金属的消耗量即达到58亿t。

在人类社会中大量应用的各类材料，如化工、建材、钢铁、有色金属、煤炭等等，在原材料及产品的运输、粉碎及由各种原料制成成品的过程中，都会有大量的污染物排放大气环境中，所排放污染物的种类、数量、组成、性质因生产工艺、流程、原料及操作条件和管理水平的不同而异。主要的污染物有粉尘、碳氢化合物、含氮化合物及卤素化合物等，它们会对环境造成难以弥补的损害。各种材料用过之后的固体废弃物处理也已经成为世界性难题。

我国是材料生产和消费的大国，但由于我国的资金、技术、管理等原因造成资源的不合理开发和利用，使资源效率低下，浪费严重。我国几种主要原材料如钢材、铜、铝、铅、锌等单位国民生产总值（GNP）的资源消耗率远高于世界平均水平。我国的能源对单位GNP的产出率仅为世界平均水平的1/7。自然资源不合理的开发和利用，不仅进一步加剧了资源的短缺，而且对环境的污染与破坏也与日俱增。

表2-1所示为2001年我国9种主要原材料工业的能耗统计数据。由表可见，这9种主要原材料工业的能耗占当年工业能耗总量的39.60%。其中黑色金属冶炼，主要是炼钢炼铁，所消耗的能源接近整个工业能耗的1/5；其次是非金属矿物制造，如水泥、瓷砖等，约占整个工业能耗的1/8。这些数据证实材料产业是我国能源消耗、资源消耗的主要大户。因此，提高材料产业的资源和能源效率会对我国国民经济的可持续发展产生重大影响。

表2-1　2001年我国主要原材料工业的能源消耗统计

材料种类	能耗/万t标准煤	占工业总能耗比重（%）
矿产采选业	1 419.14	1.54
化学纤维制造业	1 705.02	1.85
橡胶制造业	645.87	0.70
塑料制造业	658.83	0.71
非金属矿物制造业	9 980.87	10.81
黑色金属冶炼	17 136.33	18.56
有色金属冶炼	3 892.76	4.22
金属制品业	1 129.40	1.22
材料产业合计		39.60
工业总能耗	92 346.68	100

表2-2所示为2001年我国9种主要原材料工业污染物排放统计数据。由表可知，以当年工业污染物排放总量为基础，这9种主要原材料工业的污染物排放分别占工业废水、废气和固体废弃物排放总量的25.19%、65.32%和62.81%。以钢铁冶金生产为例，生产1.3亿t钢铁排放的废水占工业废水总排放量的11.4%，废气占工业总排放量的15.5%，其废水、废气排放量仅次于化工行业，位居第二污染大户。

表2-2　2001年我国主要原材料工业污染物排放统计

材料产业	工业废水/万t	工业废气/亿 m^3（标准状态）	固体废物产生量/万t
矿业	125 804	4 089	35 903
化学纤维工业	59 695	2 811	355
橡胶制品业	7 070	431	72
塑料制品业	2 588	246	33

（续）

材料产业	工业废水/万 t	工业废气/亿 m^3（标准状态）	固体废物产生量/万 t
非金属矿物制造业	46 194	34 062	1 960
其中：水泥制造业	28 055	27 975	1 071
黑色金属冶炼	191 745	25 015	11 858
有色金属冶炼	37 451	9 958	4 477
金属制品业	11 742	487	76
合计	510 344	105 074	55 805
占工业排放总量百分数（%）	25.19	65.32	62.81

上述资料充分说明，一方面材料工作者和材料产业，为国民经济发展、国防建设和人民生活水平的提高做出了巨大的贡献；另一方面，材料产业又是资源、能源的主要消耗者和环境污染的主要责任者之一。

2. 面临的环境和资源问题

（1）环境问题　人类的材料生产和使用是从自然环境中获得物质资源，然后又将使用过的材料及废弃物质还给自然环境，从而参与了自然界的物质循环和能量循环，不断影响着自然环境。人类社会发展到今天，创造了前所未有的文明。但同时又带来了一系列的环境问题。自从钢铁工业革命以来，特别是上世纪以来的几十年，由于科学技术的飞跃进步，社会生产力的迅速发展，人类征服自然的能力空前提高，每年都有数以亿吨计的各种新材料投入使用和废物排入环境，日积月累终于超出了环境自身的净化能力，大自然再也无法消化吸收，于是加速了环境污染及其对生态的破坏。近半个世纪以来，世界上发生过多起环境污染造成的公害事件，使成千上万的人蒙难。还有更多的人呼吸着污浊的空气，饮用着污染了的水，食用着污染的食物，经受着长期慢性的毒害。

环境问题产生的因素是多方面的。由人类生产活动引起的环境问题是人类面临的最为严重的挑战之一。具体表现为以下两个方面：一是由于不合理的开发和利用资源所引起的环境衰退、资源耗竭，破坏了生态平衡；二是由于工业发展，排出的废水、废气、废渣和噪声给环境带来的污染问题。这类环境问题所造成的危害多是潜在的、积累的、慢慢产生影响，所以在短时期内不大容易引起人们的足够重视。它的产生与人类的社会经济活动有关。还有一个更重要的原因，在于人们的价值取向。以往人们一直认为是“天赐”资源，可以无穷无尽和无偿地使用，从来不去考虑自然界对人类这种肆无忌惮的做法会作出什么样的反应。在错误的价值取向支配下，人类对资源的开发利用是掠夺式的，造成极大的破坏和浪费，从而也引发出众多的环境问题，如温室气体 CO_2 的过量排放造成的全球气候变暖、广泛的大气污染和酸沉降、臭氧层破坏、有毒有害化学物质的污染危害及越境转移、海洋污染等。

酸雨是一种严重的污染物质。工业生产、燃煤排放出来的二氧化硫，燃烧石油以及汽车尾气排放出来的氮氧化物等进入大气后，都促使形成酸雨。酸雨的危害主要是破坏森林生态系统，改变土壤的性质与结构，破坏水生生态系统，腐蚀建筑物和损害人体的呼吸道系统和皮肤。当酸雨降到地面后，导致水质恶化，使各种水生动植物受到死亡的威胁。酸雨进入土壤后，使土壤肥力减弱。人类长期生活在酸雨区，饮用酸化的水质，都会造成呼吸器官、肾病和癌症等一系列疾病。此外，酸雨渗入地下，会导致地下水污染。酸雨的危害遍及欧洲和北美，分布地区较广。酸雨有时飘越国境影响别国，造成跨国污染。所以酸雨问题不仅被视为区域性环境污染问题，而且有时也被列入全球性环境问题。

臭氧层损耗所带来的后果也是十分严重的，对人类及其生存环境将造成极为不利的生态灾难。医学界认为，大气中的臭氧每减少1%，照射到地球表面的紫外线就会增加2%，人类皮肤癌的发病率就会增加7%，白内障患者就会增加6%。紫外线辐射增强对动植物的生存也是灾难性的。它可能使地球上三分之二的农作物减产，从而导致粮食危机。另外还可导致某些海洋生物的灭绝。

自工业革命以来，随着能源和工业生产的发展，人类大量使用石油、煤和天然气等化石燃料，释放到大气中的二氧化碳等温室气体的含量愈来愈多，导致全球气候逐渐变暖。全球气候变暖将是一场全球性的环境灾难，它将会导致海水变暖和膨胀，加速极地冰川和冻土的融化，造成海平面上升等。目前世界上大约有1/3的人口生活在海岸线60km的范围内，如果全球变暖，海平面升高，一些城市和乡村可能被淹没。此外，气候变暖会打破原有的生态平衡。由于气候异常，如果物种来不及变异和适应，就可能被淘汰。如果生物物种的重新分布和迁移跟不上气候的变迁，物种就会灭绝。海平面上升也将使沿海生态系统被破坏，对农业生态系统也有影响。

我国是世界上少数几个大气污染严重的国家之一，主要污染物是总悬浮颗粒物和二氧化硫，少数特大城市属煤烟与汽车尾气污染并重类型，酸雨污染程度居高不下。广东、广西、四川盆地和贵州大部分地区，形成了我国华南、西南酸雨区，已成为与欧洲、北美洲并列的世界三大酸雨区之一，降雨 $pH < 5.0$ 的概率为70%。近年来又逐渐形成了以长沙、南昌为代表的华中酸雨区，以厦门、福州、杭州、上海、南京、青岛为代表的华东沿海酸雨区，以图们为代表的北方酸雨区。其中酸雨频率超过80%（含80%）的城市有怀化、景德镇、遵义、宜宾和赣州。

以上问题还只是当前对人类环境、人类生存和发展影响较大、危害比较突出，并且已被认识到的问题，并不是环境问题的全部。目前世界上已经提出或已经涉及并对环境产生明显影响、为世人所关注的，除上述诸问题外，也还有许多其他的问题，如固体废弃物污染和有毒有害化学物质的转移、热污染、光污染、噪声污染、电磁污染、放射性污染等。

现在，尽管发达国家的空气污染、水污染等环境问题得到了一定程度的治理，但并没从根本上解决经济发展过程中产生的各种环境污染。而且，在一些环境污染得到改善的同时，另一些环境问题却变得日益突出。总之，环境问题正变得复杂化、多层次和全球化，使得人类不得不对以往的发展模式进行反思和总结，努力寻找新的发展模式，在提高经济效益、改善人类生活的同时保护资源，维持全球范围的生态系统平衡，实现社会、经济的可持续发展。

(2) 资源问题　资源问题是当今人类发展所面临的一个主要问题。众所周知，自然资源是国民经济与社会发展的重要物质基础，是人类生存和生活的重要物质源泉，是维护环境和生态平衡的核心。可以说，地球上一切经济活动都是以自然资源为原料或动力而开始的。然而，地球上的非再生性资源，包括煤、石油、天然气等能源资源及各种矿物资源，其储量是有限的，经使用后就被消耗掉，变得不可恢复了。自从第一次工业革命以来，人类利用和改造自然的能力极大提高，生产力得到空前发展，对资源的消耗和环境的破坏也达到了前所未有的程度。进入20世纪，特别是第二次世界大战以后，随着世界人口的快速增长和经济的膨胀，人类对各种资源的开发利用强度愈来愈高，对资源的需求正在或已经超过自然资源所能承载的极限，从而造成了全球性的资源匮乏与破坏。主要表现在：矿物资源迅速耗竭，水土流失和荒漠化加剧，淡水资源不足，森林资源砍伐严重，愈来愈多的物种濒临灭绝。人类所面临的已是一个资源日益短缺的星球。

目前我国资源的主要矛盾表现在资源供给不能满足经济发展的需要。我国的经济规模已居世界前列，发展的速度令人瞩目，对资源的需求已达到前所未有的程度。另一方面，现有资源的利用效率不高，资源浪费严重。矿产资源的开发总回收率只有30%～50%，比发达国家平均低20%左右。每万元国民收入的能耗为20.5t标准煤，为发达国家的10倍。“高投入、低效率、高污染”的问题，在我国资源的开发和利用中仍然存在。因此，实现我国社会经济的可持续发展，提高资源的利用效率，解决资源的供需矛盾，是一个重要的方面。

三、材料中化学元素对环境和人体的影响

人类在生存和发展过程中，在向自然界索取各种物质财富的同时，又向环境中排放出大量的废弃物质，造成环境污染。目前，造成环境污染的因素有物理的、化学的和生物的多个方面，但其中因化学物质引起环境污染的占80%～90%，这是造成环境污染和环境质量下降的主要原因。因此，消除污染、改善环境也必然涉及到化学问题。

环境化学物质种类繁多，进入环境的途径多种多样。众多的化学物质以废弃物的形式被人们直接排放到环境中。此外，各种冶炼、加工制造、储存运输及使用消费等，都能使化学物质进入环境。

目前，环境中存在的化学物质约有55 000种以上，这些化学物质在复杂的环境条件作用下，会发生物理的、化学的和生物化学性变化。有些物质的毒性可能降低，有些则可能变为剧毒物质。不过大部分物质能被环境吸收或分解，使之变为无害物质。但是，有相当多的人造化学物质难以分解，很难转变为无害物质。于是，这类物质在环境中逐渐积累，当积累的含量较高时，就会导致环境质量下降，甚至对生物和人类造成危害。目前，研究较多的是那些与人类生活关系最密切的物质，如医药、食品添加剂、日用品等。

添加剂中只有少数来自天然物质，大部分是人工合成的化学物质，它们进入人体后会发生潜移默化的作用。有些添加剂虽然本身无害，但在使用过程中发生某些化学反应后，就有可能生成有毒、有害的物质。常用防腐剂亚硝酸盐能抑制一些腐败细菌的生长，在探索环境与癌的关系过程中，人们发现亚硝酸盐能和环境中的二级胺和三级胺作用生成亚硝胺化合物。人体食入含胺类的食物，再食入含硝酸盐的蔬菜等，就有可能在体内合成亚硝胺。因为硝酸盐在体内能被细菌等还原为亚硝酸盐，而亚硝胺已成为一种重要的致癌性污染物。

化学工业的迅速发展，尤其是高分子化学的发展，为人类提供了许多用途广泛、品质优良的化工制品。但是，大量化工产品的制造和使用，同样带来环境问题，并对人体造成危害。在发达国家，大量的化学合成品在使用之后都作为废物而抛到环境中，常常成为令人头痛的污染问题。堆积则污染土壤，焚烧则污染空气，而且这种压力越来越大。因此，日用化工制品是环境化学物质重要的污染源。

此外，有机溶剂的广泛使用，如涂料、粘结剂、干洗剂、印刷用的稀料、有机合成等都离不开有机溶剂，常使劳动环境、生活环境受到污染。

除上述几大类物质之外，广泛存在于环境的化学污染物还有很多，如多氯联苯、多环芳烃，其中有些具有较强的致癌作用。化学污染物对人体健康的影响问题已成为环境医学、环境生物学以及环境化学的重要研究课题。

第四节　材料中主要元素的环境和资源特征

一、化学元素的环境分布特征

由于自然界的物质循环，使构成物质的化学元素在环境中不断地迁移转化，其转化的形式是多种多样、非常复杂的，这主要与化学元素在环境中的迁移能力有关。不同的化学元素其迁移能力有着很大的差别。根据其迁移能力的强弱，可将化学元素分成三种基本类型。第一类元素迁移得非常强烈，其中包括很多组成各种常见化合物的元素，它们决定着自然系统的很多重要特性和性质。第二类元素仅具有微弱的迁移能力，它们对自然系统的影响较小。第三类元素无论在水溶液或是大气中基本上不迁移，虽然它们也能在环境中移动，但不是参加化学反应的结果，而是被动地参与了岩石与矿物的机械迁移过程。正是由于化学元素的迁移转化，使其在环境中的分布体现出三大特征，即普遍性、富集性和共生性。

1. 普遍性

在自然界中，构成物质的元素有90多种，它们不仅广泛存在于宇宙中，而且均存在于地壳层中由矿物、岩石和土壤等构成的各种地质体中，从而体现出化学元素分布的普遍性。从宏观的角度来看，似乎地球上各种化学元素的含量或总量一定很可观。事实上，地壳中各种元素的含量分布存在很大的差异。为了定量表示化学元素在地壳中的平均含量，人们引入“丰度”的概念，它表示地壳中各化学元素的相对平均含量，也称之为该元素的“克拉克数”。如果以重量百分数表示，则称为重量克拉克数。如果以原子百分数表示，则称为原子克拉克数。无论是用丰度还是用克拉克数，通常的单位都为g/t。

2. 富集性

化学元素在地壳中的含量分布不仅相差很大，而且很不均衡。由于某些地质条件的作用，如风化、沉积、火山爆发、岩浆活动等促使有用的化学元素发生富集现象，从而形成各种具有工业开采价值的矿床。这体现了地壳中化学元素分布的第二个特征，即富集性。事实上，人类获取的金属资源都是从矿石中提取的。

由于地质成矿作用极少发生，元素富集需要相当漫长的岁月，因而具有工业开采价值的矿床数目和数量是极其有限的。地壳中元素富集形成过程所需时间是以亿年为单位的，而人类大规模开采矿石是以10年为单位，两者相差10^8年。如果人类将具有开采价值的矿床采空，就会导致金属资源枯竭。

3. 共生性（复合性）

地壳中的化学元素具有富集性，但这种富集是一种多组元的共生富集，体现出了其分布的第三个特性，即共生性或复合性。世界上尚不存在具有工业开采价值的单一化学元素形成的矿床，很多常见矿产都具有多种有用伴生元素。因此，开采某一矿床时必然涉及多种元素的综合利用。

二、金属资源的储量及其寿命

1. 储量及寿命

人类社会所需要的各种金属元素均以矿产的形式存在于地壳之中。这种金属矿产资源称之为一次资源。源于金属资源的金属材料是人类社会赖以生存和发展的重要物质基础。但随着人类社会的发展和科学技术的进步，金属材料的大量生产和消费又导致了地球上有限的一次金属资源量锐减。因此，人们已越来越关注金属一次资源在地球上的储量及其能维持开采的年限。

所谓金属储量，是指由于地质作用的结果，在地壳中某些地段内，形成金属矿物的富集，其质和量能够满足工业要求，并在当前经济技术条件下能够开采的自然堆积体的总量。由于不同的年代意味着经济技术的发展和科学的进步，则根据有关的统计数据，尽管不同年代的金属资源储量和可开采年限是波动的，甚至有时波动较大，但总的趋势是可开采年限越来越短了。

金属资源的可开采年限又称为金属资源的静态寿命，即某金属资源的当年总储量与其当年总产量之比。在金属资源的形成过程中，分散的金属元素在地质条件作用下富集成矿。人类在使用金属资源的过程中，情况往往正好相反，即金属由富集状态变成分散状态。根据物质不灭原理，在自然环境中这些金属元素资源的总量是不会变化的，在理论上能够重新加以开发和利用。这就是二次金属资源的再循环利用。

2. 影响寿命的因素

影响金属寿命的因素是多方面的，主要包括三个因素，即某一金属元素在地球上的总储藏量、金属资源的消耗量或生产量以及该元素物质的再生量。前两个因素构成了某一金属资源的静态寿命，它取决于当年的科学技术发展水平及其已探明的储藏总量。而金属资源的再生程度同样会对其寿命产生极大的影响。为了清楚地说明二者的关系，可以引入动态寿命或循环寿命的概念，即某一资源的当年储藏总量与其当年总产量和再生总量之差的比。某一物质的再生总量越大，其资源的循环寿命或可供开采的年限越长，因此，引用循环寿命的概念来描述金属矿产的实际可开采年限更为合理。由于物质高的循环再生率是延长金属资源寿命的有效手段之一，因此在讨论金属资源的寿命时，应该树立开源节流的观点。开源就是开发新的可代替的资源，节流即指资源的循环再生。前者是环境材料学的研究重点之一。

从长远的观点看，随着生产的发展和科技的进步，若想实现社会的可持续发展，人类对一次金属资源开采需求的增长将逐步减慢并有所下降，而对再生资源(二次资源) 的开发和利用将逐步强化。可以预测，金属的二次资源将在材料行业发挥与一次资源同等重要的作用。

第五节　材料流与资源效率和环境影响

一、材料流

材料流（Materials Flow）也称物质流（Mass Flow），从材料的全寿命周期分析，从资源开采开始，包括采矿、选矿、提炼或冶金制备、加工、储运销售、使用、维修再使用，直至废弃，每一个环节都会向环境排放废弃物。如常用的钢铁材料，经过采选、储运、炼铁等过程，平均 8t 矿石可炼成 1t 钢；再经过轧、挤、冲、锻等塑性成型，可得到约 700kg 的金属材料；最后机械加工得到的金属制品，能被有效使用的不到500kg。而这些被有效使用的材料制品，经历一定的服役寿命，最终都被废弃，排放到自然环境中，被大自然所吸收和分解。

材料流也可以说是材料背负的生态负荷或称生态包袱（Ecological Rucksack）。要讨论材料对地球环境的影响问题，不能只从计算资源的直接消耗开始，计算时不仅要考虑直接消耗也要考虑间接消耗，也就是说必须计算包括生态包袱在内的全部消耗。这一概念是由德国 Wuppertal 气候、能源、环境研究所提出的。该研究所是世界范围内影响较大的半官方半民间研究机构，不仅进行研究活动，而且还向政府和团体提供政策建议，并开展咨询服务。

二、材料流分析

材料流分析（Materials Flow Analysis，MFA）指的是对材料物理流动的分析，它通过对自然原始物质在开采、生产、转移、消耗和废弃等过程的分析，揭示物料（包括能源、水资源等）在特定范围内的流动特征和转化效率，找出环境压力的直接来源，进而通过技术措施，提出相应的减少环境压力的解决方案，提高资源效率，作为评价该地区、产业和行业及产品等发展的可持续性指标，为实现可持续发展的近、中期目标提供科学依据。该理论是一种方法学，主要用于研究、评价工业生产过程中的资源效率，找出提高资源效率的途径，是研究资源效率的一种有效工具。目前我国也已组织开展这方面的专门研究。

世界各国的环境、能源和资源效率专家将材料流分析理论用于区域经济和工业过程的资源效率分析，通过区域范围内或某些工业过程的整体物质流动状况分析，从宏观上研究环境影响产生的原因和控制方案，以提高资源效率。比较著名的研究案例有德国、日本、美国华盛顿地区等国家和地区的研究。我国在1994年也曾进行了国家层次的物质流分析研究。

三、资源效率、环境影响分析的 X 倍因子（Factor X）理论

利用材料流分析，研究资源效率、环境影响的理论，具有代表性的主要有4倍因子（Factor 4+）和10倍因子（Factor 10+）理论，以及8倍因子（Factor 8+）理论等。

1. 4倍因子理论

4倍因子理论是德国 Wuppertal 研究所的所长 Weizsaecker 教授首先提出来的。1990年以来，占全世界总人口20%的发达国家人口，每年消耗全世界80%以上的能源和资源，而其他80%的人每年消耗的能源和资源还不到世界总消耗量的20%。为了既保持已有的高质量的生活，又努力消除贫富之间的差异，Weizsaecker 教授根据计算得出，若能采取技术措施，将现有的资源和能源效率提高4倍，就有可能达到上述的目标。这就是4倍因子理论提出的依据。因此，最初建立的4倍因子理论主要是针对消除社会的贫富悬殊，实现各国间健康、平等发展的一种技术目标。

经过努力和发展，Weizsaecker 教授将 4 倍因子理论实现科学化。1995 年，其专著《4 倍因子：半份消耗，倍数产出》出版，使该理论有了明确的科学含义。书中列举了许多提高 4 倍以上效率的事例。其宗旨是在社会经济和生产活动中，通过采取各种技术措施，将能源消耗、资源消耗降低一半，同时将生产效率提高一倍，即在同样能源消耗和资源消耗的水平上，得到了 4 倍的产出。

4 倍因子理论得到了世界上许多政治家、经济学家、社会学家、生态学家、环境科学家以及其他学者的共识，对有效利用资源、改善生态环境、实现社会和经济的可持续发展具有指导性意义。即从资源效率角度减少原材料消耗、增加产品的有效产出，从源头上实现减少排放，保护了环境，是治本之道。

2. 10 倍因子和 8 倍因子理论

10 倍因子理论是由德国 Wuppertal 研究所的副所长 Schmidt-Bleek 教授率先提出的。在 4 倍因子理论的基础上，10 倍因子理论认为，为了保持现有的生态环境水平，我们必须通过提高资源效率来平衡和补偿对环境的破坏，必须继续减小全球的物质流量。按照平等的原则，20% 的发达国家人口只应该消费当时世界总资源和能源的 20% 即 1/5。据推测，到 2050 年，地球上的人口将在现在的基数上增加 1 倍，同时，世界各国的国内生产总值（GDP）届时将增长 3 ~ 6 倍，取平均值为 5，则二者之积为 10，按现在的水平发展对环境的影响将增加 10 倍，因此必须将资源效率和能源效率提高 10 倍。而到人口增加一倍的 2050 年，人均物质消耗必须比 1990 年初减少一半，即当时 1/5 的一半也就是 1/10，这样才能让人类的子孙后代在地球上继续生存下去。用一个等式可表示为

$$\text{环境影响}=\text{世界人口}\times\left[\frac{\text{世界 GDP}}{\text{世界人口}}\right]\times\left[\frac{\text{环境影响}}{\text{世界 GDP}}\right]$$

许多技术例证认为，通过采取措施，在二三十年内若能将现有的资源和能源效率提高 10 倍，达到上述目标是有可能的。10 倍因子作为宏观目标得到不少欧洲国家的赞同，瑞典计划设立 10 倍因子研究所，奥地利对此研究也非常热心。在提出 10 倍因子理论的同时，Schmidt-Bleek 教授在法国创建了国际 10 倍因子（Factor10 +）俱乐部，旨在推行 10 倍因子理论和实践。该俱乐部向全世界发表了著名的致政府和产业领袖的 1997 卡诺勒斯宣言，明确提出了在一代人之内，将资源和能源的生产效率提高 10 倍的目标以及实现这个目标应采取的技术措施。宣言指出，进入经济活动的所有物质或迟或早都要被消耗或排放进入环境，到头来是环保费用的持续增长。因此，要降低环保费用，首先需要降低和减少物质从自然界（即环境）流入经济活动圈的进入量，从而减少污染物排放量。通过减少污染物的处理量，最后使环保投资费用降低。Schmidt-Bleek 教授在《人类需要多大的世界》一书中提出了单位服务的材料消耗（Materials Input Per Service / MIPS）的概念，给材料流理论提出了一个具体的评价指标，可由此来定量计算

资源效率。

自MIPS概念提出以来，联合国环境发展委员会、欧共体、美国、德国、加拿大、日本等发达国家都开展了材料流分析研究，许多国家已要求对所有工业过程都应进行材料流分析（MFA），包括对二氧化碳排放引起的全球温室效应问题，以提高资源效率，减少污染物排放量，进一步控制环境污染。

以下是东京大学山本良一教授对全球环境影响问题进行的材料流分析：2000年全人类已超过可持续发展水准（S）的40%，12亿发达国家人口的人均环境影响（B）是48亿发展中国家人口的人均环境影响（A）的16倍（20%的人口消耗80%），预计发展中国家人口到2050年净增30亿，为了保持2050年可持续发展的世界人均环境影响（C），应该

$$48 \times 10^8 A + 12 \times 10^8 B = 1.4S$$

$$78 \times 10^8 C + 12 \times 10^8 C = S$$

计算可得

$$C/A \approx 2 \qquad C/B \approx 1/8$$

即为了保证全球可持续发展，必须将资源效率提高8倍，实现Factor 8的目标。

当前世界所面临的主要环境问题是人口、资源、生态破坏和环境污染问题，它们之间互相关联、互相影响，已经成为当今世界所关注的主要问题。当今社会，随着科学技术与经济的发展，全球环境污染与生态破坏日益严重，大大加重了地球的负担，甚至直接威胁到人类的生存与健康。21世纪是可持续发展的世纪，资源和环境的保护与持续利用则是可持续发展的重要支柱。科学技术的任务已从过去“最大限度向自然索取财富”变为合理利用资源，保护环境，保持生态平衡，保证可持续发展。因此，面对非再生资源和能源枯竭的威胁以及日益严重的环境污染，积极探索既保证材料性能、数量需求，又节约资源、能源和环境协调的材料生产技术，开发资源与能源消耗少、使用性能好、可再生循环、对环境污染少的新材料、新工艺和新产品，对于我国社会和经济的可持续发展具有重要意义。

参考文献

1 丁桑岚．环境评价概论．北京：化学工业出版社，2001

2 樊芷芸．环境学概论．北京：中国纺织出版社，1998

3 郭子义，韦薇．环境化学概论．北京：北京师范大学出版社，2001

4 刘成武，杨志荣，方中权等．自然资源概论．北京：科学出版社，2001

5 刘江龙．环境材料导论．北京：冶金工业出版社，1999

6 闵恩泽，吴巍等．绿色化工与化学．北京：化学工业出版社，2001

7 牟保磊．元素地球化学．北京：北京大学出版社，1999

8 聂祚仁，王家诚，王瑛等．北京新材料产业发展技术经济评价．北京：冶金工业出版社，

2002
9 山本良一. 环境材料. 王天民译. 北京：化学工业出版社，1998
10 盛连喜. 现代环境科学导论. 北京：化学工业出版社，2001
11 孙胜龙等. 环境污染与控制. 北京：化学工业出版社，2001
12 王天民. 生态环境材料. 天津：天津大学出版社，2000
13 王祥荣. 生态与环境. 南京：东南大学出版社，2000
14 廖自基. 微量元素的环境化学及生物效应. 北京：中国环境科学出版社，1992
15 翁端. 环境材料学. 北京：清华大学出版社，2001
16 徐新华，吴忠标，陈红. 环境保护与可持续发展. 北京：化学工业出版社，2000
17 张殿印，陈康. 环境工程入门. 北京：冶金工业出版社，1999
18 张国泰. 环境保护概论. 北京：中国轻工业出版社，1998
19 赵怀琴. 常用食品添加剂结构性能分析. 辽宁教育学院报，1997，14（5）
20 郑积源. 跨世纪科技与社会可持续发展. 北京：人民出版社，1999
21 左铁镛. 材料产业可持续发展与环境保护. 见：共同走向科学——百名院士科技系列报告集（中）. 北京：新华出版社，1997
22 三菱电机集团环境报告书. 2002

第三章 材料的环境协调性评价

在环境材料研究中，一个首要的问题是：什么样的材料才称得上是环境材料。这涉及到如何评价材料的环境协调性，即环境表现或环境性能，并由此产生了材料的环境协调性评价研究。目前通常采用生命周期评价（Life Cycle Assessment，LCA）的基本概念、原则和方法对材料或产品进行环境行为评估。应用于材料的生命周期评价通常称为 MLCA（Materials LCA）。

第一节 LCA 方法的起源与发展

一、概述

单就 LCA 方法而言，已有 30 多年的研究发展历史，最早可追溯至 20 世纪 60 年代。当时人类已经意识到资源和能源的有限，从保护原材料和能源的角度出发，以各种方法计算资源和能量的供应和消耗情况。例如美国能源署就开展了数项诸如“燃料循环”（fuel cycle）之类的研究。这些研究对 LCA 方法，尤其是生命周期清单分析（Life Cycle Inventory Analysis）方法的发展，起到了最初的推动作用。

将 LCA 思想首先用于资源、能源和环境影响综合评价的是美国可口可乐公司（Coca-Cola Company）。1969 年，该公司委托美国中西研究所（MidWest Research Institute），对不同包装材料的总体环境影响进行了研究。在此基础之上，又对使用塑料饮料容器的可行性进行考虑，并比较了复用式容器与一次性容器的整体环境影响。这种正式的分析方案便是 LCA 方法的起源和基础。

在此之后，美国和欧洲各国其他公司也开展了多项以包装纸、包装盒等包装材料和容器为中心的产品评价。同期，在日本也开展了类似的研究与应用。1975 年，东京野村研究所为日本利乐公司进行了首次包装材料 LCA 研究，通过各种不同的销售方案对纸盒与玻璃瓶进行了比较。

当时，对这种将产品生成过程中资源消耗与环境排放定量化方法的名称，各国叫法还不统一，在美国，自 1970 年起，通常称为资源和环境概貌分析（Resource and Environmental Profile Analysis，REPA），而在欧洲则大多称为生态平衡（Ecobalance）。

20 世纪 70 年代，现代 REPA / LCA 方法开始成形，生命周期影响评价的框架也有了一定进展。20 世纪 80 年代中期之后，LCA 的发展进入了一个高潮，

“临界值法”分别在瑞士和荷兰独立形成，环境优先级方法（Environmental Priority Strategies，EPS）也在瑞典发展起来。其中，EPS 方法主要由沃尔沃（Volvo）公司等单位负责开发，直至今天，仍然具有广泛的应用范围。

进入 20 世纪 90 年代，由于环境问题渗透到国际政治、经济、贸易和文化各个领域，LCA 得到显著发展，其中国际环境毒理学和化学学会（SETAC）和国际标准化组织（ISO）起着举足轻重的作用。

SETAC 是第一个认识到 LCA 潜在价值的国际组织。在 20 世纪 90 年代早期，SETAC 就成立了一个 LCA 顾问组，专门负责 LCA 方法论和应用方面的工作。1990 年 8 月在美国 Vermont 召开的 SETAC 研讨会中，与会者就 LCA 的概念和理论框架取得了广泛的一致，并确定使用 Life Cycle Assessment（LCA）这个术语，从而统一了国际上的 LCA 研究。SETAC 发表了大量具有重要指导意义的文献。如在 1991 年出版了《产品生命周期分析技术框架》，将对材料或产品全过程的能耗评价思路扩展到对其全过程的能耗、物耗、废弃物排放等多方面的综合评价。1993 年，SETAC 出版了《生命周期评价指南：实践准则》（Guidelines for Life-cycle assessment：A“Code of practice”），取得了 ISO 组织和欧洲标准化委员会（CEN）的共识，为 LCA 的规范化提供了重要的依据，对 LCA 方法论的发展、完善及应用作出了巨大贡献。

国际标准化组织（ISO）从 1992 年开始筹划包括 LCA 标准在内的 ISO 14000 环境管理系列标准的制定，并于 1993 年 6 月正式成立了“环境管理标准技术委员会”，即 TC-207 委员会，负责环境管理工具及体系的国际标准化工作，而其中 SC5 分委员会则专门负责 LCA 标准的制定。TC-207 委员会在 ISO 14000 系列标准中为 LCA 保留了 10 个标准号，即 ISO 14040 ~ ISO 14049，包括 ISO 14040（原则与框架）、ISO 14041（清单分析）、ISO 14042（影响评价）、ISO 14043（结果解释）和 ISO 14048（指标格式）等，成为 ISO 14000 系列标准中产品评价标准的核心和确定环境标志和产品环境标准的基础。1994 年、1995 年，ISO 组织分别制定了《生命周期评价——一般原则与实践》和《生命周期评价——原则与准则》（草案），并分别于 1997 年和 1998 年正式公布了 ISO 14040《生命周期评价——原则与框架》和 ISO 14041《生命周期评价——目的与范围的确定和清单分析》标准。2000 年，又正式公布了 ISO 14042《生命周期评价——生命周期影响评价》和 ISO 14043《生命周期评价——生命周期解释》。

与此同时，欧洲、美国、日本等国家还制定了一些促进 LCA 的政策和法规，如“生态标志计划”、“生态管理与审计法规”、“包装及包装废物管理准则”等。因此，这一阶段出现了大量 LCA 案例，如日本已完成数十种产品的 LCA，丹麦用 3 年时间对 10 种产品类型进行了 LCA 等。

1996 年，国际上正式出版了有关 LCA 的专业刊物《国际生命周期评价学报》（International Journal of Life Cycle Assessment），表明生命周期评价研究在国际上已占有很重要的位置。

二、LCA 在国外的研究进展

在 LCA 方法的研究方面，由国际标准化组织制定的环境管理标准（ISO 14000 系列）中的相关研究最有影响，体现了世界范围内 LCA 研究的共识。目前，LCA 方法的主要研究方向包括生命周期清单分析方法和生命周期影响评价方法，LCA 分析工具的开发则主要包括基础数据库的研究和 LCA 评估软件的开发等。

其中，生命周期清单分析方法包括制定数据收集规范、整理各工业清单内容、建立统计模型、用统计方法和输入输出法整理数据。由于有关 LCA 的基本原则（ISO 14040）和生命周期清单分析的标准（ISO 14041）已经基本定型，所以该研究方向的理论方法已趋于完善，主要工作则侧重于结合工业应用要求而对数据的规范化。

生命周期影响评价方法研究包括指标体系研究（包括分类方法、表征方法研究）、结果解释及案例分析和结果的报告形式规范化。国际上对环境影响评估（Impact Assessment）的实施提出了多种方法，如单位消耗的物质强度方法（MIPS）、环境分数方法（Eco-points）、环境指数方法（Eco-Indicator）和环境优先级方法（EPS）等。主要进展体现在系列环境损害类型的提出和寿命损害数学模型的建立，以及污染物对人体健康和生态系统毒性的衡量与确定。

LCA 的研究与应用极大地依赖于评估数据与结果的积累。在绝大多数的 LCA 个案研究中，都需要一些基本的生命周期清单分析数据，例如与能源、运输和基础材料相关的清单数据。这方面的工作量十分巨大。不断积累评估数据，并将这些数据组织为数据库的形式，在 LCA 研究中是非常重要的工作。数据库方面的研究包括数据库框架、功能函数定义、数据组织结构研究、界面定义和数据转化，主要侧重于应用性与通用性，强调与工业设计结合。目前世界上已有十多个著名的 LCA 数据库，由不同的国家、组织或研究机构建立。这些数据库在 LCA 研究中发挥着重要作用。

大多数国家或组织的 LCA 研究都经历了从个案研究到建立数据库这样一个过程。以日本国家资源与环境研究所（National Institute for Resources and Environment, NIRE）的 LCA 研究工作为例，在 1993 年至 1996 年期间，主要集中在家用电器的 LCA 评估以及基础数据的收集上，而从 1997 年起着手建立了一个 LCA 公共数据库系统。荷兰的 PRé 咨询公司根据环境指数计算的清单数据库目前已包括近 600 多种污染排放物、资源和土地消耗的环境数据。英国、法国、荷兰的一些公司，也分别开发了 LCA 评估计算机软件和相关的数据库。

完整的 LCA 通常需要大量时间，因而明显不适用于一些变化速度比较快的产品，尤其在产品的整体设计阶段。为了增加 LCA 分析方法在产品开发中的可行性和适用性，寻找一种在保持LCA方法精确性的同时能显著减少建模评估所需的时间的方法就非常重要了。相关研究人员开展了许多工作，也提出了各种解决办法，例如适用于产品整体设计阶段的近似LCA方法等。但最有效的一个办法应该是LCA基础数据库的建立及相应评估软件的开发。如今，国际上已经开发出多种LCA或LCI评价工具软件，其中最著名的包括ECO-it、EcoManager、EcoPro、GaBi、IDEMAT、SimaPro、TEAM和Umberto等。

三、LCA在国内的研究进展

在中国，LCA研究起步较早，发展也非常迅速，已成为学术界关注的焦点和研究热点。在政府的引导和支持下，国内大量研究人员围绕LCA方法开展了卓有成效的研究工作，包括生命周期清单分析中的分配方法、环境影响类型分配体系、中国环境影响特征因子和权重因子的确定等等。1999年，国家质量技术监督局发布等同于ISO 14040的《生命周期评价——原则与框架》国家标准（GB/T 24040），2000年发布等同于ISO 14041的《生命周期评价——目的与范围的确定和清单分析》国家标准（GB/T 24041）。2002年，又发布了分别等同于ISO 14042和ISO 14043的《生命周期评价——生命周期影响评价》国家标准（GB/T 24042）与《生命周期评价——生命周期解释》国家标准（GB/T 24043）。

在国内的LCA研究方面，材料生命周期评价（MLCA）方面的研究及应用是目前最主要的研究方向之一，也一直是环境材料研究中的重要组成部分。

1998年起，国家“九五”高技术研究计划（863计划）支持了首项“材料的环境协调性评价研究”项目，由北京工业大学等几所大学联合承担，与国内一些主要材料企业合作，对国内几大类主要基础材料进行了全面的MLCA评估。该项目对我国钢铁、水泥、铝、工程塑料、建筑涂料、陶瓷等七类典型量大面广的代表性材料进行了生命周期评价研究，初步获得了以上代表性材料的环境负荷基础数据。在大量系统工作的基础上，总结了材料环境负荷分析的方法，创新地提出了上述典型材料生命周期评价的新方案和定量方法，构建和设计了材料的环境负荷基础数据库框架，并自主开发了数据库管理软件和材料的生命周期评价软件。

中国材料生命周期评价研究取得了很大的进展，已经深入到材料工业的各个领域，有望为材料产业的可持续发展和清洁生产的实现提供明确的依据。目前就环境材料研究和MLCA研究同欧洲、加拿大、日本等国的一些大学和研究机构建立了各种国际合作关系，并已开展了大量的学术交流与合作研究。

第二节 LCA的概念和方法学框架

一、LCA的基本概念

生命周期评价（Life Cycle Assessment，LCA）方法又称为环境协调性评价、生命周期评估、寿命周期评价等，已经成为对材料或产品进行环境表现分析的一种重要方法。

所谓生命周期（life cycle），又称为生命循环或寿命周期，是指产品从自然中来再回到自然中去的全部过程，即从“摇篮到坟墓”（from cradle to grave）的整个生命周期各阶段的总和，具体包括从自然中获取最初的资源、能源，经过开采、原材料加工、产品生产、包装运输、产品销售、产品使用、再使用以及产品废弃处置等过程，从而构成了一个完整的物质转化的生命周期。

由于LCA方法本身的复杂性和历史承袭的原因以及实施LCA的目的不尽相同，对LCA的概念和方法历来有着不同的理解，甚至在SETAC和ISO的文件中，LCA的定义也在不断地修改和变化。

在1993年，SETAC对LCA定义如下：

Life Cycle Assessment is a process to evaluate the environmental burdens associated with a product, process, or activity by identifying and quantifying energy and materials used and wastes released to the environment; to assess the impact of those energy and material uses and releases to the environment; and to identify and evaluate opportunities to affect environmental improvements. The assessment includes the entire life cycle of the product, process, or activity, encompassing extracting and processing raw materials; manufacturing, transportation and distribution; use, re-use, maintenance; recycling, and final dis-posal.

根据上述原文，LCA被描述成这样一种评价方法：通过确定和量化与评估对象相关的能源消耗、物质消耗和废弃物排放，来评估某一产品、过程或事件的环境负荷；定量评价由于这些能源、物质消耗和废弃物排放所造成的环境影响；辨别和评估改善环境（表现）的机会。评价过程应包括该产品、过程或事件的寿命全过程，包括原材料的提取与加工、制造、运输和销售、使用、再使用、维持、循环回收，直到最终的废弃。

在1997年ISO修订的LCA标准（ISO 14040）中也给出了LCA和一些相关概念的定义：

Life cycle assessment (LCA): Compilation and evaluation of the inputs, outputs and the potential environmental impacts of a product system throughout its life cycle.

Product system: Collection of materially and energetically connected unit processes which performs one or more defined functions. (NOTE: In this International Standard, the term “product” used alone includes not only product systems but can also include service systems.)

Life cycle: Consecutive and interlinked stages of a product system, from raw material acquisition or generation of natural resources to the final disposal.

根据上述原文，LCA 是对一个产品系统的生命周期中输入、输出及其潜在环境影响的汇编和评价。这里的产品系统是通过物质和能量联系起来的，具有一种或多种特定功能的单元过程的集合。在 LCA 标准中，“产品”既可以指（一般制造业的）产品系统，也可以指（服务业提供的）服务系统。生命周期是指产品系统中前后衔接的一系列阶段，从原材料的获取或自然资源的生成，直至最终处置。

从 SETAC 和 ISO 对 LCA 定义的阐述可以看到，在 LCA 发展过程中，其定义不断地得到完善和充实，对定义的描述发生了明显的变化，但基本的思想和方法却都保留和固定了下来。我们可以从 LCA 的评价对象、方法、应用目的、特点等各个方面去理解 LCA 的概念、定义，以及该评价方法的内涵。

二、LCA 的方法学框架

以往，LCA 方法的实施框架习惯以 1990 年 SETAC 研讨会上确定的三角形模型为基础。该研讨会的一个主要决定是将 LCA 定义为一种分阶段的评价方法，主要包括生命周期清单分析、生命周期影响评价和环境改善评价。后来，又添加了一个部分：目的与范围的确定。这样，LCA 的四个主要实施阶段就包括目的与范围的确定、生命周期清单分析、生命周期影响评价和环境改善评价。如图 3-1 所示，范围界定、数据收集和评价结果的描述都必须与实现预定的目的相一致。

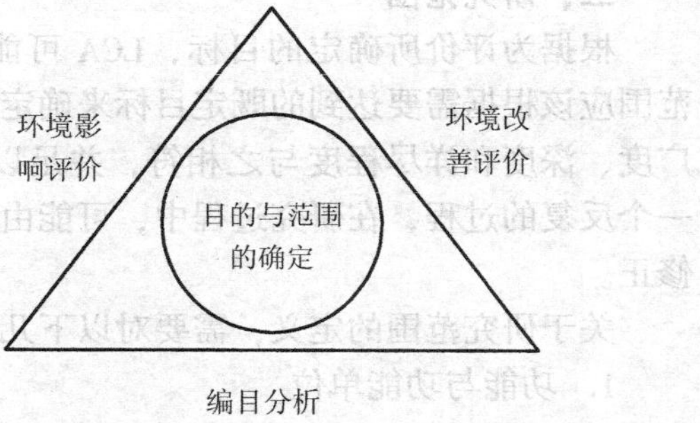

图 3-1 SETAC 三角形模型

随着 LCA 方法的进一步发展，整体技术框架又有了新的表述形式。图 3-2 所示为 1997 年 ISO 14040 标准定义的技术框架，它包含了目的与范围的确定（goal and scope definition）、清单分析（inven-

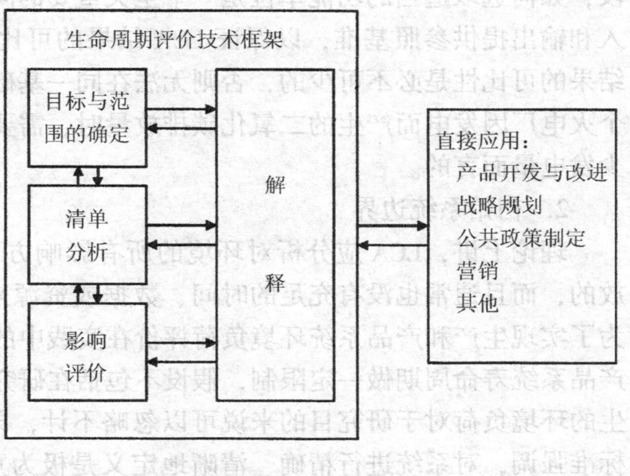

图 3-2 LCA 的评估过程及技术框架

tory analysis)、影响评价（impact assessment）和结果解释（life cycle interpretation）等4个组成部分。其中，目的与范围的确定和生命周期清单分析这两个部分发展相对比较完善。

第三节 LCA目的与范围的确定

在开始进行LCA评估之前，必须明确地表述评估的目的与范围，并使之适合于应用意图。这是清单分析、影响评价和结果解释所依赖的出发点和立足点。

一、研究目的

LCA研究目的中须明确陈述其应用意图、开展该项研究的理由以及它的使用对象，即研究结果的接收者或预期交流对象。

二、研究范围

根据为评价所确定的目标，LCA可能非常综合，也可能非常粗略。LCA的范围应该根据需要达到的既定目标来确定。应妥善规定研究范围，以保证研究的广度、深度和详尽程度与之相符，并足以适应所确定的研究目的。LCA本身是一个反复的过程，在研究过程中，可能由于收集到新的信息而要对研究范围加以修正。

关于研究范围的定义，需要对以下几个概念加以说明。

1. 功能与功能单位

由于LCA方法是一种基于定量计算的评价方法，所以产品系统各方面情况的描述就需要以一定的功能为基准，这便是功能单位的选取。功能单位是对产品系统输出功能的量度，关系到环境清单数据的具体数值。在目的与范围确定阶段，如何选取适当的功能单位是一个至关重要的问题，其基本作用是为有关的输入和输出提供参照基准，以保证LCA结果的可比性。在评估不同系统时，LCA结果的可比性是必不可少的，否则无法在同一基础上进行比较。例如，在记录一个火电厂因发电而产生的二氧化碳排放量时，需要事先明确这种排放量是针对多少发电量而言的。

2. 初始系统边界

理论上讲，LCA应分析对环境的所有影响方面。但这样的系统将是过于开放的，而且通常也没有充足的时间、数据或资源来进行这样全面的研究。因此，为了实现生产和产品系统环境负荷评价在实践中的可行性，必须要对实际研究的产品系统寿命周期做一定限制，假设不包括在研究范围内的生产过程或产品所产生的环境负荷对于研究目的来说可以忽略不计，即确定所研究系统的边界。ISO标准强调，对系统进行精确、清晰地定义是极为重要的。系统边界决定LCA须包括哪些单元过程。当实施一项面向变化的LCA评价时，系统边界划分的准则可能就是与变化相关的部分，即会对环境影响变化产生作用的那些生产或处理过程，而不会影响环境影响变化的因素就没有必要包括在内。有时候，即使在一个小型产品系统之内，LCA 研究范围也不是整个系统，而是将其分为各个部分，称为生命周期内的过程分割。

3. 地理边界

不同的产品系统可能会处于不同的地理环境之中，而各个不同区域的电力生产、污染物管理与处置、运输系统等具体情况会有很大不同，因此其污染物排放等因素的相对重要性，甚至是实际效应，必然会随地域变更而变化。例如，由于废弃物掩埋地点的不同，重金属效应危害的延滞期可能会在短短几天到几千年之间变动。

4. 时间边界

时间边界的选择也依赖于事先确定的 LCA 评价目标。如果目的在于研究产品系统应当为哪些环境影响承担责任，普通的 LCA 评价及回顾式判断便可满足要求。但是，如果研究目的在于生产过程或原料变化对于环境影响造成的变化，那么最好采用面向变化的 LCA 方法。也就是说，要能做到及时预测，并找到可以选择的生产方式。这样的评价结果还依赖于采集到的数据所代表的时间段。比如说，如果生产方式已经发生了变化，那么就应该将变化前后的数据区别开来。另外，有些环境影响类型，例如全球变暖潜在影响（Global Warming Potentials）和臭氧层损害潜力（Ozone Depletion Potentials），对于潜在影响的计算也依赖于时间上的选择。

5. 数据质量要求

数据质量要求是 LCA 评估可信度的保障。这里的数据是指在 LCA 评估中用到的所有定性和定量的数值或信息。这些数据可能来自测量到的环境清单数据，也可以是中间的处理结果。数据质量要求规定研究中所需数据的总体特征，这些要求须保证 LCA 研究的目的与范围得到满足。数据质量要求应考虑数据的时间跨度、地域广度、技术覆盖面、准确性、覆盖率、代表性、一致性及可再现性等。

第四节　生命周期清单分析

研究目的与范围的确定为开展 LCA 研究提供了一个初步计划。生命周期清单分析（Life Cycle Inventroy，LCI）则涉及到数据的收集和计算程序。

生命周期清单分析是生命周期评价中对所研究产品系统整个生命周期中输入和输出进行汇编和量化的阶段，即收集产品系统中定量或定性的输入输出数据、计算并量化的过程。后面介绍的环境影响评价阶段就是建立在清单分析的数据结果基础上的。另外，LCA 实践者也可以直接从生命周期清单分析中得到评估结论，并作出解释。

清单分析的目的是对产品系统的有关输入和输出进行量化。输入和输出可包括与该系统有关的对资源的使用，以及向空气、水体和土地的排放。可根据预先确定的 LCA 目的和范围需要，依据上述数据作出解释。同时这些数据还是进行生命周期影响评价输入的组成部分。

生命周期清单分析是 LCA 四个组成部分中研究最成熟、理解最深入和应用最充分的一个，其主要步骤和基本原则简述如下：

1. 数据收集的准备

在 LCA 研究中，数据收集程序会因不同系统模型中的各单元过程而变，同时也可能因参与研究人员的组成和资格，以及满足产权和保密要求的需要而有所不同。

数据收集需要对每个单元过程进行透彻了解。为了避免重复计算或断档，需要对每个单元过程进行明确表述，包括对输入和输出进行定量和定性表述，确定过程的起始点和终止点，以及对单元过程功能的定量和定性表述。

2. 计算程序

收集数据后，要根据计算程序对该产品系统由每一单元过程和功能单位求得清单分析结果。

（1）数据的确认　在数据收集过程中，必须检查数据的有效性。有效性的确认可包括建立物质和能量平衡和（或）进行排放因子的比较分析。

（2）数据与单元过程的关联　必须对每一单元过程确定适宜的基准流（如 1kg 材料或 1MJ 能量），并据此计算出单元过程的定量输入和输出数据。

（3）数据与功能单位的关联和数据的合并　根据流程图和系统边界可以将各单元过程相互关联，从而对整个系统进行计算。这一计算是以统一的功能单位作为该系统所有单元过程中物流、能量流的共同基础，求得系统中所有的输入和输出数据。

（4）系统边界的修改　反复性是 LCA 的固有特性，必须根据由敏感性分析所判定的数据重要性来决定数据的取舍。初始产品系统边界必须依据确定范围时规定的边界准则进行适当的修改。

（5）数据缺失（data gaps）的处理　在清单数据计算过程中，经常会遇到数据缺失，其最简单的处理方法就是在合理的情况下，将其假设为零，亦即忽略不计。但另一可能更为合理的方式，就是找寻替代数据予以填补。替代数据的重要性可依据敏感性分析来判断，如果替代数据对输入输出最后结果的影响不大时，就不必要找寻更为准确的数据；反之，若替代数据对最后的结果具显著影响时，则不应使用替代数据。

3. 物流、能量流和排放物的分配

生命周期清单分析有赖于将产品系统中的单元过程以简单的物流或能量流相联系。实际上，只产出单一产品，或者其原材料输入与输出仅体现为一种线性关系的工业过程极为少见。大部分工业过程都是产出多种产品，并将中间产品和弃置的产品通过再循环用作原材料。当环境负荷要用其中一种或部分产品来表征时，就产生了输入输出数据如何在多个产品或多个系统之间分配的问题。因此，必须根据既定的方案将物流、能量流和环境排放分配到各个产品中去。

第五节　生命周期影响评价

生命周期影响评价（Life Cycle Impact Assessment，LCIA）是生命周期评价的第三个阶段，是其中理解和评价产品系统潜在环境影响的大小和重要性的阶段。其目的是评估产品系统的生命周期清单分析结果，将 LCI 结果转化为资源消耗、人类健康影响和生态影响等方面的潜在环境影响，以便更能了解该产品系统影响程度。LCIA 阶段将所选择的环境问题（称之为影响类型）模型化，并使用类型参数来精简与解释生命周期清单分析结果。类型参数用于表示每项影响类型的总污染排放或资源消耗量。这些类型参数代表潜在的环境影响。

一、LCIA 概述

1. LCIA 的目的

LCIA 的目的是从环境的角度，应用与生命周期清单分析（LCI）结果相关的影响类型和类型参数来考察产品系统，也为生命周期解释阶段提供信息。

2. LCIA 的主要特征

由 LCA 方法的定义及其研究目的与范围的确定和生命周期清单分析过程，可以知道 LCA 方法与其他的影响评价方法相比较通常具有以下特点：

1）由“从摇篮到坟墓”的角度出发，考虑了产品或生产的全过程。

2）运用多种方式的分析手段，涉及资源利用和污染物排放的各个方面。

3）利用功能单位的方式对各种环境影响项目进行标准化。

因而，LCIA 阶段同 LCA 中的其他阶段一样，都是针对一项或多项产品系统的环境与资源问题提供整体系统的评价；并且只关注特定功能单位基础上的系统环境负荷的相对程度，而不量度或预测实际影响，也不能进行风险分析。环境影响评估建立在生命周期清单分析的基础上，其目的是为了更好地理解生命周期清单分析数据与环境的相关性，评价各种环境损害造成的总的环境影响的严重程度。

3. LCIA 的主要步骤

根据 ISO 14042 的规定，LCIA 阶段的一般程序由几个将 LCI 结果转换为指标结果的必备要素组成。此外，还有指标结果的归一化、分组或加权，以及数据质量分析技术等可选要素。LCIA 阶段的各个要素如图 3-3 所示。

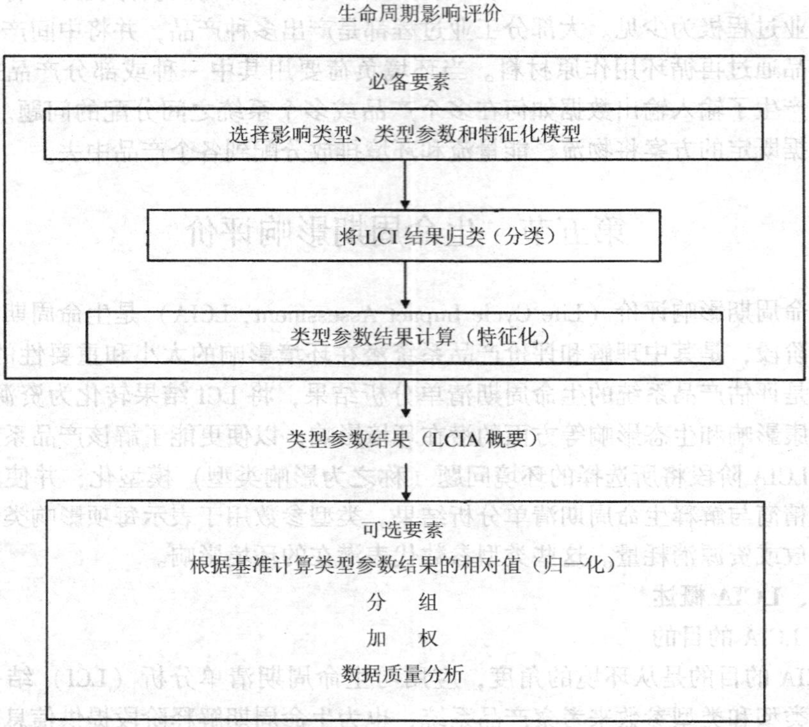

图 3-3　生命周期影响评价阶段的各个要素

二、必备要素

对于 LCIA 阶段而言，必备要素的结果是不同影响类型参数结果的汇总。

1. 影响类型、类型参数和特征化模型的选择

该步骤中，需要辨识与选择环境影响类型、相关类型参数与特征化模型、类型终点及与其相关的 LCI 结果。环境影响类型的选择既可以与传统类型相一致，如温室效应、酸雨、资源消耗等，也可以由决策者根据实际需要用代表性的特殊问题来确定影响类型。

2. 生命周期清单分析结果的分配（分类）

分类是一个将清单分析条目与环境影响类型相联系并分组排列的过程，它是一个定性的、基于自然科学知识的过程。当 LCI 结果分配至环境影响类型时，与 LCI 结果相关的环境问题就能被更清晰地显现出来。

3. 类型参数结果的计算（特征化）

该步骤中，将利用不同影响类型的参数结果来共同展现产品系统的LCIA特征。其计算过程包括将利用特征化因子将LCI结果换算成通用单位，并把同一影响类型的换算结果累加，得到量化的指标结果。

不同清单种类造成同一种环境损害效果的程度不同。例如二氧化硫和二氧化氮都可能引起酸雨，但同样的量引起的酸雨的含量并不相同。特征化就是对比分析和量化这种程度的过程，是一个定量的、基本上基于自然科学的过程。

在特征化阶段，清单分析数据被转化为各个环境影响类型的指标结果。其转化过程在原理上基于用环境问题因果关系体系中包含的环境影响机制来构建影响类型特征模型，具体内容包括：用相关的物理、化学、生物和毒性数据来描述与清单分析参数相关的潜在影响，然后将这种信息与分类的清单分析数据联系起来描述每一影响种类潜在的或实际的影响。

目前国际上常用的特征化模型主要有：

（1）负荷评估（Loading assessment）模型 在这类模型中，清单分析的相关资料只是简单地罗列出来，也可能根据它们的潜在影响加以分类，仅根据物理量大小来评价生命周期清单分析提供的数据。特征化的方式为视各影响因子所造成的环境影响重要性相同，依据是否存在影响、环境影响相对大小、或是“越少越好（Less is Best）”等方式来表现。如一个制造系统产生的二氧化硫为1kg，另一个系统生产等效量的产品时释放二氧化硫为2kg，则认为前者对大气的影响更小。这种方法并不考虑各影响因子间的替代效应（trade-off effect），也无法完全反映各影响因子的含量或排放量的差异。

（2）当量评价（Equivalency assessment）模型 这类模型使用当量系数（如1kg甲烷相当于11kg二氧化碳产生的全球变暖潜力）来汇总生命周期清单分析提供的数据。前提是汇总的当量系数能量度潜在的环境影响。其原理是在质量相同的情况下，利用不同环境压力因子（environmental strssor）对同一种环境影响类型（如臭氧破坏）的贡献量差异，以其中某一种压力因子为基准，把其影响潜力看作1，然后将等量的其他污染物与其作比较，这样就可以得到各类压力因子相对于基准物的影响潜力大小（即当量系数），最后可根据各压力因子间的当量关系，汇总得到以基准物质量为单位的影响潜力大小。比如，人们根据某种产品生命周期全过程所排放的二氧化碳量和甲烷量，就可根据两种温室气体间的当量关系进行汇总，最后得到总的全球变暖潜力大小。这种方法的优势在于它是建立在科学研究基础上，同一种压力因子，无论其暴露途径、暴露地点等条件如何不同，它所能产生的潜在环境影响都认为是一样的。因此其结果不受时间和地理因素的影响。

（3）毒性、持续性及生物累积性评估（Toxicity，Persistence，and Bioaccumulation Assessment）模型 这类模型以释放物的化学特性，如毒性、可燃性、致癌性和生物富集等为基础来汇总生命周期清单分析数据。前提是这些标准能将生命周期清单分析数据归一化，以测度潜在的环境影响。危害排序法（Hazard Ranking）即属于此类评估方法。危害排序法是根据产品在生命周期中所排放出的污染物，考查其致癌性、生物累积性、生物降解速度及程度，或是根据生物急性毒性（LC_{50}）、慢性毒性（NOEL）等试验数据，进行定性评估，以其危害性低、中、高的方式加以排序。但此方法对尚未建立毒性资料的排放物并不适用。目前此方法主要用于人体健康影响评估。

（4）总体暴露效应（Generic Exposure / Effects Assessment）模型　这类模型中，排放物的加和总是针对某些特殊物质的排放所导致的暴露和效应作一般性（而非特定）的分析，来估计潜在的环境影响，有些时候也会加入对背景含量的考查。荷兰莱顿大学（Leiden Univerisity）环境科学中心（Center for Environmental Science，CML）所发展的面向效应法（Effect-oriented Method）即采用了此种模型。面向效应法是以面向问题的方式，将清单分析项目中的各影响因子，根据其可能有的环境影响赋予一单位排放量的影响指数。应用此模型，每类环境影响专题皆可得到总体性的效应值，很容易理解。但并非所有类别的环境影响都可得到一般性的暴露效应值，而且利用现有科学知识所确定的相应指标值，在准确性方面存在相当的困难。

（5）点源暴露效应（Site-Specific Exposure/Effects）模型　这类模型以点源相关区域或场所的影响信息为基础，针对某些特殊物质的排放所导致的暴露和效应作特定位置的分析，来确定产品系统实际的影响。在此模型中，排放物影响的加和必须考虑到特定位置的背景含量。

上述五种模型中，负荷评估方法只是应用了"小就是好"这样的原则，而不针对系统的输入和输出所造成的环境后果来加以分析，这样并不符合进行影响评估的目的，事实上只是汇总了清单分析中的数据，而不去作进一步的分析；至于点源暴露效应模型，在众多不同流程的LCA分析中并不实际，而更适合用在环境影响评估（EIA）中。当量评价模型，毒性、持续性和生物累积性评估模型，以及总体暴露模型较为可行。

三、可选要素

为了更进一步地从总体上概括系统对环境的影响，LCIA阶段还包括归一化、分组和加权等三个选择性步骤，其目的在于试图比较和量化不同种类的环境损害。为实现量化，通常对生命周期清单分析和特征化结果数据采用加权或分级的方法进行处理。由于对不同环境影响类型之间相对重要性的主观判断的引入，影响评价结果就必然受到社会和个人舆论导向与价值判断的直接影响，因此成为LCA方法中最受争议的环节。直至目前，关于如何对各种影响进行综合累加，仍然没有一种共同认可的方法，就连各类影响的累加在概念上和哲学上是否合理这样的基本问题，也尚未达成共识。因此，如果使用了评价过程，必须要清楚地描述出在过程中用到的假设和价值判断。

LCIA 阶段的选择性步骤，包括归一化、分组和加权，可能会使用到 LCIA 框架以外的信息。通常情况下，归一化采用基准和（或）参照信息，群组化和加权采用价值选择方法。

1. 根据基准计算类型参数结果的相对值（归一化）

对于基准信息而言，根据基准计算类型参数结果的相对值的过程通常称为归一化，是一个选择性步骤。指标结果归一化的目的在于增加对所研究产品系统中每一项指标结果相对值的了解，使来自于不同影响目录的影响值具有可比较性。该步骤是以类型参数计算结果除以选定的基准值来加以转换。一些该类基准值的范例有：

1）特定地域范围内总排放量或资源消耗量，这样的地域范围可能是全球、区域、国家或当地。

2）特定地域范围内以单位人口或类似量度为基准的总排放量或资源消耗量。

3）基准方案，如某特定的替代产品系统。

2. 分组

分组是把影响类型划分到在目的和范围确定阶段预先规定的一个或若干个影响类型中去，其中可以包括分类和（或）排序。分组是一个可选要素，包括以下两个可能的步骤：

1）根据性质对影响类型进行排序。例如属于排放还是资源消耗，是全球性、区域性还是局地性的。

2）根据预定的等级规则对影响类型进行排序。例如属于高级、中级、低级。

对于分组的方式，SETAC 建议可分为以下四组：

1）生态健康。如生态系统的结构、功能、歧异度等。

2）人类健康。如急性后果（如意外、暴露和火灾）和慢性后果（如疾病）。

3）资源耗竭。如可更新资源（流量）和不可更新资源（存量）。

4）社会福利。如环境质量、自然资源生产力的降低等。

也有其他的学者提到不同的分类方式，如以下三种类型：

1）耗竭性问题。系统输入方面有关的环境问题。如生物性资源和非生物性资源。

2）污染性问题。系统输出方面有关的环境问题。如臭氧层破坏、全球暖化、酸雨、光化学烟雾、富营养化、噪声、对人类毒性、对生态毒性等。

3）扰动性问题。与系统输入及输出方面无关的问题。如沙漠化、废弃物掩埋等。

分组过程中的排序则需要基于价值选择。由于不同的个人、组织与社会可能会有不同的优先选择，所以不同的当事者根据相同的指标结果或标准化指标结果，可能会得到不同的排序结果。

3．加权

加权是使用基于价值选择的数值系数，将不同的影响类型指标结果进行换算的过程。还可包括加权后参数结果的合并。加权是一个可选要素，包括以下两个可能的步骤：

1）用选定的加权因子对参数结果或归一化的结果进行转换。

2）可能对各个影响类型中转换后的参数结果或归一化的结果进行合并。

加权是基于价值选择而不是基于自然科学。

加权方法的应用应与生命周期评价中目的与范围的确定保持一致，且应完全透明。不同的个人、组织与社会可能会有不同的优先选择。因此，不同当事者根据相同的指标结果或标准化指标结果，可能会产生不同的加权结果。在生命周期评价过程中，可能会需要使用数种不同的加权因子与加权方法，并进行敏感性分析以评估由不同价值选择与加权方法而对 LCIA 结果所造成的影响。权重因子反映了社会价值和偏好，可通过专家打分、危害的经济价值和相关的环境标准等给出，也可以结合多属性价值函数理论，结合具体的产品来确定。

4．数据质量分析

为了更了解 LCIA 结果的显著性、不确定性与敏感性，可能需要其他技术与信息，以利于协助辨别是否存在显著差异、删除可忽略的 LCI 结果，以及指导 LCIA 的反复性过程。

数据质量分析所需技术的需求与选择，应视达到 LCA 目的与范围确定所需的准确性与详尽程度而定。对于这些特定技术及其目的，可简述如下：

1）重要性分析（例如帕雷托分析），是一个识别那些对指标结果有最重要影响的数据的统计过程。这些条目可能会随着优先性的提高而被研究调查，以确保作出正确的决策。

2）不确定性分析，是用来判定与量化由于输入的不确定性和数据变动的积累给 LCI 结果带来的不确定性的系统化步骤。该程序描述在数据组中的统计变异，以决定从相同影响类型所得到的指标结果彼此间是否存在显著差异。

3）敏感性分析，是用来估计所选用方法和数据对研究结果影响的系统化步骤。该程序量度某些变化（如 LCI 结果、特征化模型等）达何种程度时会影响指标结果。同样地，在计算过程中修正的程度对 LCIA 特征描述所产生的影响也可得到检查。

由于 LCA 的反复性，数据质量分析的结果可进一步指导 LCI 阶段，例如修正取舍准则或收集曾被忽略或排除的数据。

第六节　生命周期解释

生命周期解释是生命周期评价中根据规定的目的和范围的要求对清单分析和（或）影响评价的结果进行归纳以形成结论和建议的阶段。

一、生命周期解释概述

1. 生命周期解释的目的

生命周期解释的目的是基于生命周期清单分析和（或）影响评价的发现，分析结果、形成结论、解释局限及提出建议，并以透明化方式报告解释结果。

解释环节中可包括一个根据研究目的的对 LCA 研究范围、收集数据的性质和质量进行评审与修正的反复过程。解释发现应能反映所做的所有敏感性分析的结果。

2. 生命周期解释的主要特征

1）为了满足研究目的和范围的要求，在清单分析和（或）影响评价结果基础之上采取系统化的方法辨识、限定、检查、评价与提交最终解释结果。

2）无论是生命周期解释阶段内部还是与生命周期评价或清单分析研究其他阶段之间，都是一种反复的过程。

3）就确定的目的和范围，针对 LCA 或 LCI 研究的长处和局限，来说明 LCA 和其他环境管理技术之间的联系。

3. 生命周期解释的主要步骤

1）在生命周期评价或清单分析研究结果基础上对重大环境问题的辨识。

2）在完整性、敏感性和一致性分析基础上对生命周期评价或清单分析研究结果进行评价。

3）得出解释结论、建议和最终报告。

二、重大环境问题的辨识

1. 目的

该步骤的目的在于组织由 LCA 或 LCI 阶段的分析结果，在与研究目的与范围保持一致并与评价部分进行交互作用的前提下，确定环境影响重大议题。与评价部分进行交互作用的目的在于充分考虑并修正前面阶段所用方法与所作假设等产生的内涵与推论，如分配原则、边界划定准则、影响类型选择、类型参数及模型等等。

2. 相关信息的选择与组织

该步骤需要 LCA 或 LCI 研究前面阶段四个方面的信息：

1）LCI 和（或）LCIA 阶段的发现，并需要与数据质量信息汇集与组织。其结果需以适当的方式来组织，比如按照生命周期的各个阶段、产品系统的不同工序或单元过程、运输、能量提供以及废弃物管理。这样的结果可用数据清单、表格、柱状图，或输入输出和（或）类型参数结果的其他适当形式表现。

2）方法选择信息，例如分配原则和产品系统界限。

3）研究中所采用的价值选择。

4）该研究所涉及到不同团体的任务和职责，以及相关的鉴定评审结果。

3. 重大问题的确定

如果 LCI 和（或）LCIA 阶段的结果确实与已确定的研究目的和范围保持一致，就可以确定这些评价结果的相对重要性，从而确定影响显著的重大问题。这个过程同接下来的评价过程一起，都应当是不断反复的过程。

重大议题可以包括：

1）清单数据类别，如能源、排放、废弃物等。

2）影响类型，如资源消耗、温室效应潜力等。

3）各生命周期阶段，例如个别操作单元或运输、电力生产之类过程的组合，对 LCI 或 LCIA 结果的主要贡献。

确定产品系统的重大议题，可以比较简单，也可以非常复杂，需根据实现确定的研究目的与范围来决定。

三、评价

1. 目的与要求

评价步骤的目的是建立并加强 LCA 或 LCI 实施结果，包括所鉴别出的重大问题的置信度和可靠性。评价步骤应与 LCA 或 LCI 实施的范围和目的相吻合，并考查其最终的预期用途。评价的结果则须以一种清楚易懂的方式来展现。

在评价过程中，通常应考虑采用完整性检查、敏感性检查和一致性检查。

不确定分析及数据质量评价的结果，应当能够支持上述几项检查。

2. 完整性检查

完整性检查的目的是确保生命周期解释阶段所需资料都是可提供而且完整的。

如果任何相关信息有所遗失或不完整，则应其对满足 LCA 或 LCI 实施所设定的目的与范围的必要性予以考虑。如经考虑后发现这项信息并非必要，则应在明确记录之后，开始下一步的评价阶段。如果这项信息对于重大问题的确定非常必要，则必须重新回到之前的 LCI 和（或）LCIA 实施阶段，或者重新调整事先设定好的研究目的与范围。

3. 敏感性检查

敏感性检查的目的是通过确定最终结果及结论是否受到数据不确定性、分配方法或类型参数计算结果等因素的影响，来评估这些结果或结论的可靠性。

敏感性检查的结果将用来决定是否需要更全面和（或）更精确的敏感性分

析的需求性，及其对 LCA 或 LCI 实施结果的明显效应。

在敏感性检查无法体现不同实施方案间的重大差异时，并不能断言各方案间的差异一定不存在。这种差异可能确实存在，只不过因为数据和方法的不确定性而使其无法被鉴别。

4．一致性检查

一致性检查的目的是检查实施过程中所采用假设、方法和数据是否能与实施目的和范围保持一致。

如果与 LCA 和（或）LCI 实施相关，或是基于实施目的与范围的要求，下列问题应予以考虑：

1）产品系统内部各生命周期之间及不同产品系统间的数据质量差异，是否与实施的目的与范围一致？

2）区域和（或）时间上有差异时，是否一致性地被应用？

3）分配规则及系统范畴是否一致性地应用于所有的产品系统？

4）影响评价的步骤是否一致性地被应用？

四、结论与建议

项目实施最终结论的得出，与生命周期解释阶段其他步骤之间应该是相互影响并且不断反复的过程。结论提出的合理顺序应该是这样：

1）辨识出重大问题。

2）评估方法与结果的完整性、敏感性及一致性分析。

3）提出初步结论并检查其各步骤与实施目的及范围的要求是否一致。

4）结论如果具有一致性，则可以作为完整结论。否则应视具体状况，返回前述步骤1）、2）或者3）。

只要适合实施的目的与范围，应当对决策者提出具体的建议。该建议应当依据项目实施的最后结论，并应反映由结论所引申的合理结果。

五、报告

最终报告应遵照 ISO 14040 的要求，完整、客观地叙述整个 LCA 或 LCI 实施过程。在对生命周期阶段进行报告时，应严格遵循在价值选择、理论依据及专家判断方面的公开透明性。

第七节　LCA 数据库与 LCA 评估软件

LCA 的整个评价过程，主要是对环境影响数据的处理过程。按应用系统的数据处理分类，可以分为 LCI 数据和评价软件分析（计算）数据。LCI 数据是对环境负荷数据的采集、分析、建模等生成的 LCA 评价的基础数据；评价软件分析数据则是在 LCI 数据的基础上，应用评价方法生成的评价数据，可以是文本文字、数据表、图形、图像，也可以是一些中间过程数据。

对 LCI 数据、评价方法数据和分析数据的管理，应用数据库技术是最有效的数据管理和处理方法。基于数据库基础的数据管理软件和评价的开发，是当今 LCA 的主要应用开发领域之一，这些 LCA 软件在促进 LCA 的发展和数据交流方面，起到了非常重要的作用。

一、LCA 数据库

LCA 的研究与应用不仅依赖于标准的制定，也依赖于评估数据与结果的积累。在绝大多数的 LCA 个案研究中，都需要一些基本的生命周期清单分析数据，例如与能源、运输和基础材料相关的清单分析数据。对于一般的研究小组或中小型的企业而言，如果 LCA 评估总是要从产品寿命周期的原材料开采阶段开始评估的话，其工作量将是非常巨大而难以承受的。所以不断积累评估数据，并将这些数据组织为数据库的形式，在 LCA 研究中是非常重要的工作。这些数据库的功能在于将生命周期清单分析所获取的相关数据，如空气污染方面 SO_x 的排放、水污染方面重金属的排放、臭氧层破坏气体的排放量、温室效应方面 CO_2 的排放量及化石燃料的消耗等等，进行冗长的计算，包括标准化、平均、总计等，再将计算结果换算成对各种环境影响，或针对某种特定环境负荷，为设计或决策人员提供参考。

目前世界上有十多个著名的 LCA 数据库，由不同的国家、组织或研究机构建立。这些数据库在 LCA 研究中发挥着重要的作用。例如 Boustead Model（英）、R. F. Weston（美）、ChemSystems（美）、EMPA（瑞士）、PIRA International（英）、Charlimers Industriteknik（瑞典）、Environmental Conscious Design Support System（美）、SimaPro（荷兰）等都已经发展至某个程度的实用性。就上述数据库的计算方式而言，可分为面向数据库及面向电子表格两类，其中 R. F. Weston 就是用 Lotus 123 及 Microsoft Excel 的电子表格所架构的。就生命周期评估阶段的完整性而言，可分为生命周期清单分析数据库及完整生命周期数据库（包含生命周期影响评价）两种。

事实上，大多数国家或组织的 LCA 研究都经历了从个案研究，到建立数据库这样一个过程。以日本国家资源与环境研究所（NIRE）的 LCA 研究工作为例，在 1993 至 1996 年期间主要集中在家用电器的 LCA 评估以及基础数据的收集上，从 1997 年起则开始着手建立一个 LCA 公共数据库系统。

1. LCA 数据库的发展现状

LCA 的研究基本上经历了从具体的 LCA 个案分析到建立环境影响数据库这样一个过程。从 LCA 的出现，到今天的广泛开展，全世界围绕 LCA 研究建立的环境影响数据库已超过 1 000 个，著名的也有十几个。到目前为止，材料类别及其用途等方面的 LCA 数据库，几乎都在不断建立和完善。不同国家和地区的资源、能源占有量各不相同，各自的科技水平也不平衡，这些体现在 LCA 数据上，表现为很强的地域性，几乎各个国家和地区都需要建立自己的环境影响数据库。目前，发达国家在 LCA 研究中占据了重要地位，著名的 LCA 数据库几乎都是它们建立的，并且这些数据库中的数据在不断地更新，得到了很好的维护。而发展中国家，由于客观因素，对环境问题还存在认识上的不足，对 LCA 研究还处于较低的水平，其相应的数据库建立也较少。

2. 典型 LCA 数据库简介

（1）SPOLD 数据格式　由于 LCA 数据具有很强的地域性，因此几乎各个国家和地区都需要建立自己的 LCA 数据库。为了便于 LCA 数据的交流和使用，1995 年，生命周期评价发展促进会（Society for Promotion of Life-cycle Assessment Development，SPOLD）提出了一种统一的清单分析数据格式——SPOLD 格式，并得到了比较广泛的认同。

（2）Boustead Model 数据库　Boustead 数据库在设计上并不对各种环境系统的输出输入作任何的价值判断（例如空气中二氧化硫的排放如何与废水中 BOD 的排放比较，不在该数据库中讨论，亦即不进行生命周期评价），只着重于客观量化生命周期清单的数字，为后续研究（或设计）人员进行相关判断提供依据。Boustead 数据库储存了各种工业过程的生命周期清单分析数据，包含燃料、电力、基础设施、基本材料及其他热门生命周期评估主题，如纸、饮料容器等，并经常更新相关内容。

（3）Weston Model 数据库　Weston Model 数据库也是应用比较广泛的一个 LCA 数据库。它包含两个部分：一个是生命周期清单分析数据库；另一个是生命周期影响评价数据库。Weston Model 的生命周期清单分析数据库将系统分为三级；第一级为工业系统，为主产品的总流程；第二级再分为子系统；第三级则追溯至原料的开采，形成完整的生命周期生产流程。

二、LCA 评估软件

由于 LCA 评估中需要处理大量的数据，借助于计算机可以更好地完成 LCA 评估。近年来已经开发出数十个用于 LCA、LCI 的计算机软件，以及用于环境管理系统（EMS）的管理软件。其中最著名的有 SimaPro®、GaBi®、EcoPro® 和 KCL-ECO® 等。它们支持用户管理大量的数据，为产品系统建立模型，能够进行不同类型的计算，并帮助生成评估报告。但评估质量仍取决于用户。

大多数 LCA 评估软件的功能都符合 ISO 14040 对 LCA 方法的定义。首先，在软件中用户可以定义评估的目的与范围，主要包括产品系统以及系统边界的定义。在 SPOLD 格式中，目的与范围的确定被细分为多个部分，一些评估软件也采用了这种格式，要求评估者输入各项的内容。接着是生命周期清单分析的部分。评估者将整个产品系统分解为多个连续的处理过程，部分评估软件支持画出一个相应的流程图，这样更利于理解各处理过程之间的关系。然后评估者收集相关的清单分析数据，并填入一个数据表中。通常如果评估软件自身带有常见的基本清单分析数据，例如有关能量、基础材料、运输等方面的清单分析数据，可以大大减少评估的工作量，并得出较完整的评估结果。像 SimaPro 和 GaBi 这些商业化的评估软件都带有这样的基础数据库。在收集的清单分析数据的基础上，可以计算并显示出系统及各部分的输入输出，部分软件还支持用户进行环境影响评估。最后，评估者可以通过软件生成一个评估报告，打印出评估的主要内容和结果。

下面将主要介绍 SimaPro 软件。作为比较，对 GaBi®、EcoPro® 的特色及应用也作了简要介绍。

1. SimaPro 软件

SimaPro 软件由荷兰 Leiden 大学环境科学中心（CML）开发与发展，可完整应用于生命周期评估—清单分析及影响评估的各个要素（phases），亦可做不同生命周期工序阶段（stages）。简要分述如下。

（1）清单分析　软件中清单分析阶段先不管排放对环境的影响，而只针对排放及资源的使用，将制造产品所需要的能源与物料进行分解，并开始收集资料。亦可以直接利用该公司自带的数据库，输入每种产品的相关环境信息。

（2）分类及特征化（具体）　清单分析中所完成的资料，如单位产品所耗费的能源、物质，产生的污染等，只是一大堆数字，很难由此判断其对环境的影响，因此必须对这些清单分析结果加以分类。SimaPro 可以提供数据库，供用户做特征化运算。

（3）评价　SimaPro 至少已有三种评估模式，可根据权重计算出最终评价结果。

总体来讲，SimaPro 是套功能比较强大的软件，虽然计算严谨程度及资料的完整性不及 Boustead Model，但对于整个生命周期评估而言，远比 Boustead Model 清楚许多，是目前 LCA 软件中较好的软件。

2. GaBi 软件与 EcoPro 软件

Gabi 软件由德国斯图加特大学 IKP 研究所发展，其数据库主要由 BUWAL 与 APME 发展而得，是结合工业企业与研究单位的清单分析数据库。Gabi 的模块结构可分为：面向对象的模块单位与考查生命周期各阶段的模块两种，其操作分析主要以 Windows 窗口为界面，菜单式的指令与交互式对话框，让用户容易了解。

EcoPro 软件内含一套由瑞士环境、森林及景观联邦办公室（Swiss Federal Office for Environmental, Forest and Landscape, EMPA）所建立的数据库，包含三种影响评价模式（临界体积、面向效应模式及生态稀缺值等三种）可供选择。

EcoPro 主要将系统分为五种形式：一般系统、原料系统、废弃物系统、热能源系统以及电力系统，并可针对不同形式的产品进行系统建构。

综合上述各软件之特色，相对而言，SimaPro 是一种“小而巧”的 LCA 软件，功能齐全且数据库不断更新；GaBi 是数据管理完整与分析严谨的软件，较适用于企业内部对产品的评估或改良设计；至于 EcoPro，由于数据库略嫌薄弱，故常用作学术研究的范例说明或教学练习。

第八节　材料生命周期评价方法

一、环境材料与材料生命周期评价

材料的生产和使用是维持社会发展的基础之一，可以说现代人类社会是建立在大量生产和大量消耗材料的基础之上的。但与此同时，材料的生产过程也是一个消耗大量资源、能源，产生大量环境污染的过程，所以，研究如何减少与材料相关的环境污染是一个十分重要的课题。正是基于这样的原因，日本东京大学的山本良一教授等人提出了环境材料（Ecomaterials）的概念。

在环境材料研究中的一个重要问题是：什么样的材料才称得上是环境材料。这涉及到如何评价材料的环境表现和环境性能，并由此产生了对材料的生命周期评价的研究，即将 LCA 的基本概念、原则和方法应用到对材料寿命周期的评估中去。材料的生命周期通常称为 MLCA（Materials LCA），而一般产品的生命周期评价称为产品生命周期评价（Products LCA，PLCA）。

MLCA 概念提出以后迅速得到了国际材料界的认同。MLCA 的研究范围不断扩大，从传统的包装材料、容器等产品领域转向各种金属、高分子、无机非金属和生物材料，从传统上侧重于结构材料的评价转向对功能材料的研究。

二、材料生命周期评价研究的重要性

材料生命周期评价是一个多学科交叉的研究领域，它涉及到材料科学、环境科学和管理科学等多个方面，对材料的设计、生产都有重要影响。加强材料生命周期评价的研究是一个刻不容缓的课题。

材料生命周期评价研究的重要性体现在三个方面。首先，从环境污染总量上看，与材料相关的环境污染占到了很大的比例，所以充分研究材料生产与环境之间的关系，进而改进材料的设计、控制材料的生产过程对于保护环境有重要的意义。

其次，从 LCA 的研究体系来看，几乎所有产品的寿命周期都包含了材料生产的阶段，所以选择典型的常用的材料进行评估，可以为众多的产品评估打下基础，减少评估中的重复，有利于 LCA 方法的应用和推广。事实上，就是因为这个原因，国外多数的 LCA 数据库中都包含有能源生产、运输和基础材料的评估

数据。

第三，材料生命周期评价和环境材料的研究代表着材料科学研究的一个新思路和方向，材料研究者应该在传统的材料成分、结构、性能、工艺和成本等诸问题中加入对材料环境性能的考虑，尽量不断地降低材料造成的环境负担，为实现社会和经济的持续发展做出努力。这是每个材料研究者所肩负的责任。

三、材料生命周期评价的特点

在很多LCA的研究中，单从评估的对象来看，有时难以区分材料和产品之间的区别。从材料生产者的角度看，生产出来的材料就是产品。例如钢铁厂生产的钢材是一种典型的材料，但对钢铁厂而言是一种产品。另一方面，一些由单一材料构成的产品也与材料本身没有明显差别。例如在研究塑料制品的环境表现时，也几乎就是在研究这种塑料材料的环境表现。

但这并不意味着MLCA等同于PLCA。首先，从研究的范围来看，MLCA侧重于产品寿命周期中与材料相关过程的研究，包括从自然资源中制备材料和材料加工成形过程，以及产品废弃后特定材料的处理过程，它们与产品的制造、分发、使用和废弃过程共同构成产品的整个寿命周期。其次，从研究的目的来看，通过MLCA的研究希望能够改进材料的设计，这个过程通常比通过PLCA的研究改进产品设计要复杂得多。因为在产品设计中主要的改进方向是在满足性能要求的前提下，尽可能减少材料的使用（相应地也就能减少成本和环境负担），这个准则相对而言是比较具体和明确的。而在材料设计中，材料的改进方向涉及到在满足材料性能要求的前提下，改进材料的制备和加工技术，这是一个材料科学的问题，无法从MLCA中直接得到答案，相对来讲就要复杂得多了。

可以看到，MLCA研究与PLCA并不相同，它应该包括以下四个方面的内容：

（1）性能要求　要明确作为研究目标的材料所要求的特性及其允许的范围，还要明确为了达到上述性能指标，对加工、表面处理等技术操作的要求，以及使用状况对使用寿命的影响。

（2）技术系统　建立与材料对应的技术系统，包括材料的制备、加工成形和再生处理技术，以及相应的副产品、排放物等基本情况。

（3）材料流向　着眼于分析资源的使用和流向，特别是作为微量添加元素的使用，因为这些元素很难再被循环使用。

（4）统计分析　对技术流程中各阶段的能源和资源的消耗，废弃物的产生和去向，进行分析和跟踪。

为了建立包含上述四个要素的材料生命周期评价体系，需要建立相应的资料库，并研究相关的方法论，引入相应的指标体系。其中资料库大致可以分为有关材料性能的材料特性资料库和有关材料环境表现的资料库两大类。环境表现资料库应包含相关材料的资源储量、探测采掘、制造技术、循环利用、废弃排放等资料，并用计算机数据库的形式保存起来，便于数据的查询和获取。

第九节 LCA方法的主要问题及其发展前景

一、LCA方法的局限性与困难

1. LCA的局限性

（1）应用范围的局限性 作为一种环境管理工具，LCA只考虑生态环境、人体健康、资源消耗等方面的环境问题，而不涉及技术、经济或社会效果方面，目前仅仅是众多有助于做出决策的工具（如风险评价、环境表现（行为）评价、环境审核、生命周期影响评价）中的一种，所以还必须结合其他方面的信息来确定方案并采取行动。

（2）评估范围的局限性 LCA的评估范围没有包括所有与环境相关的问题。例如，LCA只考虑发生了的或一定会发生的环境影响，一般不考虑可能发生的环境风险及其必要的预防和应急措施。LCA方法也没有要求必须考虑环境法律的规定和限制。但在企业的环境政策和决策过程中，这些都是十分重要的方面。这种情况下应考虑结合其他的环境管理方法。

（3）评估方法的局限性 LCA的评估方法既包括了客观，也包括了主观的成分，因此它并不完全是一个科学问题。在LCA方法中主观性的选择、假设和价值判断涉及到多个方面，所以LCA的结论需要完整的解释说明。

（4）时间和地域的局限性 无论LCA中的原始数据还是评估结果，都存在时间和地域上的限制。在不同的时间和地域范围内，会有不同的环境清单数据，相应的评估结果也只适用于某个时间段和某个区域。由于研究结果通常针对于全球和区域，所以可能不适用于一些具体地方；同时，某些地区或区域的实际情况也并不能完全代表全球或区域的状况。

2. LCA理论上的困难

（1）客观性问题 LCA作为一种评价产品环境影响的方法，最重要的是保证结论的客观性。但LCA所处理的环境问题以及所采用的量化方法，都对LCA的客观性有着极大的影响。

首先，LCA方法在许多环节的实施中，既依赖于LCA的标准，也依赖于实施者对LCA方法的理解和对被评估系统的认识，以及自身积累的评估经验和习惯，这些难以完全避免的非标准化的因素都有损于LCA的客观性。

第二，LCA中所作出的大量选择和假定，包括功能单元的定义、系统边界的设置、数据收集渠道和影响类型的选择等，在本质上无法脱离主观因素的影响，所以必然会存在误差。

第三，环境影响评估在量化过程必然要引入像权重因子这样的主观因素，其评估结果必然因人而异，没有重复性并且难以验证，使得其客观性受到损害。

（2）计算模型的局限性　用于生命周期清单分析或评价环境影响的模型实际上存在很大局限性。因为它们的假定条件可能对某些潜在影响或运用是不可行的。由于目前尚不存在一种在科学上可接受的、对各种不同的污染物作权重的方法，因此，对不同类型的污染进行比较还存在着困难，甚至在同一单元中的污染影响也没有测定过。所以，将清单分析数据转换为环境损害的计算方法通常非常复杂和不确定，其简化处理公式如"临界容量"等存在着根本上的缺陷，精确度很受影响。

（3）数据采集及质量分析方法的标准化问题　虽然LCA的数据收集标准化有了很大进展，但不同分析的结果差别仍然很大。差异源自于系统边界定义不同、产品系统间的输入输出分配不同、收集的数据质量参差不齐等。评价方法的标准化问题将直接影响评价结果的比较和交流。另外，对于数据质量的分析也非常重要。但直至目前，基础数据可靠性和全面性的评判仍不存在标准的方法。

（4）研究结果的不确定性　由于许多参数还不能简化到用一个指标来概括的程度，数据更新的速度又相当快，而且在确定权重过程中使用的假设也可能有问题，因此不能为消费者提供关于某一特定产品在环境方面具有绝对优势的结论。

3. 实际应用中的问题

（1）数据完整性和精度问题　由于LCA需要大量的数据，这就不可避免地产生数据资料可得性的问题。由于无法取得或不具备有关数据，或是数据质量问题（如数据断档、数据类型、数据综合、数据平均、现场特性等），研究人员必须经常依据典型的生产工艺、全国平均水平、工艺的工程估计或专业判断等来获取数据，所以其结果可能造成数据不准确、误差或偏差较大，甚至会得出错误结论。

（2）完成费用较高　为了进行生命周期评价，对许多产品来说，评价研究工作复杂，费用支出很高。因为不同地区的产品或工艺对环境有不同的影响，所以LCA必须符合具体情况，并对不同的情况进行重复评价，这样需要许多费用。目前，进行一项LCA通常需花费10 000～100 000美元，并且其价格随着所要求的精确度的提高而大幅度增长。由于产品（甚至产品类别）数量众多，如此高的费用使得LCA仅能有选择地应用于某些产品。

（3）时间花费长　对许多产品来说，由于生命周期评价研究工作复杂，在所花费用高昂的同时，花费的时间通常也很长。在国外，完成一个LCA，一般要6～18个月，因此用LCA结果为产品尤其对电子、计算机等变化快的产品作设计是不切实际的。

（4）计算机辅助评价问题　适当的LCA软件工具和LCA基础数据库可以使LCA的应用得以简化。虽然目前这个领域发展非常迅速，可大大缩短开发设计方案时的分析时间，但存在的问题仍相当多，其评价结果的质量非常有限。

二、LCA 方法的用途及其发展前景

1. LCA 应用于工业企业部门

LCA 起源于企业内部，也最先在企业部门得到了广泛的应用。以一些国际著名的跨国企业为龙头，如 HP、IBM、AT&T、德国西门子公司等，一方面开展 LCA 方法论的研究，另一方面积极对其产品进行 LCA。主要应用领域可归结为 4 个方面：

（1）产品系统的生态辨识与诊断　通过从摇篮到坟墓的分析，识别对环境影响最大的工艺过程和产品寿命阶段，从而找出改善目标。也可评估产品（包括新产品）的资源效益，即对能耗、物耗进行全面平衡，一方面降低能耗、物耗从而降低产品成本，另一方面，帮助设计人员尽可能采用利于环境的原材料和能源。

（2）产品生命周期影响评价与比较　以环境影响最小化为目标，分析比较某一产品系统内的不同方案或者对替代产品（或工艺）进行比较，可以在不增加成本或不降低产品质量的前提下，选择最优化工艺和原材料，大大降低产品生产过程对环境的影响。

（3）产品改进效果的评价　基本用同一生产工艺进行生产的情况下，在进行材料选择、生产工艺改进时用于评价其环境负担性的变化。与没有进行严格审查的产品比较，运用 LCA 技术设计出的产品对环境具有较低的影响。由于厂家可以利用生产过程生命周期清单分析的数据以及自己所掌握的生产工艺数据来进行解析，所获得的结果又能够通过厂家所能选择的范围反馈和处理，所以这一用途是 LCA 最有效的用途之一。

（4）生态产品设计与新产品开发　如今，作为 LCA 方法在环境协调性产品设计和开发方面的直接应用，生命周期设计（LCD，life cycle design）或生命周期工程（LCE，life cycle engineering）已成为 LCA 方法最重要的一个分支。生态设计基于对产品的最初设想，涉及产品和市场研究、设计阶段、生产过程、技术指标审查、可靠性分析、客户服务等环节，需要在设计阶段便对生产过程的所有工序进行全盘分析和考虑，从而在满足技术要求的前提下，提出对整个系统和各个环节的经济合理的环境改善方案与措施。

（5）循环回收管理及工艺设计　大量的 LCA 研究结果表明，产品使用后处理阶段的问题十分严重。解决这一问题需要从产品的设计阶段就考虑产品废弃后的处理和资源的回收利用。

（6）清洁生产审计　将 LCA 思想和方法引入建设项目的清洁生产审计，可向前延伸到原料的勘探、开采、加工、利用、运输、储存过程中资源的利用和废物产生的合理性；向后延伸到产品消费使用过程及废弃后的废物排放最少化。这一拓展不仅在生产环节寻求废物产生量最少，而且构成资源—生产—消费—环境

系统的完整的全过程清洁生产审计。

2. LCA 应用于政府环境管理部门和国际组织

社会产品体系之间相互作用、相互影响，都受到经济规律和生态规律的制约。由于 LCA 已经涉及社会生产的各个方面，运用 LCA 思想，可以了解产业结构与社会环境问题间的关系，从而为地区和行业发展政策的制定提供依据；也可寻找到产品的所有、回用、再生和处置等各生命过程在社会产品中的合理布置，以便制定相应的税收、信贷、投资、环保政策，促进废物回收、再生行业的发展等。

（1）制定环境政策与建立环境产品标准　在环境政策与立法上，很多发达国家已经借助于 LCA 制定“面向产品的环境政策”。近年来，一些国家相继在环境立法上开始反映产品和产品系统相关联的环境影响。目前，比较有影响的环境管理标准有英国 BS7750、欧盟生态管理和审计计划（EMAS）。

（2）实施生态标志计划　在 ISO 14000 系列国际标准中，ISO 14020 系列是关于环境标志的标准。但在这个标准制定以前，世界上很多国家都制定了各自的环境标志，用于产品的认证和声明。环境标志表明一个产品符合一定的环境标准，在一定程度上环境表现优于其他同类产品。这有利于树立良好的产品市场形象，也是对生产厂家关注环境问题的支持和鼓励。各国的环境标志计划中都应用和体现了产品寿命周期的概念和方法。尤其是在 ISO 14000 系列国际标准颁布后，采用 LCA 方法评估产品的环境表现已经成为了大家的共识。

（3）优化政府的能源、运输和废物管理方案　LCA 能够很好地支持政府的环境规划。在美国，为了经济地、有效地管理和处置城市固体废弃物（Municipal Solid Waste，MSW），由美国环保署研究与发展办公室等单位合作，自 1994 年开始实施用 LCA 方法对 MSW 管理体系进行分析。研究结果将有助于 MSW 处理者在综合性的管理策略之间进行鉴别，以使整个系统的环境负荷与经济成本最小化。

（4）向公众提供有关产品和原材料的资源信息　与产品有关的环境数据和信息全球尚无统一的来源，各国都在积极开展有关数据的收集、整理工作。美国国家环保局开展了大量的 LCA 研究，已经积累了一些主要化学品的大量数据，成为产品设计和使用的第一手科学背景资料。荷兰资源环境部开展了“生态指标”计划，目前已经提出了 100 种原材料和工艺的生态指标，直接为设计人员选择原材料和生态工艺提供定量化的支持。

（5）国际环境管理体系的建立　产品 LCA 直接促进了国际环境管理体系的制定。以 1992 年联合国环境与发展大会所通过的国际环境管理纲要为契机，ISO 组织于 1993 年 6 月成立了 ISO/TC207“环境管理委员会”，开始起草一份称为 ISO 14000 环境管理体系标准。与已被 80 多个国家和地区所广泛采用的 ISO 9000

标准不同，ISO 14000体系不是仅仅关注产品的质量，而是对组织的活动，产品和服务从原材料的选择，设计、加工、销售、运输、使用到最终废弃物的处理，进行全过程的管理。该标准旨在促进全球经济发展的同时，通过环境管理国际标准来协调全球环境问题，试图从全方位着手，通过标准化手段来有效地改善和保护环境，满足经济持续增长的需求。

3．LCA用于消费者组织

产品的生产是以其产品的出售而实现其价值的。消费者逐渐对存在环境污染问题的产品或企业予以排斥，即增加了企业对污染问题的重视，促进其环境改善。世界各国新兴起的绿色消费，或可持续消费，更使得公众舆论成为解决企业环境问题的重要动力，消费者团体开始考虑他们在帮助消费者做出环境无害选择方面的作用。而LCA分析可以帮助发展中国家建立生态产品基准和改进生态消费基准；帮助发展中国家通过利用清洁生产技术保持进入国际市场的通道；广泛传播清洁生产方法论和思维过程，进而促进社会的可持续消费和可持续发展。

参考文献

1 Allan Astrup Jensen, John Elkington, et al. Life Cycle Assessment (LCA): A Guide to Approaches, Experiences and Information sources. Report to the European Environment Agency, Copenhagen, 1997: 13

2 Åsa Ekdahl. Life Cycle Assessment on SKF's Spherical Roller Bearing. Department of Environmental Systems Analysis. REPORT 2001: 1. Chalmers University Of Technology. Göteborg, Sweden 2001

3 B. W. Vigon. Life-cycle assessment: Inventory Guidelines and Principles. Florida: Lewis pubhshers, 1994

4 Bonifaz Oberbacher, Hansjörg Nikodem, Walter Klöpffer. LCA-How it Came About: An Early Systems Analysis of Packaging for Liquids. The International Journal of Life Cycle Assessment. 1996, 1 (2): 62 ~ 65

5 Edgar G. Hertwich, Thomas E. McKone, and William S. Pease. Parameter Uncertainty and Variability in Evaluative Fate and Exposure Models. Risk Analysis, 1999, 19 (6): 1193 ~ 1204

6 Mary Ann Gurran. Environmental Life-Cycle Assessment. The United Ststes of America McGraw-Hill Companies, Inc., 1996

7 Mary H. Saunders. ISO Environmental Management Standardization Efforts. U. S. Department Of Commerce, Technology Administration, National Institute of Standards and Technology. NISTIR 5638-1. February 1996

8 Nie Zuoren, Di Xianghua, Li Guiqi and Zuo Tieyong. The International Journal of Life Cycle Assessment. 2001, 6 (1): 47

9 Paul L. Bishop. Pollution Prevention: Fundamentals and Practice. McGraw-Hill Companies, Inc. 2000

10 Per H. Nielsen and Jianxin Yang. Chinese Normalization References and Weighting Factors. Ecocompatibility of industrial processes for the production of primary goods. EU Project no: IC18-

CT96-0095（DG12-MUYS）. DTU/IPT/KPD-19-99.

11 SETAC（North American）Workgroup on Life Cycle Impact Assessment and SETAC（Europe）Workgroup on Life Cycle Impact Assessment. Evolution and Development of the Conceptual Framework and Methodology of Life-cycle Impact Assessment. SETAC（Society of Environmental Toxicology and Chemistry）Press, January 1998

12 Stefanie Hellweg. Time- and Site-Dependent Life Cycle Assessment of Thermal Waste Treatment Processes. The International Journal of Life Cycle Assessment. 2001, 6（1）: 46

13 联合国环境与发展大会（里约热内卢，1992）. 21 世纪议程. 国家环境保护局译. 北京：中国环境科学出版社，1993

14 刘顺妮，林宗寿，张小伟. 硅酸盐水泥的生命周期评价方法初探. 中国环境科学，1998，18（4）：328～332

15 孙璐. 环境影响评价中的清洁生产审计研究：[硕士学位论文]. 上海：同济大学，1995

16 孙胜龙. 环境材料. 北京：化学工业出版社，2002

17 （加）汤姆·康韦著. ISO 14000 标准和中国：贸易与可持续发展展望. 叶汝求等译. 北京：中国环境科学出版社，1997

18 王天民. 生态环境材料. 天津：天津大学出版社，2000

19 王祥荣. 生态与环境：城市可持续发展与生态环境调控新论. 南京：东南大学出版社，2000

20 杨建新，徐成. 生命周期环境影响类型分类体系研究. 上海环境科学，1999，18（6）：246～248

21 杨君玲. 材料的环境负荷评价：[硕士学位论文]. 兰州：兰州大学，1997

22 张坤民. 可持续发展论. 北京：中国环境科学出版社，1997

23 中华人民共和国国家标准. GB/T 24041—2000 环境管理——生命周期评价——目的与范围的确定和清单分析. 北京：中国标准出版社，2002

24 中华人民共和国国家标准. GB/T 24040—1999 环境管理——生命周期评价——原则与框架. 北京：中国标准出版社，2002

25 中华人民共和国国家标准. GB/T 24042—2002 环境管理——生命周期评价——生命周期影响评价. 北京：中国标准出版社，2002

26 中华人民共和国国家标准. GB/T 24043—2002 环境管理——生命周期评价——生命周期解释. 北京：中国标准出版社，2002

27 左铁镛. 生态环境材料的研究与发展动态. 稀有金属材料与工程，2000［29（增刊 1）］：36～40

第四章　材料和产品的生态设计

随着世界人口的增加和社会经济的高速发展，人类对资源、能源的消费将会进一步剧增，由此造成的资源、能源的短缺将会日益严重。“悲观的”矿产，如高质量铜几乎已被开采消耗殆尽，现在只有开采低质量的铜矿。据推测，铜、锌、铅、金、汞、锡及银等40多种金属的矿藏量已经采掘了50%～70%，如果不再生利用，枯竭即将来临。到21世纪末，将会出现石油、天然气等化石燃料的枯竭。人类现已使用了1/3以上的自然资源或自然恩惠。

引起资源枯竭的原因，除大量开采、无限度使用外，资源的回收利用率低是另一重要原因。然而，再生利用需要大量的能源。能源的消耗将产生CO_2、NO_x、SO_x。故而希望产品经久耐用。其实，一种产品的再生利用，在其设计阶段就已经确定好了的，一般而言，由于设计上的问题，高性能材料如金属、半导体、陶瓷、塑料及复合材料都难以再生利用，这与工程师和技术人员长期缺乏环境意识有关。而基于这些研究基础上的材料和产品的生态设计，就成为保证工业甚至人类社会可持续发展的重要前提之一。

几十年来，人们的着眼点放在了污染物或特定的废弃物排放到某种载体中是否影响人类健康和安全的问题上；现在人们已认识到化整为零不是解决污染的办法。许多污染物虽然只有微量，却具有很大的毒性；有些物质的毒性能维持很长时间，并一直贮藏于有机化合物或食物链中。其次，过去处理污染技术的重点是根据“末端控制”设想，进行污染物的回收和处理。随着人们对地球环境意识的提高，现在的工厂防止公害的措施已由排放口处理或控制，转到污染源头的控制。提高环境效益的策略有以下3条：① 防止污染、废弃物减量、绿色生产、绿色技术；② 生态环境设计；③ 再利用与再生（循环式）。有研究者认为，生态设计应包括①和③两条。

20世纪70年代，一些从事工艺技术的有识之士就提出生态设计的概念，当时称作“为环境而设计”或“环保设计”，其目的就是在传统的经济活动中保持生态平衡。对材料工业而言，生态平衡不仅要求在材料生产和使用中尽量减少有害气体、液体、固

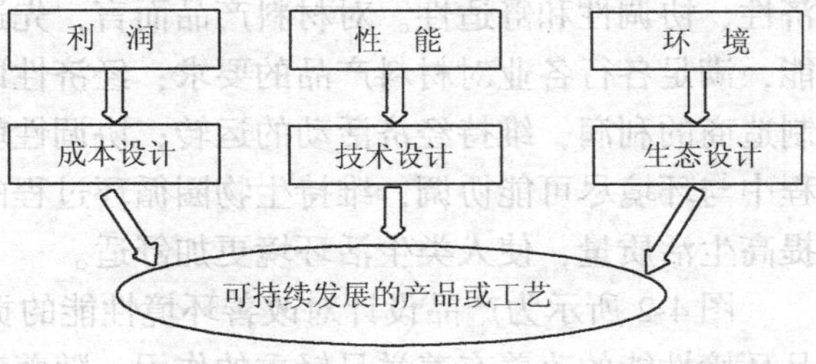

图4-1　现代设计内容及目标示意图

体的产生和排放，而且要求尽量提高材料的再循环利用率，将有害物质转化为有用材料。

在工业过程中，传统的设计主要考虑产品的使用性能和成本。进入 20 世纪 80 年代后，全球范围内的环保概念使得设计师开始考虑设计的第三个要素，即产品或工艺的环境性能。把保持生物圈的生态平衡纳入设计的范畴，把可持续发展作为设计的终极目标，这种设计的概念如图 4-1 所示。这样，通过技术设计、成本设计和生态设计，把性能、利润和环境等目标融为一体，实现经济活动的可持续发展，最终实现人类社会的可持续发展。

第一节　生态设计概论

一、生态设计的基本概念

生态设计（Eco-design，ED）是指在材料和产品的设计中将保护生态、人类健康和安全的意识有机地融入其中的设计方法，故又称为生命周期工程设计（Life Cycle Engineering Design，LCED）、绿色设计（Green Design，GD），或为环境而设计（Design for Environment，DFE）。目前生态设计已经成为推行预防生态环境受到危害的重要手段，是最高级的清洁生产措施和可持续发展的最佳途径。生态设计应是采用先进技术、工艺并采用可循环材料以减少对生态环境破坏的设计，要明显地减少材料制造前的隐性材料物质流和能源流，即在材料循环的前端减少，而不应仅仅是促进生产从而造成废弃物的循环。事实上，并非所有的物质都可以循环。例如，煤和石油等就只可燃烧一次。而在大部分工业化国家，矿物燃料及其隐性原料占到材料总使用量的 26%～46%。

生态设计的基本思想是从产品的孕育阶段就开始自觉地运用生态学原理，使产品生产进行物质合理转换和能量合理流动，使产品生命周期的每个环节结合成有机的整体。生态设计的原则和方法不但适用于新材料和新产品的开发，也适用于传统材料和传统产品的改进设计。

在材料生产和使用过程中，生态设计目标主要考虑 4 个要素，即先进性、经济性、协调性和舒适性。对材料产品而言，先进性是指要充分发挥材料的优异性能，满足各行各业对材料产品的要求；经济性即考虑材料产品的成本，能够保证制造商的利润，维持经济活动的运转；协调性就是要保证在材料的生产和使用过程中与环境尽可能协调，维持生物圈循环过程的平衡；舒适性是指材料产品能够提高生活质量，使人类生活环境更加舒适。

图 4-2 所示为产品设计对改善环境性能的贡献示意图。由图可见，设计对产品环境性能的改善有着举足轻重的作用。随着对产品的重新设计、对产品的某些功能进行创新，一直到对产品的系统进行创新，对技术的要求越来越高，相应

地，对环境的改善作用也越来越明显。追求可持续发展，实现工业生态化，推广物质流分析，提高资源效率等，最终都体现在环境协调性设计过程中。据有关专家统计，设计对环境保护的贡献可达到70%以上。只有通过环境协调性设计，才有可能将环境污染从源头开始控制。

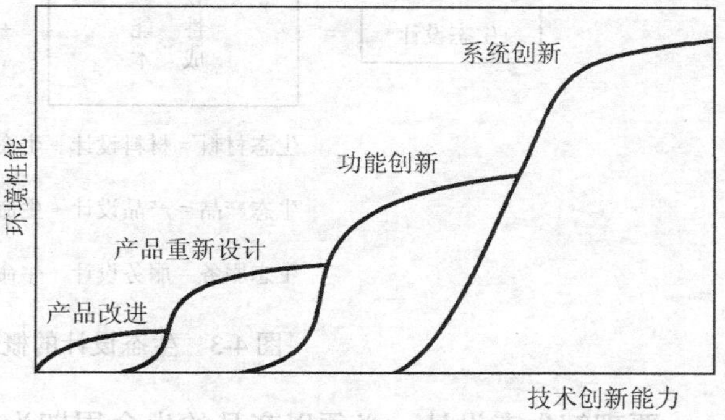

图4-2　产品设计对改善环境性能的贡献示意图

简言之，生态设计是面向产品的整个生命周期，是“从摇篮到再生”的系统设计，是从根本上防止环境污染、节约资源和能源的一种重要的系统过程。

生态设计应使传统材料设计思想有新的转变。传统设计是依据技术、经济性能、市场需求和相应的设计规范，着重追求生产效率、保证质量、自动化等以制造为中心的设计思想，将使用的安全、环境影响和废弃后的回收处理留给用户和社会。而生态设计的基本思想是在设计过程中考虑到材料和产品的整个生命周期对生态环境的负作用，将其控制在最小范围之内或最终消除；要求材料减少对生态环境的影响，同时做到材料设计和结构设计相融合，将局部的设计方法统一为一个有机整体，达到最优化。

由于认识到只有进行生态设计才能保证产品最终的“生态”特性，从而使社会和经济获得可持续发展、克服绿色贸易壁垒和满足绿色消费，因而目前生态设计已成为现代设计研究的热点之一。日本于1993年开始制定可循环设计标准，经过4次修订，1999年6月开始实施。德国以Wuppertal研究所为代表最早开展生态设计。荷兰是广为世人所知的生态设计的先进国家，已编撰出生态设计手册并付诸实施。在英国，设立了著名的“可持续性设计中心”。

目前，为扩大市场竞争力，发达国家竭力推行环境协调性设计，并已经应用到众多的材料和产品的设计中。据专家估计，在未来的10年内，生态设计方法将推广到所有新产品设计和传统产品的重新设计。可以预言，未来若不实行生态设计和清洁生产，产品进入市场，尤其是国际市场的资格将被取消。

二、生态设计的基本原则

生态设计就是“设计+LCA”，这是日本学者山本良一教授提出的概念。生态设计的概念如图4-3所示。可以说，随着ISO 14000和环境标志在世界的推行，材料、产品的设计和开发不引入LCA方法将是不可能的。生态设计的目标是降低各个过程综合环境负荷指标和降低总影响评价值。

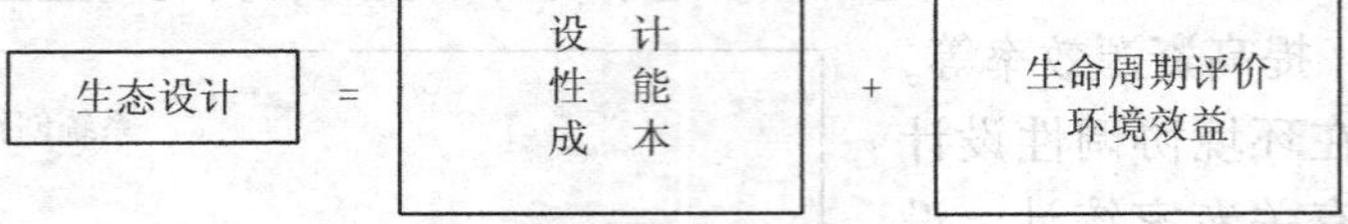

生态材料 = 材料设计 + 生命周期评价

生态产品 = 产品设计 + 生命周期评价

生态服务 = 服务设计 + 生命周期评价

图 4-3　生态设计的概念

要理解生态设计，必须以产品的生命周期为中心认识产品的以下三个要素，即成本（Cost，简写 C），包括原料成本、制造成本、运输成本、循环再生成本、处理成本等生命周期全程的费用；环境影响（Impact，简写 I），包括地球温室效应、臭氧层破坏、资源枯竭等给地球造成的影响；性能（Performance，简写 P），包括安全性、是否方便实用、是否符合审美观、施工难易程度等产品性能。也就是说，产品价值、经济价值和环境价值的总和即为生态设计产品的综合价值指标。

例如，这里所说的性能，是要对产品各种各样的性能分别取权重再累加起来，即性能可定义为产品性能权重之总和。同样，这里所说的成本，要计算生命周期中各种各样的成本权重之总和，这里所说的环境影响，要计算生命周期中各种各样的环境影响权重之总和。

由上述关系可知，生态设计产品的综合价值指标可用 P/IC 表示。因此，设法使 P 趋于最大、I 与 C 趋于最小，就可以实现生态设计。

在这种情况下，成本是一个必须慎重考虑的问题。成本是由市场需求与供给间的关系决定。这里的成本中并不包括对环境破坏的修复成本。也就是说，环境成本并未被全面地包含在市场成本里边。

那么，排除成本因素 C，用 P/I 来衡量一下产品的综合价值指标。P/I 即产品性能除以环境影响，相当于社会财富和福利（Welfare）除以自然资源的消费（Use of Nature），所以可将其称之为环境效率。

反之，排除环境影响 I 只去考虑 P/C，即追求产品的性能最好、成本最低。这正是基于传统经济价值的方法。我们必须摆脱传统经济价值观，要设法使 P/IC 趋于最大。这就是生态设计的基础。

生态设计必须在使用资源丰富的材料的同时要有效地利用可再生资源；要认识到存在隐含于资源中的物质流的问题，要尽量设法使用物质集约度（MI = Material Intensity）更低的物品；并且要选择材料综合环境影响值（Ecoindicator）更低的物品。一般而言，再生材料的环境影响值要比新鲜材料的小。产品再利用与将构成产品的材料循环再生后再制成产品，在这两种情况下所造成的环境影响，从总体上来说前者要比后者小。由于循环再生要耗能，要排放出造成环境负荷的物质，因此希望产品具有长寿命。

对于在使用状态下环境负荷大的产品，尤其像家电、汽车、建筑物等，必须采取节能省资源等一切可以减轻环境负荷的措施，力求彻底降低其环境负荷；尽可能不使用有毒物质或者采取替代措施，不得已而使用时必须做到完全循环再生。对于那些尚不清楚的人工化学物质，要做到在科学上尚未查明、解除疑团之前不使用，要彻底贯彻预防为主的原则。

三、生态设计方法

生态设计是将 LCA 方法应用到工业产品设计过程中产生的新概念，其实质是在产品设计时就要充分兼顾其性能、质量、成本与环境协调性。作为生态环境材料设计，则是将传统的材料设计方法与 LCA 方法相结合，从环境协调性的角度对材料设计提出指标和建议。关于生态设计，目前仍然处于研究阶段，相关的理论尚不成熟。

生态设计从原材料的选择与制造、装配、销售、使用、维修、报废整个生命周期的各个阶段进行分析和生命周期成本评估。

1. 设计要点

生态设计的准则与目标是：

（1）减少拆卸工作量　尽量将各元素结合成模块，减少使用材料的种类，采用兼容材料，将有害材料组成子装配体，更易于接近有害、有价值和可重复使用的零件产品。

（2）可预见性　避免易老化及腐蚀材料的连接，避免零部件被污染和腐蚀，易于拆卸；易于接近液体排放点；连接结构应易于去除或被破坏（破坏性拆卸）；减少紧固件数量，尽量采用相同的紧固方法；易接近拆卸点或破坏性切断点，尽量避免零部件拆卸方向和移动的复杂性；在基础部件上设置中心元素，避免在塑料部件中嵌入金属件。

（3）易于处理　表面易于抓取，尽量避免非刚性零部件，将有毒物质密封起来。

（4）易于分离　尽量避免二次处理（如用油漆、涂层、电镀等方法进行处理），对不同材料进行标识或用颜色加以识别，避免零部件或材料损坏机器（如压碎机）。

（5）减少多样性　利用标准零部件，最大程度地减少紧固件类型。

产品设计总的要求是统一化、简化、省能、协调化，使产品低熵化，缩小不可逆过程，改进无序状态。具体要求如下：

（1）选择对环境影响小的原材料　减少产品生命周期对环境的影响应首先考

虑对原材料的选择。选择的具体原则如下：

1）采用易再循环材料，不采用难于回收或无法回收的材料。

2）尽量避免使用或减少使用有害、有毒、危险的原材料。

3）选择丰富、容易得到的原材料。优先选择天然材料代替合成材料。

4）减量化。尽可能减少材料使用量，节省资源。

5）统一化。尽可能采用同一种材料，使产品使用后容易处理。

6）组合化。尽可能采用即使混合也不能妨碍再资源化的材料组合。

7）标准化。尽量采用标准结构，便于更换更新，延长产品的使用寿命。

8）尽可能从循环再生中获取所需的原材料，特别是利用固体废弃物作为原材料。

9）选择能耗低的原材料，使用量大的原材料尽可能就地取材，避免远途运输，以降低能耗和成本。

（2）部件 产品是由相同或不同材质的部件组成。部件的生态性能和部件的设计及选择是产品设计的重要部分。设计及选择的原则如下：

1）少量化（积木化）。使再利用或循环处理容易。

2）标准化、规格化。有利于维修、更换、回收再利用。

3）长寿命化。尤其是易损部件的长寿命化，可提高产品的整体寿命。

4）连接简化。采用容易拆卸的连接方法。

5）重复利用化。经过翻修可达到原设计要求而再次使用。

（3）产品 不同产品的生态设计要求侧重不同。例如，一次性或更新换代较快的、寿命短的产品要求易于循环再生或易处理，而类似建筑产品则要求使用寿命长，从而使产品降低环境负荷。对一般产品，具体设计要求如下：

1）部件协调化。再利用、再资源化时容易拆卸，同时减少使用工具、减少接合处。采用积木式结构设计，可以通过局部更换部件延长产品的使用寿命。

2）易分离、解体。

3）易破碎、筛选、焚烧、最终处理等。焚烧可防止二次污染。

4）易搬运、输送。例如大型产品容易分离拆卸的结构。

5）材料的标志化。便于分类处理，便于处理方法选择。

6）易维修，延长使用寿命。

7）情报的公开化。

8）符合法律法规和有关标准。

2. 生态设计方法与过程

生态设计是传统设计的发展，其基础依然是传统设计。从时间轴向分类如下：

1）初步设计（概念设计）。

2）详细设计（基本设计）。

3）生产设计。

从空间轴向分类如下：

1）材料设计。

2）功能设计。

3）外观设计。

空间轴向设计要贯穿在整个时间轴向设计。两个轴向设计的框架都要考虑环境性能和经济因素，并受其制约。

根据不同要求，生态设计有两种类型：

（1）现有材料生态化的再设计　现有材料生态化的再设计是以降低资源、能源消耗，降低环境负荷，通过环境标志标准等为主要目的的设计。目前产品更新换代较快，以现有产品为基础的绿色产品、环境标志产品不断涌现，所以大量的设计需求是生态化的再设计。这一类设计已占有相当多的信息资源，有明确的设计依据，一般较容易实现。

（2）新型生态材料的生态设计　新型生态环境材料的生态设计目前尚处于研究发展阶段，还缺乏充分的数据和知识，需要有材料的组成、结构及加工方法与材料环境负荷的内在规律数据的积累。需要建立完善材料生态设计的数据库和知识库，以人工智能、模式识别、计算机模拟等技术作为设计支撑体系。初期是以实验—设计—LCA 的反馈来达到生态设计的目标值。

生态设计应是以系统工程和并行工程的思想为指导，以 LCA 为手段，集现代工程设计方法为一体化、系统化和集成化的设计方法。

生态设计涉及众多学科领域的知识，这些知识不是简单叠加或组合，而是有机的融合。又由于设计数据和知识多呈现出一定的动态性和不确定性，使用常规的设计方法已不适应，所以生态设计必须有相应的设计工具作支持。目前多采用计算机辅助设计系统。

目前的生态设计方法主要有系统设计、模块化设计、公理化设计、虚拟拆卸设计、长寿命设计及再生设计等。简述如下：

（1）系统设计　生态设计要求设计人员在产品开发设计过程中要有系统的观点，充分掌握设计的全盘性、相互联系及制约的细节。其设计思想是整体性、综合性和最优化，其特点是采用物料和功能循环的思想，扩大了产品的寿命周期，有利于维护生态系统平衡，提高资源效率，减少废弃物数量及处理成本。

（2）模块化设计　模块化设计是指对一定范围内的不同功能、不同性能、不同规格的产品进行分析，划分并设计出一系列功能模块。通过模块的选择和组合可以组装成不同产品，以满足市场需求。同时，模块化设计也有利于产品使用后的拆卸，继续利用一些可用的模块。其特点典型地体现在拆卸技术和回收技术等方面。目前，模块化设计已广泛应用于汽车、家电、计算机、复印机以及许多工业机器行业。

(3) 公理化设计　利用公理化设计，可以使设计者明晰产品需求、功能需求、设计参数和工艺变量之间的关系。通过对这些变量及其下属子变量的公式化，可以逐步满足最终的设计要求。因此，可将公理化实际应用于绿色设计中，以解决产品的多种环境要求。

(4) 虚拟拆卸设计　虚拟拆卸采用虚拟制造技术，在虚拟环境中生成产品原型，对各种设计方案进行评估。

(5) 长寿命设计　按照LCA理论，产品的寿命越长，其环境负担性越小。因此，长寿命设计目前在工业产品设计中也比较流行。特别是对一些影响到人身安全的产品，长寿命设计更是首选的设计原则，以确保产品能够长周期安全地使用。

(6) 再生设计　在设计材料时，必须从材料资源（资源容量）⇆材料成分⇆工艺⇆结构和性能⇆循环使用⇆生态平衡（环境容量）等诸环节进行综合考虑。从材料的设计阶段一开始，就把材料的使用性能与保护环境充分结合起来，使所设计的材料具有优异性能的同时，充分考虑资源的有限性和环境容量的有限性。另一方面，由于材料的生产过程每一步都有大量废弃物产生，因此在材料的环境协调性设计中，一个重要的内容是有关废弃物的再生设计。把环境协调性设计的思想始终贯穿在从采矿开始，到材料的冶炼、加工、使用、废弃，一直到再生利用等诸环节，使材料的服务性能和环境性能相协调。

材料再生设计的要点一般包括把上一个过程的废弃物作为下一个过程的原料，建立利用废弃物作为资源的观念。在技术可能的条件下，考虑最经济的再生循环利用率。减少一次污染，把污染物尽量在过程内部消化，控制排出循环过程以外的污染物总量。对那些不得不排出循环过程以外的污染物，应设计污染处理流程，对污染物进行治理，努力避免二次污染等。

从生产和使用的角度看，有关材料再生设计的内容主要有四个方面：一是对某种废弃物的直接再利用；二是对某些零部件的回收再利用；三是将某种废弃物作为原料再利用；四是有关材料生产过程中的能源回收再利用。

直接再利用是指将某种不用的物品或材料不进行再加工或处理，直接作为产品使用。最常见的例子是建筑物拆卸时砖瓦的重新利用，以及钢铁构件拆卸时的结构材料再利用等。

零部件的回收再利用其要点是将废弃物中的一部分零件取出，在其他系统上继续发挥其结构或功能的作用。典型的例子是施乐复印机公司的“再造”战略，即将所有的复印机设计成可装配机器，一台复印机坏了，其许多零部件可以装配到其他复印机上去再重新利用。自1995年开始，施乐复印机公司每年靠这种

“再造”战略创造了上亿美元的利润。

在再生设计中，将废弃物作为原料再利用是较成熟的一种废物再利用思想。一般说来，材料每循环利用一次，其性能有所下降，这种现象称为材料的循环性能损耗行为，其主要原因是在再生利用过程中引入了大量的杂质。去除这些杂质明显需要增加成本，从经济性角度考虑一般采取降级使用的设计技术，即高级别材料回收后，作为低一级材料设计和使用。

在材料的生产过程中，关于能源回收再利用的技术也是环境协调性设计要考虑的方面。特别是在钢铁、水泥等高能耗的材料加工行业，能源回收再利用的意义尤其重要和明显。

3. 生态设计的技术与评价

生态设计的技术有：LCA（环境协调性评价）、编目表/产品评价法、DFE-CAD法、MIPS（每单位服务的物质集约度）最小化法、回顾（Back Casting）法、宏观逼近（Macroapproach）法等。这里不详细介绍，请看相关参考书。

随着生态设计的进步，如何评价其进步程度的问题也就越来越为重要。一种提案是采用环境效率之比来评判生态设计的进步程度。例如，将1990年作为比较年度时，则以1990年产品的环境效率为基准，那么当年的环境效率与1990年的环境效率之比（倍数）即可作为判定生态设计进步的程度。一般可用“因子X”（Factor X）来表示之。

环境效率为2倍时因子取为2，为10倍时因子取为10，为20倍时因子取为20等等。因子X是评价产品和整个社会生态设计进步的参数。与此相应，也有采用环境经营进行判定的方法。例如，一个工厂、一个公司、一个地区的废弃物接近零排放（Zeromission）的程度如何？或者它们所生产的产品在废弃物后其中有多少又返回到原材料和零部件中（Inverse Manufacturing：逆向工厂）？通过测定这些量，都可以进行评价。关键还是整个社会的资源效率这个问题。

采用零排放、逆向制造（逆向工厂）评价生态设计的进步程度，这是间接测定的，但它是一种宏观的评价方法。然而，因子X更易于直接了解技术进步的程度。从因子X的结论看，到2050年整个社会至少应达到10（即因子10）。然而，与1990年相比较，为了把产业经济活动给地球造成的环境影响减少一半，因子X需达到20左右。要实现这一目标，必须有巨大的超环境革新（Super Eco-Innovation）才行！

第二节　材料的生态设计

一、金属材料生态设计

金属材料由于广泛以合金的形式使用，往往在一种金属材料中存在多种元素，这使金属再生循环变得困难。在金属材料的废屑或废料重熔冶炼过程中，一般而言，除去合金元素和杂质是相当困难的。因此，对于金属材料而言，从易于循环再生的观点看，要求建立3个基本概念：① 减少合金元素而保持高性能；② 以调整显微组织作为加入合金元素的替代方法来获得所需性能；③ 再生过程中易于分离和无二次污染。

1. 通用合金

以往针对不同的用途开发不同的材料，使材料的种类一直在增加。再生循环过程中种类繁多的材料混杂在一起，就使废料的再生循环利用变得非常困难。因此从提高金属材料的再生循环性能出发，金属制品的全部零部件由单一合金系来制造最为理想。而且合金系中组元越少，合金的再生循环性能越好。因此出现了超级通用合金和简单合金的概念。所谓超级通用合金，就是使用合金元素种类最少，且能满足各种用途要求的标准合金系。这种合金系能够满足对材料要求的通用特性，如耐热性、耐腐蚀性和高强度等。合金在具体用途中的性能要求则可以通过调整合金成分配比来达到。同时，在再生循环过程中，希望材料的成分变化（如混入杂质）对材料性能的影响小。即合金具有良好的成分变化兼容性。超级通用合金一般希望是固溶体合金。因为固溶强化与合金组元含量间的变化关系平缓而连续。因此，在再生循环过程中，混入杂质和成分变动等因素对合金性能的影响较小，而相变强化的合金则受化学成分变化的影响大，再生循环后较难以保证材料性能的稳定性。由有限数量的组元构成，且可通过改变成分配比在大范围内改变性能的合金系主要有以下几种：

（1）Fe-Cr-Ni 钢　通过改变 Fe、Cr 和 Ni 的相对含量，可以生产出从铁素体钢到不锈钢的一系列钢种，其组织和性能可以在很大范围内发生变化。

（2）Ti 合金　改变 Ti、Al 和 V 的相对含量，可使合金的组织与性能发生很大的变化。钛合金依合金元素的种类和加入量不同，可以分别获得 α 钛合金、α+β钛合金和 β 钛合金。其中 α 钛合金具有良好的耐热性和焊接性能，α+β 钛合金具有良好的综合力学性能和塑性加工性能，β 钛合金则具有高强度和优良的冷成形性能。此外，在 Ti-Al 系中出现的 Ti_3Al、TiAl、Al_3Ti 则在近年来成为高温合金的研究热点。由此可知，钛合金的性能随成分不同可在很大范围内变化，且可通过合金成分来预测合金的组织与性能。

（3）Cr-Mo 钢　在对 Cr-Mo 钢的高温蠕变强度及其影响因素进行研究时，发现高温蠕变强度主要和铁素体基体中的置换溶质元素 Cr、Mo 的固溶量成正比，与碳的固溶度成反比，即置换元素固溶强化作用是影响 Cr-Mo 钢断裂寿命的主要因素。而碳化物的沉淀强化作用与置换元素的固溶强化作用相比，对整个断裂寿命的影响很小。因此，可以通过优化合金成分，在保证合金元素在基体中必需的固溶量的前提下，应尽可能减少合金元素的总加入量。这种合金成分设计方法既保证了耐热钢的持久蠕变强度，又节约了合金元素，减小了合金生产过程中的环境负荷。

2. 简单合金

所谓简单合金，就是组元组成简单的合金系。简单合金在成分设计上应有以下特点：① 合金组元、规格简单，再生循环过程中易于分选；② 原则上不添加现在尚不能精炼脱除的元素；③ 尽量不使用环境协调性不好的合金元素。

从这种设计思想出发，研制简单合金时应遵循以下两原则：① 在维持合金高性能的前提下，尽量减少合金组元数；② 获取合金高性能时，以控制显微组织作为加入合金元素的替代方法。

与超级通用合金的用途不同，简单合金的主要用途是代替大量消费的金属结构材料。不含对人体及生态环境有害的元素、不含枯竭性元素的低合金钢就是这样一种简单合金。通过选择适当的化学成分和热加工工艺，低合金钢可以获得大范围变化的显微组织和力学性能。而其简单的组元和类似的化学成分又能够保证在再生循环过程中回收的废钢具有大致相同的成分，因而易于再生循环利用。这类低合金钢中，Fe-C-Si-Mn 系是最有希望的合金之一。通过控制显微组织，Fe-C-Si-Mn 系低合金钢可以获得在大范围内变化的力学性能，从而满足不同用途时的材料性能要求。

但是，只赋于材料以再生循环性，还不足以生产出支撑现代发达技术的材料，还必须要充分满足高强度、高可靠性、舒适性等方面的要求。

因此，对现代材料进行环境协调性设计，需要考虑多方面因素。一般包括：

1）强度（也包括疲劳强度等），韧性，高比强度（先进性）。

2）简单组成，易解体结构（环境协调性）。

3）功能兼容，多功能性（舒适性）。

要想在同一材料上使难以兼容的性能共存，只有采用“复合化”设计才能实现。但是，传统的复合材料通过将不同的材料组合起来，利用组合材料各自所具有的性能，这又违背了简单组成和易解体结构的要求。所以，环境材料学提出了“可再生循环复合”这一概念，即合金是简单组元的情况下也有可能通过工艺控制来自由地制造它的组织和结构。

例如双相钢，就是通过工艺控制使铁素体与马氏体这两种不同的相交替共存。与回火马氏体钢相比，在同样的强度下，其延性可得到大幅度改善。这是利用了合金在某个温度以下分离为两个相，加热到某个温度以上易变成单相的性质。在合金尤其是钢铁中，有可能相当自由地实现对多相组合的控制。

对高温用途的碳钢研究设计发现，尽管在材料的持久蠕变变形中，其蠕变极限随显微组织的变化而变化，但持久蠕变性能受固有蠕变极限支配。增加钢中的碳量或加入微量钼可提高固有蠕变极限，而钼的影响在其量为 0.03% 时达到饱和。这一材料新设计概念可导致在减少合金元素的同时而获得最大的持久蠕变极限。最近用原子对的原子构型观点研究了铁素体基体中溶质元素对 w_C0.2%和 w_C0.3%碳钢持久蠕变极限的影响，通过计算表明，在773K和88MPa时，碳钢的持久蠕变极限正比于Mn和Mo的含量，反比于C和Si的含量。持久蠕变失效时间和Mn-C、Mo-C原子对的含量之间有良好的相关性。由于与位错缺陷的相互作用能高，这些原子对似乎减小了位错攀移速度。因此，可以得出结论，碳钢固有蠕变极限受铁素体基体中的Mn-C和Mo-C原子对的控制。据此开发出了微Mn、Mo合金化的铁素体耐热合金。它可以部分代替高合金度的铁素体耐热钢。

低合金钢的另一范例是日本开发的SCIFER钢（Fe-0.15C-0.8Si-1.5Mn），这种低合金钢也属于Fe-C-Si-Mn系。通过形变强化可使这种钢达到极高的强度（约5GPa），同时保持约4%的伸长率。SCIFER钢是一种双相钢，其显微组织由细丝状马氏体和高度塑性变形的铁素体组成。该钢的优异成形性能是由铁素体来实现的。这就意味着通过显微组织的调整（包括有效地利用双相组织），即使不含昂贵元素的低合金钢，也可以获得优异的综合力学性能，例如高强度和良好塑韧性的配合。

3. 金属材料的再生循环设计

材料可循环再生设计是在设计阶段就充分考虑材料的循环再生性，不仅比后期处理难度小，而且效益高。金属材料可循环再生设计是通过加入最少的元素、循环容许的元素，或通过固溶强化、微细化强化、加工强化、相变组织强化等保障材料性能，使材料可以循环再生。

在再生循环时，组成一旦复杂，则分选与分离就困难了。此外，当存在不能分离再生的合金元素时，就有可能使原来各合金元素的功能不能充分发挥出来。在这种情况下，欲利用合金元素的作用实现组织结构的控制，也是一个难题。这就是说，由于再生过程中混入的杂质使正确的控制难于进行。

因此，以城镇废金属作原料的金属再生循环，实际上仍是以“逐次降级使用”为主，即像“瀑布逐渐下降水位”那样一级一级地向低级别产品再生的过程。反之，要恢复为原来的高品位产品，就需要耗费更多的能量。但这就违背了“再生必须节能、减少二氧化碳”的宗旨。

4. 金属复合材料

金属不仅要求强度，而且要求同时具有加工性、延展性、韧性、高破坏强度（疲劳破坏、使用破坏）和其他物理性能（减震性、导电性等）。这些性能中，特别是加工性、延展性、韧性等与强度相矛盾，强度越高，这些性能越低。通过加入元素强化金属性能无疑不利于金属可循环再生性；而通过不同性能材料复合来平衡各种性能，也不利于可循环再生性。

可循环再生复合是通过控制金属组织复相化平衡材料各种性能。复相组织金属由于不加入妨碍再生元素，所以电炉重熔就可以不用返回到熔矿炉循环再生。近年，高层建筑耐震设计需要高张力钢，要求具有高强度，而且有低降伏强度比。通过控制压延、热处理和两相析出热处理等技术，得到平衡两种性能的软质相和硬质相复合组织，成为铁素体相围绕网状马氏体相的复相组织钢。

除金属相变强化外，结晶微细化强化、加工强化等都是可循环再生设计可采用的手段。

对于复合型材料而言，从易于循环再生的观点看，仍要求建立三个基本概念：① 用单一组分代替多相组分；② 废弃后易于分解或降解；③ 可多次重复循环使用。

最近一种新的 Fe-Fe 复合材料被开发出来。它用冷拔成形的 SCIFER 纤维（前述 Fe-Mn-Si-C 钢）作为增强纤维，该纤维的直径为 100μm。利用铁的超细粉（平均尺寸 50nm）在低温下的烧结性，将其作为粘接剂。将平均尺寸为 5μm 的碳铁粉作为铁基材料。在上述几种铁材料混合之后，在 250℃ 下保温 60min，则制成了 Fe-Fe 复合材料。当烧结温度过高时，将损害冷拔钢纤维的力学性能。在 400℃ 烧结时，Fe 粉末烧结材料的抗断裂强度为 100.9MPa，而 Fe-Fe 复合材料的抗断裂强度超过了 294MPa。

表 4-1 给出了纤维增强 Fe-Fe 复合材料、Fe 粉末烧结材料和铝的总能耗和强度比较。可以发现，纤维增强 Fe-Fe 复合材料的能耗低于 Fe 粉末烧结材料和铝材。相对而言，纤维增强 Fe-Fe 复合材料具有好的力学性能和低的环境影响。这种材料的再生设计思想是值得借鉴和提倡的。

表 4-1　SCIFER 纤维增强 Fe-Fe 复合材料与其他材料的比较

项　目	Fe-Fe 复合材料	烧结 Fe（1 100℃）	铝
抗拉强度/MPa	300	396	116
材料的直径/mm	32.3	28	51
1m 长材料的重量/kg	25.7	19.3	64.1
生产的总能耗/GJ	1.517	1.632	3.862
强度/能耗	197.76	242.65	30.04

5. 合金元素的生态设计

环境协调性金属合金材料的成分设计原则之一是尽量不使用环境协调性不好的合金化元素。这里环境协调性不好有双重含义：一是指地壳中蕴藏量不大的枯竭性元素；二是指对生态环境特别是对人体有较大毒害作用的元素。合金元素中对人体毒害作用最大的是 Cr（以 Cr^{+6} 离子状态存在时），其次是 As、Pb、Ni、Hg 等，如表 4-2 所示。

表4-2 某些金属元素对人体的毒害作用系数

金 属	空 气 中	水 中	土 壤 中
As	4 700	1.4	0.043
Cd	580	2.9	7.0
Cr^{+6}	47 000	4 100	130
Co	24	2.0	0.065
Cu	0.24	0.020	0.005 2
Fe	0.042	0.003 6	
Pb	160	0.79	0.025
Mn	120		
Zn	0.033	0.002 9	0.007 0
Hg	120	4.7	0.015
Mo	3.3	0.29	0.70
Ni	470	0.057	0.014

含有这些合金元素的材料废弃后，会造成空气、水域和土壤的污染，直接危害人体或者通过生物链对人体造成毒害。因此，在材料设计过程中，就要考虑到废弃材料的最终处理对生态环境的影响。其中无铅钎焊合金的研制就是这样一种考虑的结果。

二、无机非金属材料生态设计

对于无机非金属材料，由于后期加工的困难性和大多废弃后难以为环境所消纳，并且难于再生循环利用，因而造成大量堆积，严重污染破坏环境。改变这种状态的最有效、最直接途径是长寿命设计。

1. 陶瓷材料的生态设计

量大面广传统陶瓷材料韧性差、性脆，在使用过程中的易断裂，造成性能极大浪费，从而造成材料浪费。陶瓷环境协调性设计包括长寿命设计、功能设计、节能设计，重点是在使用阶段降低环境负荷。一般来说，改善陶瓷的生态功能需要从两个方面入手：

1）调节材料的组成，使不同相在微观级复合，形成不同性质的晶界面等。

2）改变工艺条件，包括原料物化性能和状态、加工成形、烧结状态和成品加工条件等。

从根本上讲，陶瓷生态功能的改善要通过材料微观变化来体现。影响陶瓷耐高温结构与陶瓷寿命的主要因素是断裂韧度低，这也是陶瓷类材料的共同缺点。一般是通过控制陶瓷多晶体界面的结合力来提高断裂韧度。采用的微结构控制技术可举例如下：

1）通过相变增韧二氧化锆陶瓷。目前在所有陶瓷中，二氧化锆陶瓷断裂韧度最好。

2）使长柱状β-氮化硅晶粒在氮化硅基体长大的自生复合陶瓷，其断裂韧度和强度比原材料有成倍的提高。

3）纳米复合陶瓷材料是在陶瓷基体中引入纳米分散相并进行复合，使原陶瓷的断裂韧度和断裂强度以及耐高温性能均大有提高。

4）在陶瓷基体中加入耐高温纤维形成强化复合陶瓷。例如，在氮化硅基体中混合入$\phi 10\mu m$碳素纤维和50~100nm碳化硅后，1 500℃抗弯强度可达到650MPa。

原料的高纯化是研制先进无机非金属材料的一个重要发展方向。随着纯度的提高，晶界玻璃相加有害杂质减少，材料的力学性能，特别是耐高温性能显著提高，这是人们追求高纯度的目的。此外，对于许多功能陶瓷而言，高纯度是必不可少的。但是，提高原料纯度，需要增加额外的提纯、净化工艺，甚至要借助于化学合成，这必然导致能源消耗和资源消耗的额外增加。陶瓷材料制备过程中最主要的污染，正是来自提纯、净化和化学合成环节。显然，高纯度与环境协调性有矛盾，这与金属材料的情况不甚一致。

人为添加多种原料，最终形成具有多种相结构的复合或复相材料，是先进无机非金属材料的另一个重要发展方向。经过合适的晶界设计和相设计，复合或复相材料具有单一组成相所不具备的优良性能。例如，部分稳定氧化锆复相陶瓷及纤维增强陶瓷基复合材料，是目前陶瓷领域强度和韧性水平最高的两类材料。与金属材料不同，多数陶瓷材料的性能对成分的微小变化不敏感。传统陶瓷自身及其原料，几乎全都是复相物质，成分范围很宽，再加上陶瓷资源丰富，废弃物再生制品多用于建材领域，因此，复相或复合化对陶瓷材料环境协调性带来的危害，没有金属材料严重。

2. 建筑材料的生态设计

建筑材料设计应当考虑材料自身的力学性能、功能和生态环境适应性，同时考虑建筑设计中材料的选择和组合要求。生态建筑设计与传统建筑设计的区别之一是对材料的选择，即考虑材料的整个生命周期环境负荷最低，而不仅仅是使用阶段。

建筑材料在可循环再生设计方面，主要包括如下几点：

1）减少使用材料，以最少的材料达到对性能和功能的要求。

2）材料再使用要求可拆卸，可修复使用。

3）循环使用可拆卸，可降级使用。

对于大宗建筑材料混凝土，应采取较高强度的长耐久性设计，既可以提高资源效率又可以减少（生产过程和退役）排放，并且退役后可以作为再生集料循环利用。

可以预期，在环境材料研究进展中，作为建筑领域固有的建筑材料及其构件的再生循环的关键技术，下述方法将具有确定的重要地位：

(1) 混合结构形式　钢筋混凝土建筑物采取柱、梁和墙壁在现场整体混凝土灌筑方式。对于确实需要耐久性的场合，这种方式具有寿命长、非常坚固的优点。但如果解体，特别是在今后高强度混凝土的使用逐渐增加的情况下，很不容易破碎。即使破碎，作为废弃物产生的混凝土碎块，目前只能作为再生粗料限定用作道路的路基材料和填充材料。因此，高强度、高耐久性的现场整体钢筋混凝土建筑物从解体和再生循环这一点来看多少存在一些困难。为此，不完全采用现场整体灌筑方式，一半利用工厂生产的预制构件，只将结合部在现场施工。如柱体是钢筋混凝土构件，梁体是新型增强混凝土构件，结合部由钢制接头做成混合结构形式，这样解体时就比较容易。从建筑材料的再生循环这一观点来讲，混合结构形式是今后应开发的建筑技术。

(2) 高功能性和再生循环性结合的增强材料及其应用　与地球环境相协调并具有良好再生循环性的混凝土构件应该是既具有长的使用寿命，又能在解体后容易再生循环的构件。也就是说，新型增强混凝土的增强材料既具有轻质、高强度和高耐腐蚀性的优点，又有好的再生循环性。现在开发的大部分树脂固化新增强纤维是环氧树脂或乙烯脂树脂等热固性树脂，这类树脂一旦固化就很难分解。要求再生循环性也要兼顾耐火性，因而利用热塑性树脂、光降解树脂或生物降解树脂以确保再生循环性是重要的。另外，既追求混凝土的高强度比，又要求更轻质化，即适当使用人工轻质骨料，并转换成轻质、高强度混凝土构件，也是很重要的。

三、有机聚合材料的生态设计

塑料的再生循环技术大致可以分为两类：一类是将回收废旧塑料作为原材料使用；另一类是将回收废旧塑料分解成单体，然后重新合成新塑料。前一类技术称为材料再生循环法，后一类技术称为化学再生循环法。有机聚合物材料的生态设计，侧重点应放在废旧材料的再资源化上。因此，这里把有机聚合物材料的生态设计称之为材料的可再生循环设计。

1. 材料再生循环法

材料再生循环法的思路是在塑料功能丧失之前，将废塑料作为原料多次再生循环使用。在实际再生循环过程中，由于杂质混入及加工过程的影响，塑料的某些性能不可避免地要发生退化。因此，经材料再生循环法制成的再生塑料，存在一个降低使用的问题。即由新原料合成的新塑料首先用于制造性能较高的制品；回收塑料作为原料时，一般用于制造性能要求次之的制品；而再次回收的塑料作为原料时，则只能用来制造性能要求较低的制品……一直到不能再循环利用为止。因此，在材料最初的设计阶段，就要考虑到材料的可再生循环性。其中有两点要给予足够注意：一是要考虑到材料的相容性；二是要考虑到如何评价回收塑料的老化程度。

回收废旧塑料时，不同的聚合物树脂便混杂在一起，在很多情况下相容性都不好，从而使再生塑料的性能明显下降。设计阶段必须考虑到材料的再生循环性能并限制使用材料的种类，研究开发出能够同时满足多种性能要求的材料及相应的加工工艺。这些材料应是以通用树脂为核心的同系树脂（相容性好）。如果能通过改变各种树脂的混合比例来开发出能够满足各种性能要求的通用聚合物合金（塑料合金）及其相容剂，那么这类塑料即使在再生循环时相互混合，再生循环后性能变化也不会大，因而可以扩大再生循环塑料的应用范围。目前正在研制的这类聚合物合金有尼龙6/ABS系、聚烃类和PET/ABS系聚合物。

各种条件下使用的塑料制品，由于受到光、热、水分等环境因素的作用，会发生不同程度的老化。评价和掌握材料在使用过程中的老化程度，对于充分利用回收材料有着重大意义。如果建立了评价塑料老化程度的可靠方法，就可以将回收废旧塑料纳入到有效的再生循环系统中去。由于将回收废塑料直接作为原料使用，材料再生循环法比化学再生循环法更经济，因而有可能成为塑料再生利用的主要途径。

材料再生循环法中的典型实例是汽车保险杠的再生循环利用。废旧汽车保险杠回收后，经消除涂料膜、底漆和粉碎细化后可以重新作为制造汽车保险杠的原料。目前，日产公司研制的用有机溶剂分解和剥离漆层的技术、丰田公司研制的水热法水解涂层膜的技术、富士重工业研究所研制的清除涂层膜和粉碎废塑料的技术，都已接近实用阶段。

2. 化学再生循环法

化学再生循环法的基本思路是将回收废塑料作为资源，以石油或单体形式利用。将回收废塑料通过水解或解聚，分解成原始材料的单体或低聚物，然后重新合成为塑料初级产品，或者返回到石油状态以便再生利用。例如，在前述材料再生循环法中，对于已多次再生循环过的塑料，由于功能降低而不能再进行材料再生循环，则适合采用化学再生循环法处理。化学再生循环法由于把废塑料还原成原料，使再生塑料变成新材料，所以是一种完全的再生循环方法。化学再生循环法不但适用于热塑性塑料，且也适用于热固性塑料及有机高分子复合材料。而目前热固性塑料由于不能再加热成形，只能粉碎后用作填充剂等低档次的材料。真正的再生循环利用，可望通过化学再生循环法来解决。

化学再生循环法的实例是分馏回收技术。如日本电线综合研究中心研究的将交联聚乙烯电线、橡胶绝缘电线的塑料和橡胶成分加热分解、分馏回收的技术。德国塑料包装材料废弃物再生利用协会研究的技术，是将家庭废弃的各种塑料包装材料混合物放入煤分馏装置加热分解，作为石油回收处理来获得制造塑料的原料。日本工业技术院北海道开发试验所则开发出从废塑料中回收煤油和柴油成分的技术。

四、复合材料的生态设计

1. 复合材料生态设计原则

复合材料与其他材料相比较其生态环境性能较差。这是因为复合材料是由不同的基体材料和增强材料组成的，使回收循环再生变得复杂，弥散增强和粒子增强型均难以分离，纤维增强追求结合强度更增加分离回收难度。一般来说，使复合材料分解比制造时的成本和使用阶段的能源还高。传统的复合材料设计，主要追求复合材料的力学性能和其他物理性能。而生态型复合材料的环境协调性设计偏重于其生态性能。但目前设计方法和方向还处于探索阶段，目前提出的有研究、设计、LCA 分析、检测一体化方法。设计方向有优先考虑维修的方案，可回收复合材料的方案。例如，以可塑性塑料基体代替热固性塑料基体。因为热固性塑料是网状结构，不熔融不溶解，难以循环再生；而可塑性塑料耐老化性差，必须提高耐老化性能，并取代热固性塑料。复合材料结构可采用分解型结构，在界面上设置原子扩散层，温度升高就能软化脱开。

日本学者金原勳对复合材料提出生态设计概念，认为 21 世纪的材料应当是有自修复性、自分解性、自组织化功能等的智能材料。智能型复合材料的一种方案是将传感器、调节器、信息处理器等功能材料埋入材料内，使之在外界的热、光、力、声、辐射、化学作用下由传感器送到信息处理器，再反馈给复合材料内的执行材料使其产生相应的行为。根据各个领域的应用要求，智慧性能可分成以下 8 种形式：

1）自律应答。

2）形状可变结构。

3）能动性地控制结构。

4）寿命管理。

5）损伤监测。

6）自检、自修复。

7）监测成形。

8）智慧蒙皮。

解决复合材料的生态性能寄希望于智慧化。这种材料设计将贯穿在材料、制造、检测等综合性系统技术中。

复合材料多功能化是设计的一个方向。传统上复合材料是以追求力学性能为主的设计，使不同材料的性能和功能可以并存。但到目前为止已利用的功能非常有限。必须认识到复合材料的多功能性还未得到充分利用。复合材料是可以将现有的材料巧妙地组合，按人为使用目的制造出来。不仅可以将不同的材料组合起来，在同一材料中也凝聚材料所具有的各种功能，包括可解体、可再组合、可自分解、可自修复等生态性能。例如，将热塑性减震板间弹簧插入复合材料可以抑制层间剥离，同时有减震作用；复合材料整体加热则板间弹簧层溶解，层间失去机械结合力；复合材料层间由于各向异性产生内应力而翘曲，使复合材料解体。板间弹簧还可以作为解体加热器使用。

2. 有机复合材料的可再生循环设计

大多数塑料的力学性能较低，不能作为要求较高强度的结构材料使用。另一方面，玻璃纤维、碳纤维等无机材料强度虽高，具有作为结构材料的良好基础性能，但其脆性大、粘接性差。因此，把这两类材料复合成兼具二者优点的复合材料，则有可能发展成为环境协调性复合材料。这类复合材料的典型代表是玻璃纤维增强塑料（GFRP）和碳纤维增强材料（CFRP）。兼备轻质和高强度特点的纤维增强塑料具有广泛的应用前景。如美国研制的 HiMAT 飞机，GFRP 用量约占 4%。用 GFRP 作为车身等结构件的汽车，质量可减轻 51.5%，可大大降低油耗。预计在未来宇航器中，CFRP 的用量会高达 60%。但要真正使纤维增强塑料发展成为环境协调性材料，则必须做到容易再生循环利用。例如，在再生循环过程中，必须首先粉碎废旧材料，然后再熔融成形。但在粉碎过程中，作为增强纤维的碳纤维、玻璃纤维也一并粉碎，失去了增强作用。当再生原料制成产品时，已经丧失了复合材料高强度的特性。为了解决这一问题，目前正在积极研制叫做塑料合金的高聚物复合材料。即将两种以上的高聚物混合，做成具有新功能的材料。如将液晶聚合物（LCP）和工程塑料复合，做成兼备轻质、高强度特点的且易于再生循环的材料，则有可能取代纤维增强塑料。

产品制造时就考虑使用后的循环再生性是材料环境协调性设计的基本要求之一。聚苯乙烯的化学循环再生是个典型例子。聚苯乙烯高热裂解要 600℃ 以上，单体回收率 60% 以上。聚苯乙烯加入少量 BaO 粉末制成膜片，催化剂分散制造聚苯乙烯，使用后回收，经 350℃ 催化热裂解可回收将近 90% 的单体和二聚体。聚乙烯和聚丙烯加入固体酸催化剂也可以得到类似效果。

3. 塑料合金的研究

最近，将两种以上的聚合物复合，做成具有新功能的材料即所谓塑料合金的研究已盛行起来。将液晶聚合物（LCP）和工程塑料复合，做成轻质和机械强度兼备且容易再生循环的材料，这种材料作为取代上述有机/无机复合材料的新材料而被普遍关注。例如，尼龙 6 工程塑料与维克托莱等 LCP 通过共混使之复合化，经注塑成形可得到与 FRP 强度相当、且再生循环时机械强度几乎不降低的材料。

液晶聚合物加热时变成兼具固液二者特性的液晶态，是一种流动性很好的热塑性材料。液晶相温度下降时发生纤维化，成为轻质高强纤维。这一特点在共混复合化之后也可发挥出来，如图 4-4 所示。液晶聚合物在高温下熔化形成均匀层，复合材料成形后温度下降时，液晶聚合物便分散在工程塑料基体中，形成微小的原纤维，发挥出与玻璃纤维相同的增强效应。在复合过程中，通过调节成形温度和混合状态，使原纤维的生长条件最优化，可以使液晶聚合物弥散分布在塑料基体中。用此法获得的复合材料必须设法提高基体和纤维之间的结合力，以免成形过程中切应力使液晶聚合物纤维断裂，丧失增强作用。加入环氧树脂可以改善塑料基体和液晶聚合物纤维的相容性。与非强化的尼龙材料相比，这种复合材料的抗拉强度和弹性模量均有大幅提高。复合材料在再生循环过程中，即使原纤维被粉碎破坏，在成形过程中又会复原。因此，这种复合材料经再生循环后性能变化不大，被认为是一种再生循环性能优异的生态环境材料。

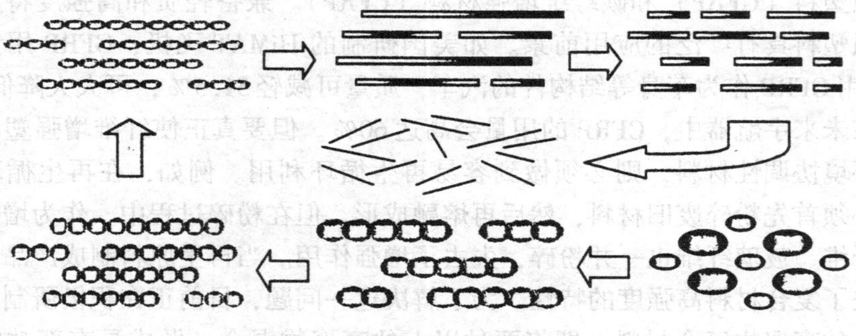

图4-4　液晶原纤维形成聚合物的过程

4. 热塑性弹性体

在开发能取代有机/无机复合材料的有机/有机复合材料的同时，还在进行将两种以上聚合物复合化的研究工作，这种复合后具有新性质的材料即塑料合金。有关塑料合金的开发研究在日益增多。作为其中的一个例子，我们介绍一下热塑性弹性体。

热塑性弹性体是兼备橡胶与热塑性塑料成形性的新材料，在粘接剂、机电产品、汽车等方面已被大量使用。

这种材料具有橡胶的性质，同时可以熔融成形，与必须加硫的橡胶相比更容易再生循环。热塑性弹性体是由软链段和硬链段组成。硬链段承受强度，软链段产生柔性。由它们组合可制造出多种热塑性弹性体。

热塑性弹性体中硬链段在温度升高时熔融，所以有临界使用温度。这个临界使用温度依链段的耐热性而有所不同，并按苯乙烯、氯乙烯、烯烃、氨基甲酸乙酯、酯系的顺序提高。

一般认为，使用同一类材料有希望促进再生循环。最近，在汽车等产品中有形成主要使用烯烃系（TPO）的动向。

最近开发的聚丙烯（PP）、聚乙烯（PE）和乙烯/聚丙烯橡胶（EPR）热塑性弹性体以其优良的成形性和刚性而引人注目。这类材料以弹性体为基体，树脂呈岛状弥散相。由电子显微镜观察可知树脂相（PP）和弹性体相形成条状结构。

由PP构成的树脂相，其晶体相就像浮在乙烯/聚乙烯非晶相基体运河上的岛，而第三组元的PE系晶体则呈分散小岛状存在于非晶相基体中。为了形成这种结构，必须控制结晶过程，使PP及PE分别在两个不同的温度阶段结晶。即将三者加热熔融，冷却时首先让熔点为160℃的PP层状晶体生长。继续降低温度，则弹性体中的聚乙烯晶化，从而形成具有特征结构的热塑性弹性体。这种弹性体具有优良的成形性、刚性及再生循环性。

当两种以上的聚合物混合时，由于两者性质上的差异往往保持分离状态。为了解决这个问题，要使用增加两者亲和性的相溶剂。将这种方法应用于再生循环的试验也在进行之中。

例如，聚碳酸酯（PC）是一种耐冲击性优异的树脂，但其再生循环后性能显著退化。如在其中添加乙烯/甲基丙烯酸缩水甘油酯（EMG）作相溶剂，则可恢复再生后的耐冲击性能。此外，还在研究回收PC与聚对苯二甲酸乙二酯（PET）的合金化。单纯混合则物性显著下降，只显示出两者平均的性能。而添加EMG可大幅度改善耐冲击性能。达到实用化程度。这样，即可获得兼有PC的耐冲击性和PET的耐腐蚀性两方面特长的“合金”。

第三节　生态产品的设计原则与方法

这里仅就产品的模块化设计谈一谈生态产品的设计原则与方法。对于机械电子产品诸如计算机、通信装置及其外围设备，产品的模块化设计特别重要。这类产品往往要求具有多功能且技术寿命适度（更新换代特别快）。因此，要求设计者在设计开始阶段就要从制造和使用性能两方面考虑到部件的模块化。模块化设计时不应只考虑一种型号或一代产品的部件模块化，而应考虑到整个产品系列中各代产品零部件的模块化和通用性。产品在其技术寿命完成后，要经历拆卸和再生循环过程，在再生循环过程中生产出来的材料和再利用的零部件一道返回制造厂重新生产新产品，如图4-5所示。因此，产品的可再生循环设计方法集中于拆卸—再生循环过程。为了提高部件的再利用率和材料的可再生循环率，设计者除了要使产品模块化以外，还要尽量降低再生循环过程的成本，减少原材料的使用，减少能耗和废弃物的排放。其中材料的选择是可再生循环设计和模块化设计中的关键因素。设计者应当考虑到由不同材料系统制造的部件的易分离性，以免在材料粉碎后再应用材料分离技术。设计者还必须把上述原则贯穿到整个产品系列，以使一家再生循环工厂可以同时处理不同型号、不同产品代的产品。为此，在可再生循环设计中应首先建立以下概念：① 规定产品系列和产品代的淘汰标

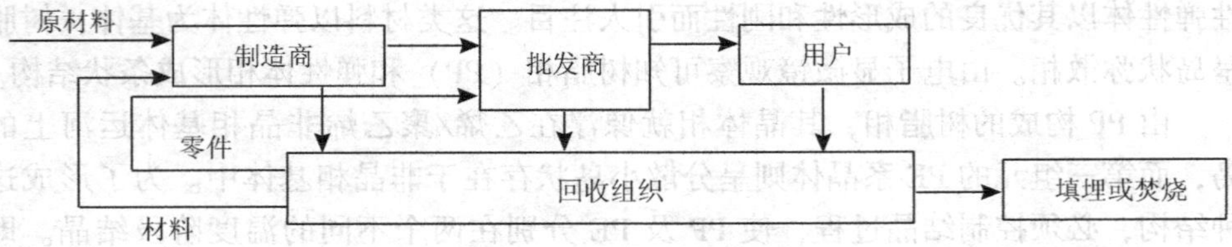

图 4-5 基于再生循环过程的设计方法

准；② 建立评价再生循环和再利用方法的量度；③ 建立促进有效的再生循环和再利用的体系。

这方面的一个典型范例是惠普喷墨打印机。惠普公司生产 10 种以上型号的喷墨打印机。每种型号打印机的更新换代时间大约为二年。打印机使用许多种材料，范围从热固性塑料到昂贵的特种用途合金。惠普公司在美国萨克拉门托（Sacrarmento）附近建立了一家再生循环工厂，可以处理所有型号和产品代的打印机。

为了帮助设计者在产品可再生循环及模块化设计中更好地选择材料和装配过程，对产品拆卸分解过程的复杂程度提出了下列衡量标准：① 种类复杂性。产品系列中零件的通用度。量度为每台产品中独特零件的数量除以产品零件平均数。② 材料复杂性。在一种产品中使用的材料种类数。③ 分类复杂性。拆卸过程树状图中的“级数”和“群数”。级（level）数表示拆卸过程要求的拆卸工序数；群（clumps）表示再利用的零件数和再生循环的材料种类数。

上述三方面在可再生循环图中被归纳为分类仓（sort bins）。一般而言，分类仓数目越多，表明一种产品在拆卸过程中具有更高的级数（更多的拆卸工序），涉及到更多的材料种类和零件，具有更低的通用性。良好的可再生循环模块化设计应力求减少分类仓数。图 4-6 表示了一种产品生态设计图——可再生循环性图。图中纵坐标表明拆卸过程复杂程度的分类仓数，横坐标是材料和零件的废弃率（填埋和焚烧的比率）。图中显示了两种不同性质的模块化组件。图中左上角的输入/输出盒（包括打印机送纸盘，属 A 组装配）虽然具有较高的分类仓数，但也具有很高的材料再生循环率和零件再利用率，即在设计的最初阶段就考虑到了再生循环性。而打印机风扇装配位于图 4-6 右下角，材料再生循环率和零件再利用率很低，表明其环境协调性差。设计者必须考虑选用替代材料或提高产品的模块化程度，以便提高它们的再生循环率和再利用率。

斯坦福大学研究生课程“可制造性设计 ME217”的学生利用可再生循环性图重新设计了惠普喷墨打印机的送纸盒。他们把塑料的种类由 3 种减少为 1 种（全部采用 ABS 工程塑料），改变了连接方法，把拆卸过程树减少为 1 级，从而改进了拆卸分解过程。这样就使送纸盒的分类仓数由 4 减少到 3。结果把送纸盒

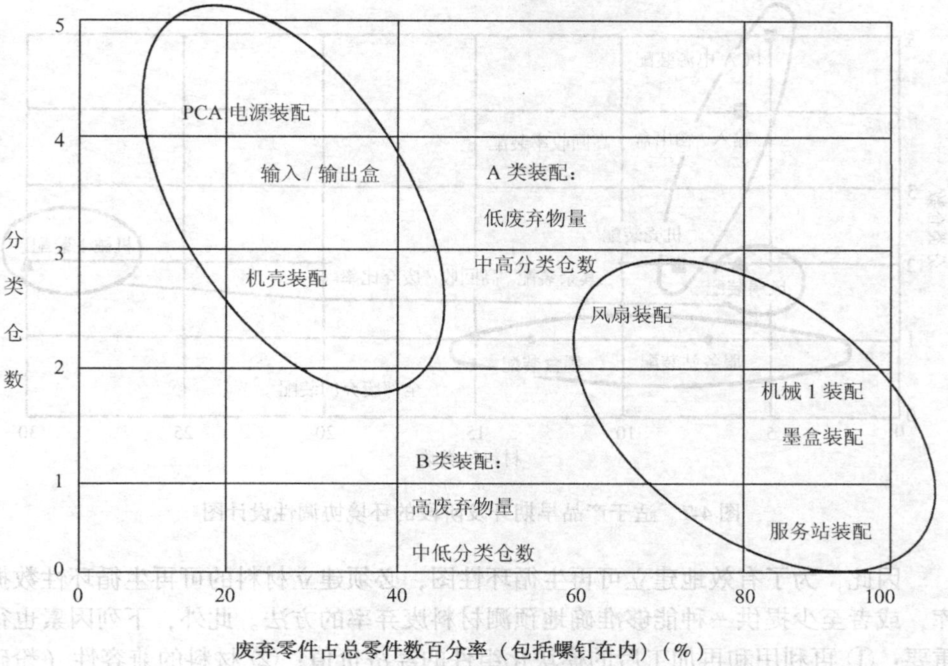

图 4-6　可再生循环图

拆卸过程的时间减少了 70%，废弃零件的数量降低了 20%（由原来接近 40% 降为不足 20%），大大改进了产品的环境协调性。可再生循环性图可以为产品的环境协调性设计提供很大帮助，是一种颇有发展前途的产品环境协调性设计工具。但这种设计方法在很大程度上依赖于材料的可再生循环性数据库，即从再生循环工厂反馈回来的零件再利用率和材料再生循环率。在本例中，惠普公司的再生循环部门为设计者提供了详细的废弃率数据。但在大多数情况下，新产品（特别是研制中的新产品）的废弃率数据尚不可得。在此情况下如何应用上述工具来设计新产品，图 4-7 显示了另一种环境协调性设计图。设计图中纵坐标仍为分类仓数，但横坐标是模块化组件所用的材料种类数，因此，设计者不需要废弃率数据即可建立这种设计图。这种设计图特别适用于产品的早期开发阶段。但这种图的效果不如图 4-6。例如，如用这种设计图来设计喷墨打印机的模块化组件时，原来环境协调性不好的组件如风扇装配等却显示出较好的环境协调性（比较同一组件在两图中的位置）。这一结果表明，材料和零件的废弃率并不总是和模块化组件使用的材料种数有良好的相关关系。出现偏差的原因可能有三个：① 虽然有着复杂的材料组合，但有些模块化组件可被有效地再利用；② 有些模块化组件中的材料可用经济的方法分选；③ 有些材料可能有很低的废弃率，甚至可以完全回收。

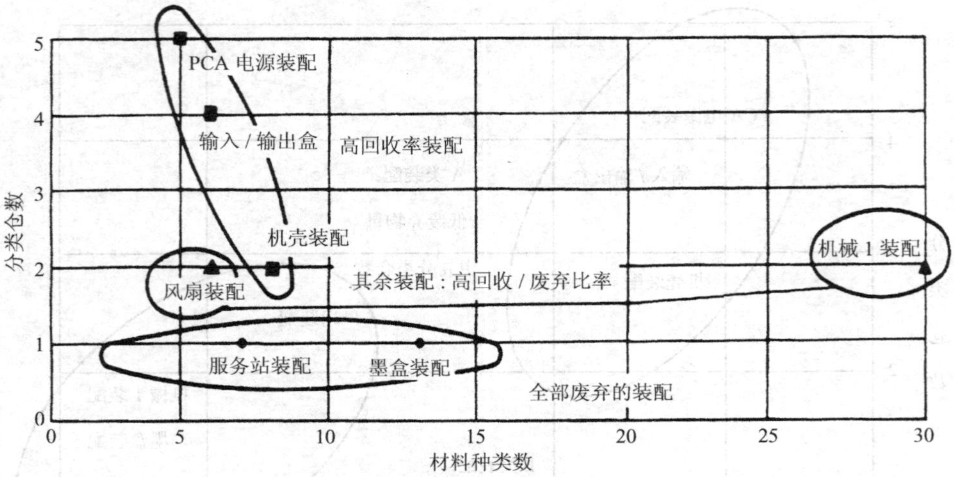

图 4-7　适于产品早期开发阶段的环境协调性设计图

因此，为了有效地建立可再生循环性图，必须建立材料的可再生循环性数据库，或者至少提供一种能够准确地预测材料废弃率的方法。此外，下列因素也很重要：① 再利用和再加工后的模块化组件的经济价值；② 材料的兼容性（粉碎后作为混合材料的易分离性和经济价值）；③ 经再生循环后再生材料的经济价值。

这三个因素随时间和地域不同变化幅度很大。其中后两个因素直接影响到设计者对再生循环材料的选择。上述因素应当和材料的环境负荷（诸如能耗、资源枯竭性作用、环境污染作用）一起构成材料的动态数据库，供产品设计人员选择。

参 考 文 献

1　洪紫萍，王贵公编著. 生态材料学论. 北京：化学工业出版社，2001
2　王天民. 生态环境材料. 天津：天津大学出版社，2000
3　刘江龙著. 环境材料导论. 北京：冶金工业出版社，1999
4　翁端编著. 环境材料学. 北京：清华大学出版社，2001
5　（日）山本良一著. 环境材料. 王天民译. 北京：化学工业出版社，1997
6　孙胜龙编著. 环境材料. 北京：化学工业出版社，2002
7　左铁镛，聂祚仁编著，环境材料基础. 北京：科学出版社，2003
8　聂祚仁，王家诚，王瑛等著. 北京新材料产业发展技术经济评价. 北京：冶金工业出版社，2002
9　肖定全，王洪涛编著. 救救地球——从环境材料说起. 北京：科学出版社，2002
10　刘江龙编著，材料的环境影响评价. 北京：科学出版社，2002

11 邓南圣，王小兵主编. 生命周期评价. 北京：化学工业出版社，2003

12 （日）山本良一著. 战略环境经营：生态设计——范例100. 王天民译. 北京：化学工业出版社，2003

13 Nie Zuoren, Guo Xueyi, Wang Tianmin, Ryoichi Yamamoto, Recent progress on materials Life Cycle Assessment Practice in China, Proceedings of The 5th International Conference on EcoBalance (S1-2), Nov. 6~8, 2002. Tsukuba, Japan, 13~16.

14 Xianzheng Gong, Zuoren Nie, Zhihong Wang, Tieyong Zuo, Research and Devolopment of MLCA Database China-Sino Center, ICAM, 2003, 10, 6~10, Yokohama, Japan.

15 Zuoren Nie, Tieyong Zuo, Ryoichi Yamamoto, Ecomaterials Research and Development Activeties in China, ICAM, 2003, 10, 6~10, Yokohama, Japan.

16 （德）F. Schmidt-Bleek 著. 人类需要多大的世界：MIPS——生态经济的有效尺寸. 吴晓东，翁端译. 北京：清华大学出版社，2003

第五章　金属材料和冶金流程的环境协调化

除了原始陶器之外，金属冶金是人类材料利用史上一个最古老的工艺技术领域，它出现于世界文明的早期阶段。金属材料在其发展中所依据的冶金原理、制造工艺、强化理论、性能表征、应用领域、废金属的回收、分离和分类等方法，已形成了较完备的理论体系。从环境材料的基本观念出发，要求材料本身不含毒害元素，其废弃物能够无害地转化为再生资源、高效率使用，以及有效保护和利用原生资源、最大限度地利用再生资源、实现清洁生产等；对金属材料的冶炼、制备工艺和合金化等提出了不同于传统金属材料合金设计、加工制备等方面的要求，不仅要发展材料的使用性能，而且要充分考虑材料对环境的影响。将环境协调性意识引入材料科学，针对金属材料的不同特性，正在逐步形成一些新的理论和技术体系，这必将丰富和完善金属材料的发展。

第一节　金属类生态环境材料

一、合金元素无害化、资源丰富和易于再生循环

1. 添加元素无毒无害化

金属合金化添加元素的选择首先要保证无毒无害，“无毒害物质”是环境材料在废弃阶段和日常生活大量消耗该类材料的关键词。国际环境保护机构已列出17种对人体和环境有毒害的元素，包括铅、汞、镉、铬等。目前无铅焊料、无铅机械加工合金、无铬表面处理钢等是该类材料研究的典型示例。

迄今为止，世界每年约有5万t铅通过电子废弃物进入人类生活环境。赋存于废弃产品中的铅通过雨水尤其是酸雨形成可溶性铅化合物而进入地下水中，导致水源污染，逐步破坏生态平衡，威胁人类安全。铅及其化合物被人体器官摄取后，将危害人体中枢神经，特别是直接损害儿童的脑中枢神经和正常发育。含铅产品废弃物对人类自身和生态环境构成的威胁已受到国际社会高度重视，铅及其化合物已被国际环境保护机构列入前17种对人体和环境有毒害元素之首。许多国家已通过法律或行业自律逐渐禁止使用含铅材料。

（1）无铅焊料　Sn-Pb是用量最大的钎料，仅Sn-Pb共晶焊料，2000年全世界的产量已达5万t。作为焊料涉及的应用面很广，主要用于电子、汽车、航空、灯具等行业。含Pb37%（质量分数）的Sn-Pb合金是传统的钎焊合金，具有良好的金属湿润性、低熔点和可靠的焊接质量，广泛地用于电子集成电路、印制电

路板装配元件的技术上。Sn-Pb 合金在焊料制备过程、焊接工艺过程、产品使用过程和废弃之后均产生铅渣、铅蒸气而污染环境。印制电路板废弃后，由于板上的金属材料量很小及种类繁多而难以回收，一般采取填埋的办法予以处理。其中铅元素可溶于水并通过生物链进入人体。从环境保护的角度出发，希望能取代 Sn-Pb钎焊合金。

寻找能够替代传统的 Sn-Pb 共晶合金的新型无铅钎焊合金就成为环境协调性合金设计的课题之一。其中最关键的要求是良好的湿润性和合适的熔化温度。根据以上原则，目前已取得的进展大多以 Sn-Ag 系合金和 Sn-Zn 系合金作为研究对象。为了调整合金的熔化温度，加入了少量的 Bi 或 In。

(2) 无铅机械加工钢 不仅焊料需要无铅，其他任何合金，只要废弃时不经重新熔炼就不允许 Pb 的迁移，也必须是无铅的。一个重要的领域就是易加工合金。许多齿轮和机械零件中都含有分散的 Pb，它作为润滑剂便于精密切割。无铅机械加工钢是指钢中的铅用其他元素或机理替代的钢材。有希望的替代物是 S-Ca-六方氮化硼。对可再生性的进一步研究是为了使用脱氧物质或与硬马氏体相混合的微观结构。微观结构的硬马氏体部分使得切削碎片非常脆，从而碎片更易脱落。在这一例子中，替代元素不是根据元素的性质来选择的，而是根据原理的需要选择的。

(3) 无铬表面处理钢 尽管电镀钢板面的铬酸盐层有耐锈蚀的优良特点，但在粉碎或煅烧过程中，一小部分氧化铬有变成六价铬的危险。钢材生产者研制了无铬电镀钢板，它具有与传统镀铬钢材相似的性能。

2. 合金元素再生循环性的选择

合金元素的选择应充分考虑到金属材料在再生循环时残留元素的控制。由于金属材料相对来说较容易循环，所以该类材料的再生循环效率是很明显的。“可循环性”是合金元素选择要考虑的关键之一。

绝大多数传统合金为改善其性能都含有一些辅助元素，这些辅助元素通常会妨碍合金的再生性。传统的材料技术主要是针对用自然资源生产合金而设计的，因此不能很好地处理合金中的人为杂质。这一缺点是再生材料有较低的成本竞争力的最大原因。改善再生性的新方法是不用辅助元素来控制合金的性能，而是通过改善材料的组织结构来控制。

废弃金属材料在再生过程中，由于某些合金元素的化学特性，会受到金属冶炼和提纯工艺的限制而很难去除。如钢水中的铝杂质几乎能全部被除去，而铝熔体中的铁杂质则很难去除干净。当然去除的杂质还与沸点、蒸气压等诸多因素有关。

对于钢铁材料而言，可将杂质元素分成四类：

1) 几乎全部残留于钢水中的元素，有 Cu、Ni、Co、Mo、W、Sn、As。

2）不能完全除去的元素，有 Cr、Mn、P、S、C、H、N。

3）与沸点和蒸气压等无关的元素，有 Zn、Cd、Pb、Sb。

4）从钢中几乎能全部除去的元素，有 Si、Al、V、Ti、Zr、B、Mg、Ca、Nb、RE 等。

综上所述可知，废合金钢经过多次再生循环后，Cu、Ni、Mo、Sn、Sb 等残留元素的含量会发生富集增高，接近极限，影响材料的性能。

3. 采用资源丰富、廉价易得的元素代替昂贵稀缺的合金元素，研究开发具有高性能、低环境负荷的新钢种

由金属的资源量调查表明，地球上多数稀有金属可采掘年数只有几十年。金属元素矿石是以氧化物、碳化物等化合物形式存在，矿石中金属元素含量各不相同，从经济和技术高度考虑，一般以采掘和提取高品质矿石来保障资源供给，在高品质矿藏枯竭后，即使提取技术进步，也难以避免生产效率低下、尾矿增多、开采量过大等一系列问题。采取提高碳含量（比平均碳的质量分数高 0.1%）来产生二次硬化效应可降低高速钢合金含量（1%）（质量分数），节约 W 和 Mo 资源，同时还减少了环境污染，因为冶炼过程中含碳量高可减少 CO_2 的排放量。

Si 是地球上含量最丰富的元素之一，常以氧化物的形式存在，其制取方便。以往在钢中 Si 属受限制使用的元素。近来的研究表明：钢中加入 Si 后（10.%~2.0%）（质量分数），可提高钢的二次硬化效应，并使二次硬化的峰值含量向低含量方向移动，抗氧化强度提高，还降低对材料的韧—脆转变温度，可代替部分贵重金属 W 和 Mo 等资源，对环境协调发展具有重要作用。

二、围绕降低资源、能源消耗和降低排放进行工艺技术的结构调整

“节能降耗、紧凑流程、降低排放、改善环境”是金属冶炼、加工工艺环境协调性改进的核心内容。例如钢铁工业中铁前原料采取精炼方针，采用干熄焦和小球烧结等技术；炼铁大力推进以高炉喷煤为中心的节焦措施；炼钢以连铸为中心，采用三位一体（炼钢、精炼、连铸）的炼钢技术；轧钢采用热衔接，特别是一火成材的紧凑流程等；非铁金属都是尽量使用原材料的加工过程消耗较低的资源和能源，排放较少的三废，并且在废弃之后易于分解、回收与再生。由于金属材料的冶炼生产和加工过程造成的环境影响极大，工艺流程的技术改造对于降低金属材料的环境负荷具有极其重要的意义。

冶金短流程是目前发展的一个重要方向，其核心在于不断提高钢厂生产流程的紧凑化和连续化，以实现金属收得率最大化，生产过程能量输入和资源输入最小化，过程的废弃物排放减少的目的。

三、发展高效率使用的金属材料

从 90% 以上所生产的钢铁结构材料强度来看，目前生产的最高强度只有理

论强度的1/6～1/7，铝合金的实际强度也只达到理论强度的1/10～1/20。而各个行业对金属结构材料提出了越来越高的使用效率要求。如汽车用钢，因车重降100kg，可达到每公里省油0.7L的效果；高层建筑、大跨度重载桥梁等都希望结构用钢具有高的强度，以减少材料的使用量，达到节约能源和资源的目的。

从日本开发“超级钢”开始，新一代钢铁材料的发展目标是强度、韧性同时提高一倍，并保持使用寿命延长一倍，其技术途径是通过“高洁净、均匀化、超细晶”来实现，通过微观结构控制技术的发展来生产“超细颗粒的结构钢”，从而大大改善其机械强度和各种功能，探索纯铁可达到的最优的潜在性能。

第二节　钢铁冶金清洁生产的环境协调性

从采矿、选矿、烧结、炼铁、炼钢到轧钢，每一工序都消耗大量的能源和辅助材料。环境污染实质上是宝贵的自然资源未得到有效合理利用的一种表现形式，是资源和能源的浪费。由于我国钢铁工业与发达工业国相比，总的说来生产工艺、技术装备水平落后，结构不合理，造成能源消耗大，资源利用率低，管理水平落后，这些因素是造成环境污染严重的症结所在。积极实施清洁生产是提高钢铁冶金工业环境协调性的有力措施。

一、清洁生产的概念和内容

“清洁生产”是20世纪70年代末才由联合国环境规划署提出的，但是它包含的思想却是人类长期努力探索和实践的结晶。UNEP于1989年提出的清洁生产概念定义为：对生产过程及其产品连续地实施集成的、预防性的环境保护战略，以减少生产对人类及其环境的风险，就过程而言，它包含节约原料和能源，革除有毒原材料的使用，减少各种废物排放量和危害性，对于产品而言，则要求减少从生产原料到产品报废后最终处理的“产品生命周期”对人类及其环境的不利影响。因此，清洁生产是以最大限度提高资源的利用率和减少环境的不利影响为目的。清洁生产强调的是对已有的生产工艺和产品进行创新，以技术和管理相集成的手段，实现生产全过程的污染控制。

清洁生产有别于过去传统的工业污染防治模式——末端控制。末端控制存在许多弊端：① 污染控制与生产过程脱离；② 末端控制的投入和运行费用高；③ 排放的“三废”在处理过程中易造成二次污染；④ 只有局部的环境效益，没有经济效益。

清洁生产则克服了上述的弊端，它最大限度地利用资源和能源，使原材料最大限度地转化为产品。它是将污染物从源头削减，使投入和运行费用降低，避免了末端治理的不彻底性所造成的二次污染，并具有良好的环境和经济效益。

清洁生产的起步不一定需要大量的财力、人力和物力的投入，它可以通过改进操作方式和生产管理以及调整产品结构等低费用或无费用途径实现。因此，清洁生产可以采取逐步的、滚动式投入来实现，有着其他技术不可比拟的优点。清洁生产的采用正在越来越被认为是发展中国家工业“蛙跳般地跃过”既定老工业的一次机会，而这些老工业仍陷于费钱的污染控制技术之中。

清洁生产包括以下几方面的内容：

（1）选择清洁原材料和能源。

（2）选择无污染和少污染的替代产品和清洁工艺、设备。

（3）强化生产技术管理和技术改造，提高物质流在生产全过程中资源、能源综合利用率。

（4）减少生产排泄物，以最少量的投入获得最高的产出、最少的污染，并高效率、低费用处理和处置必排的少量污染物。

近20年来，我国钢铁工业取得了举世瞩目的成就，钢产量从1996年起跃居世界第一位。钢铁工业资源消耗、能源消耗和废弃物的排放总量是不断上升的，但吨钢资源消耗、能源消耗和废弃物的排放量总的趋势是逐年下降的。从系统优化的观点出发，开展钢铁企业各生产工序环境协调性评价的研究工作，找出某一污染和总的污染程度大的重点排放工序，有利于提高钢铁企业对环境污染的治理效果，更好地实现钢铁企业的清洁生产。

二、钢铁工业清洁生产改进环境影响工艺措施

进入21世纪，钢铁市场竞争将会日趋激烈，可以预料，提高钢材产品质量和降低成本是提高竞争力的关键。因此，围绕产品质量，改进生产工艺技术，降低物耗和能耗，节约资源，改变钢铁工业的非生态生产模式，实行生态化清洁生产，是钢铁工业走可持续发展的必由之路。

1. 原料准备

原料堆放场可以根据主要气象条件，采用自动喷水系统或自动喷洒表面结壳剂系统，来减少大风条件下的粉尘飞扬。料堆的仔细选位和沿等高线修筑人工防风篱，也能减少总的排放量。应使用覆盖传送带系统防止洒落，而且将传送带净化装置与所有物料掉落点的排气系统相结合。

2. 炼铁系统

21世纪高炉炼铁可能在相当长的时期内仍将占统治地位，但会随着系列相关技术的发展而得到进一步的完善和发展。

（1）继续完善和改进高炉炼铁工艺

1）增大高炉喷煤，降低铁焦比。为了降低生铁成本和减少焦炭用量，喷煤已成为当前世界高炉炼铁技术发展的主流，国外高炉煤比最高达到了300kg/t-Fe。目前我国重点钢铁企业高炉吨铁喷煤约100kg/t-Fe，部分高炉可望达到200kg/t-Fe。因此，需完善喷煤技术系统配套，开发高效富氧喷煤，实现喷煤计算机控制，提高风温、改进相关操作技术。

2）实现高炉炉容大型化。高炉的变化趋势是高炉座数减少，单炉产量增加，生产效率提高，焦比降低，依次用逐步增加大高炉和自然淘汰小高炉的办法实现我国高炉大型化和现代化，走大生产集约型的道路。

3）需用新的烧结、焦比节能工艺和节能技术。利用球团烧结或小球烧结工艺，可大幅度降低燃料消耗，有效提高产量和改善质量。

炼焦节能的最有效措施是干熄焦技术。干熄焦以发生蒸汽形式，回收炼焦显热85%～90%。蒸汽可供钢铁厂生产用，也可用作发电。每熄一吨焦，回收的热能为45～50 kg标煤，同时可改善焦炭质量，减少污染物排放和节约用水。

（2）熔融还原炼铁 世界焦煤资源有限，我国焦煤也不足，加之炼焦过程污染严重，因此采用非焦煤的炼铁新方法是解决钢铁工业发展面对的焦煤匮乏和环境污染两大难题的有效途径，它可以省略炼焦和烧结工序，缩短工艺流程，降低基建投资和生产成本，提高铁水质量，为此，积极发展无焦煤炼铁技术——熔融还原炼铁应是长远之计。

3. 炼钢工艺技术及连铸技术

应积极发展以废钢铁为原料的电炉炼钢工艺，特别是电炉短流程工艺。电炉短流程是基于废钢铁的再生利用，能量需求主要在于升温、熔化、过热等物理热；而高炉/转炉流程是从矿石中提取金属，能量需求除上述物理热外还需要提供化学反应所需的化学热。全废钢电炉流程其吨钢单位综合能耗大约是高炉/转炉流程的1/3～1/2。此外，电炉流程没有炼焦、烧结、高炉炼铁生产过程，而这几个过程是环境污染的中心环节。因此，电炉流程对减少废弃物排放是有利的。

对于转炉炼钢，开发和加强环境清洁的炼钢方法能使环境污染显著减少。如采用预熔渣作为含铁复合熔剂，强化造渣过程，石灰消耗从115.5kg/t减少到84.6kg/t，从而减少了进入煤气净化装置的粉尘量。另外，制定加入炉料的新制度，如减少加料时的吹氧量，保持不太长的时间后，分批加入石灰，并恢复起始吹氧量，其效果是完全消除了炉气喷涌现象，排气道和除尘装置里的集尘量减少为原来的1/2.5～1/3.3。近终形连铸技术可以省却部分或全部热轧，将成为21世纪板带生产的主流，许多国家将精力放到厚20～90mm薄板坯及1.5～5mm薄带连铸技术的开发上。

4. 轧钢技术的发展

低温轧制是在低于常规热轧温度的轧制。该技术可以大幅度地降低坯料加热能耗，减少金属烧损，改进产品的组织性能。

现代加工技术的进步使热轧产品的尺寸精度和质量得以提高，热轧产品在21世纪将更多地代替冷轧产品，减少了冷轧过程的能耗，同时减少了废水、废酸液的处理及排放问题。轧制过程中控轧控冷技术、余热淬火技术既节能，又可以减少热处理，减少污染源。采用连铸坯热送技术，连铸坯热装温度为500～600℃，吨钢可降低成本70元，若全国1/3连铸坯实现热送热轧，可降低成本10亿元。发展加热炉综合节能技术以及一火成材技术，淘汰初轧机开坯。大力发展半凝固加工技术。半凝固加工技术是把连铸工序与加工工序综合在一起的成形方法，不仅可得到少铸造缺陷、细微的组织结构形态的金属，还可以容易地制造复合材料，减少了加工工序和资源、能源消耗，其前景十分广阔。

第三节　环境协调的铝电解生产技术

环境协调的铝电解生产技术，来源于已知的化学反应。铝电解反应式为

$$2Al_2O_3 = 4Al + 3O_2$$

这是一个真正的绿色化学反应。多年来，国内外冶金工作者围绕着该化学反应进行了大量的研究工作，取得了不少重大成果。如低温电解技术以及 TiB_2 惰性阴极、惰性阳极、侧壁内衬材料等。低温电解和惰性电极的结合，被认为是铝电解生产改进的方向。

大型铝电解槽在高温下运行，能加速钠对槽内衬的浸蚀和钠铝氧化物的生成，降低电解槽寿命。因此，世界铝工业正力争通过改良电解质成分，而使电解槽操作温度降至900℃以下。加入适当的添加剂，如 LiF、CaF_2、MgF_2、$AlCl_3$ 和控制 NaF/Al_2F_6 比，能显著降低电解质温度。降低电解温度，能降低电解槽的热损失。据估计，电解温度降低100℃，能节能1.5kWh/t-Al。

一、铝电解工艺的环境改善

采用大型预焙阳极电解槽，能明显减少烟气的泄漏，可使烟气集中排放，配以干法净化可以有效除去氟化物。为了保护环境，各国普遍采用大型预焙槽和干法净化工艺。

1. 铝电解槽的大型化发展

(1) 大型预焙槽的发展　国内外铝电解槽在不断向大型化发展，容量从160kA、180kA、280kA、300kA 到350kA 的大型预焙电解槽，在世界上许多铝业公司得到应用。国外400kA 预焙槽的研究开发工作也取得了较大进展，并正在开发500kA 预焙槽。现代化大型预焙槽的出现，使电解铝生产的技术经济指标达到了前所未有的水平，世界上新建的铝厂纷纷采用这一新技术。

大型预焙电解槽自动化程度水平高，可自动调整电解质水平、自动控制槽温等。加上由计算机控制的点式下料技术，可维持电解质低的分子比和低的氧化铝含量，因而实现了电解槽的低能耗、高效率。大型预焙电解槽采用干法净化装置，使氟化物散发量低，厂房内工作环境好；电解过程中一般不打开槽罩，密闭性好，电解过程热损失少；预焙阳极经过预先焙烧，沥青烟挥发量少，再加上采

用干法净化技术，使集气效率达98%以上。

20世纪90年代以来，我国铝工业电解槽也在向大型化、预焙化发展。根据我国的实际情况和改造自焙槽取得的经验，以预焙电解槽取代自焙电解槽，并采用烟气干法净化工艺，来解决电解铝工业的环境污染问题，是目前的必由之路。

(2) 低温电解技术　低温电解，可以提高电流效率，节省电能，延长电解槽寿命，便于使用惰性电极和绝缘内衬等。在低温电解过程中，根据氧化铝和铝在电解质中的不同状态，将所使用的电解质分为三类：轻电解质、重电解质和含有悬浮氧化铝的电解质。

从目前来看，轻电解质体系不需要改变现在通用的工业电解槽的结构，只需要改变电解质的组成和氧化铝的品种，即采用低温煅烧的氧化铝，以增进其溶解性能。采用相应的生产操作技术，便能实现850～900℃的低温电解。

从长远来看，重电解质体系的液相线温度较低，能在700～800℃范围内电解，电解槽的结构为多室电解槽，像镁电解槽那样，生产能力大为提高。该电解质体系应用前景良好。

含有悬浮氧化铝的电解质，虽然也能实现700～800℃的低温电解，但存在着如何使氧化铝悬浮起来的问题，工业化应用的难度较大。

2. 铝电解烟气净化

在电解氧化铝生成铝的过程中，碳阳极不断消耗，生成气态的 CO_2 是该工艺的主要副产品。从电解槽中还经常挥发出气态氟化物 HF 和固态颗粒状氟化物 $Na_5Al_3F_{14}$，这是由 $NaAlF_4$ 和 AlF_3 凝结而成的。

国际上通用的烟气净化方法是干法净化。净化后的气体，经过布袋集尘器之后排空。烟气中的氟化氢被新鲜氧化铝吸附，转化为固态氟化物，进入布袋除尘器，实行气固分离。吸附后的载氟氧化铝，一部分返回电解槽作为原料，一部分与新鲜氧化铝一起再作为烟气吸附剂。从烟气中捕集的氟化物返回电解槽中，使氟化物得到循环利用，降低了铝电解的氟消耗，又可防止氟化物对大气的污染。此法将铝电解生产的原料储运、生产和烟气净化有机地结合在一起，成为闭路循环系统。

目前干法净化设备不能捕集气态的 CO_2，生成的全部 CO_2 都直接排入大气中。在铝电解过程中排出的气体中，还有二氧化硫和全氟化碳气体。全氟化碳气体属于一种温室气体，会对全球变暖产生影响。

二、环境协调的铝电解技术新材料

1. 惰性阴极材料研究

(1) 可湿润阴极　铝冶金是能量密集和污染较重的工业，美国将铝冶金列为九大能量密集工业之首，提出要全面研究铝工业对生态环境的影响。美国铝业协会为确保美国的铝技术和市场在21世纪继续领先的地位，为了引导和推动铝工业的技术创新，于1997年初公布了《铝工业技术指南》这一报告，提出要加强铝电解槽惰性阳极和可湿润阴极的研究。认为在五种新的炼铝技术中，即在可湿润阴极电解槽、惰性阳极电解槽、氯化铝电解法、硫化铝电解法、碳热还原法中，最可能实现的方法是可湿润阴极电解槽（包括涂层和陶瓷类阴极材料）。

可湿润阴极的优点，是它与铝熔体的湿润性好，铝液可在其上形成一薄层。这样，在新型槽的阴极上就不需要厚的铝液层，磁场的作用几乎降为零，磁场对铝液层不能起扰动作用，铝液面保持平整，因此极距可以大为降低，仅保持必要的热平衡需要即可。极距的降低可节约大量能耗。例如极距降低1cm，可节电1 000kW·h/t-Al以上。同时对延长电解槽的寿命有十分显著的作用。

（2）硼化钛涂层阴极　近年来硼化钛已被人们公认为是最合适的惰性阴极材料。TiB_2含量30%（质量分数）以上就足以改善对铝液的湿润性。工业试验结果表明，TiB_2涂层的导电性能好，有涂层的阴极电阻率比无涂层的炭阴极电阻率低50%；对铝熔体的湿润性好，可有效阻挡电解质对炭块的渗透，有利于延长阴极使用寿命；可以提高电流效率，降低铝电解的能耗。

2. 惰性阳极材料研究

（1）惰性阳极　与惰性阴极的研究进展相比，惰性阳极的研究是相当困难的。从20世纪50年代以来，惰性阳极的研究工作几经起伏，主要困难是没有合适的电极材料。这种电极材料要求能经受1 000℃以上熔融氟化物的浸蚀和新生态氧的渗蚀，还要求有良好的电导率和抗热震性。经过近年来材料科学的进展，人们又重新对惰性阳极的开发成功寄予厚望。

如果能够开发出惰性阳极电解槽，阳极产物将是氧气，这对现行电解工艺中放出CO_2来说，消除CO_2排放是革命性变革。同时，阳极不消耗，基本上不需要更换阳极，电解槽可以完全密闭，减少有害气体和颗粒污染物的排放，有望实现零排放。电解过程的总能耗，可以下降4%~23%。美国、欧洲正在投入大量人力、物力，加紧开发惰性阳极。当前以金属阳极为重点，对合金、复合材料、氧化物、陶瓷等进行选材研究。据美国的估算，采用惰性阳极电解槽生产铝，全美国可减少温室气体排放700万t/年，产能增加5%，降低生产成本10%，节约能耗30%。铝电解惰性阳极的研究虽然难度很大，然而其高效、节能、无污染和省力化等优点，将给铝工业带来焕然一新的前景，因此对人们的研究仍然具有很大的吸引力。21世纪的铝工业面临着资源、能源和环保等方面的严峻挑战，要求铝生产要进一步达到高效、节能、无污染，其核心是要解决导电性好、耐高温腐蚀的电极材料问题。

（2）金属氧化物陶瓷　金属陶瓷长期以来被认为是一种有希望的惰性阳极材料，它兼有陶瓷和金属的优点。该材料中的氧化物能形成铜基金属相的抗腐蚀网，当阳极极化时，金属相能生成一保护层，使电极免于电解质的腐蚀。但是金属陶瓷制备困难，在加工过程中必须防止金属微粒的氧化。采用粉末冶金技术生产惰性阳极，仍是有效的方法。

金属基惰性阳极研究的关键在于使金属基体表面生成保护层，使金属阳极在铝电解环境中保持相对稳定。美国雷诺金属公司研究出 CeO_2 的涂层惰性阳极，具有导电性高、耐腐性强等良好性能。

（3）金属基陶瓷　金属陶瓷是以陶瓷为基体掺杂金属组成，是陶瓷相和金属相的混合物，兼有陶瓷的抗腐蚀性和金属的优良导电性，抗热震性好。目前的研究以 TiB_2/Cu 粉（A%）+Fe 粉（B%）/ NiO_2—$NiFe_2O_4$ 型双极性电极效果最佳。

目前，国内外有关专家正加大铝电解电极材料研究力度，如果取得突破性进展，将会给电解铝工业带来一次创新的革命。

第四节　镁工业的环境特征

镁的密度小，具有高的比强度和比刚度、良好的阻尼和电磁屏蔽性能，易于再生利用等一系列独特的优点。镁材料在运输工业中的应用，对减重节能、降低污染、减少振动和噪声等方面有重要作用；在移动电脑、手机等电子产品上的应用具有比高分子容易再生、防电磁干扰性能好等特性。资源和环境方面的突出优势，使镁被誉为 21 世纪的绿色金属材料。

一、镁矿的资源特点

镁是地壳中含量较丰的元素，占地壳质量的21%，按量排序为第 8 位，在海水中含量 1.1kg/m^3，在溶解的矿物质中排第 3 位。我国是镁资源大国，原镁生产和出口居世界首位，镁的资源丰富，镁矿品种齐全，炼镁的主要原料菱镁矿、白云石、光卤石等的储备都很大。菱镁矿资源居世界首位，工业储量为 30 亿 t 以上。白云石几乎遍布全国各地，总储量在 40 亿 t 以上。我国沿海盐场制盐后副产卤水，每年约有 410 万 t；青海察尔汗盐湖提取钾盐后副产卤水，每年约有 600 万 t，察尔汗盐湖蕴藏着 16.5 亿 t 氯化镁卤水。此外，我国还有丰富的蛇纹石、石棉矿，每采取 1t 石棉矿，要抛弃 99t 含镁尾矿，全国每年抛弃的含镁尾矿有 1 000 万 t。

我国镁矿属综合性矿山，其矿石产品除少量用作炼镁原料外，主要用于制取耐火材料。高纯镁砂是钢铁工业用的重要耐火材料，国外主要是从海水和卤水中提取。我国目前以菱镁矿为原料，用电热法制取高纯镁砂，纯度为 MgO >98%。而从卤水中提取镁砂已经过多年研究，即将投入工业生产。镁砂产品主要是轻烧镁砂、重烧镁砂、电熔镁砂等。

二、镁冶金的环境负荷

1. 镁冶炼的环境负荷

镁的生产方法主要有熔盐电解法和硅热还原法。世界上的镁约有70%以上是电解法生产出来的，其余的用硅热法生产。世界上大多数镁厂均采用了无隔板电解槽，它属于高效炼镁设备。电解法炼镁主要是以菱镁矿为原料，经回转窑煅烧成球，进氯化炉氯化生成无水氯化镁，再进入无隔板电解槽，电解产生镁和氯。我国镁厂在引进无隔板电解槽以后，电耗下降，氯气损失减少，生产环境改善。

电解法镁厂的主要污染物是含 Cl_2、HCl 废气、氯盐废渣、酸性废水和含铬废水。氯化炉废气和电解槽阴极排气，采用水洗处理后高空排放，对 Cl_2 的净化效果较差。废气水洗后的酸性下水，采用石灰石中和处理，污水含盐量往往超过排放标准。氯盐废渣采用渣场堆弃方法处理。镁锭铸出来后，需表面处理，进行防腐镀铬，镀铬后的含铬废水数量较少，直接排入水中。

硅热法炼镁有内热法、外热法和半连续法三种工艺。外热法又称皮江法，技术易掌握，产品质量好，生产灵活性大，其产量在我国镁产量中占主导地位。但生产不稳定、波动性较大。皮江法炼镁以白云石为原料，白云石经回转窑或竖炉煅烧后，压成团块放入还原罐还原。回转窑以煤气为燃料，竖炉以煤为原料。

皮江法生产镁过程中，产生高温含尘气体，对环境造成污染，特别是竖窑煅烧白云石，烟气直接排放，烟尘达不到排放标准。中型以上镁厂采用回转窑作为煅烧设备，尾气含尘浓度在 5 ~ 10 g/m^3，经沉降室降尘，烟气含尘量降为 200 ~ 2 000 mg/m^3，再进入玻璃纤维袋式除尘器，最终排入大气，烟气含尘量低于 100 mg/m^3。

2．镁精炼的环境负荷

电解槽中产出的镁是粗镁，其中含有许多金属杂质，必须进行精炼，除去杂质。精炼过程是在电热坩埚中将粗镁与熔剂一起再熔，使熔剂与镁中的钠、钾等杂质充分接触，将杂质带入熔剂中而予以去除。熔剂的主要成分是无水氯化镁，还有 NaCl、$CaCl_2$、$BaCl_2$、氟化盐等。熔剂的作用是在熔融镁表面形成一层保护层，防止镁与空气接触而受到氧化。

精炼后的镁，需在保护性气氛下铸锭成商品镁。最开始时使用 SO_2 有害气体，目前已经采用空气加上 0.04 ~ 1.50% SF_6 作为保护气体，成本低，无污染。也可采用 SF_6 和 CO_2 混合气体代替 SO_2 作为保护性气体，效果较好。目前我国皮江法镁厂多以 SO_2 为保护气体，亟须改变。

3．镁冶金废弃物的综合利用

电解法炼镁是当今世界上主要的镁生产方法，其发展方向是制备优良的电解原料，采用大型无隔板电解槽（150 ~ 250kA）和连续精炼炉，改“三废”排放型向综合利用型发展。无隔板电解槽电解产生的氯气经集中后，返回氯化炉，用于氯化菱镁矿。废气中仍含有 HCl、Cl_2，采用高效洗涤塔洗涤，中和处理后再排放含盐废水。粗镁精炼采用连续精炼炉，精炼中产生的氯盐废渣送往渣场堆弃，尚没有利用。

镁精炼会产生废渣 40～100 kg/t-Mg，由含金属氯化物、氟化物组成，其中含有金属镁 15%～45%（质量分数），如不利用，除造成金属损失外，还会使堆弃场的土壤盐化。含镁废渣有价值的利用途径有：加保护性熔剂，把含镁废料熔化，聚集金属镁；或加保护性熔剂，把残余物稀释，将金属与熔盐分离；进行机械破碎，再把废石筛出；将液态残余物进行离心分离。皮江法炼镁中产生的还原渣，可用于水泥生产。

电解法镁厂也可由菱镁矿氯化电解和钾光卤石电解流程组成，电解产生的氯气用于菱镁矿的氯化，废电解质用于制人造钾光卤石，也可以作为土壤钾肥。

三、镁制品的环境效能

1. 镁制品的应用

镁的质量轻，密度为 1.74kg/m^3，比铝轻 1/3，比强度高，力学性能好，广泛用于航空、汽车、造船等工业。世界上运输工具向轻量、高速、节能、耐用的方向发展，最大限度减轻自身重量，对铝镁的需求增加。铝镁被公认为是节能金属。据报道，10 万 mile㊀运行测量结果，汽车每用 1lb㊁镁，可节油 5.5UKgal㊂；每用 1lb 铝，可节油 3.2UKgal。因此，世界上名牌轿车公司都大力推进汽车用镁的发展，以减轻车重、降低燃料消耗和废气的排放。汽车用镁的主要形式是铝合金和镁压铸件，每辆车用镁量达 10～12kg，德国大众每辆汽车用镁量达 19kg。

镁在冶金中的应用，主要是炼钢脱硫、球墨铸铁和钛、铍、锆、铪、钍、铀的还原剂。石油、天然气是人类经济活动的主要能源。石油、天然气的开采和输送，需要大量优质低硫钢，以防地下腐蚀。镁是很好的炼钢脱硫剂，比常用的碳化钙脱硫效果好。

镁合金的力学性能优越，可以加工成形状复杂的机械构件。超塑性超轻 Mg-Li 合金，是在普通 Mg-Li 合金中添加 3% 的 Y，制成新型镁合金，在实用金属材料中密度最小，约为 1.5kg/m^3，是惟一可用来代替塑料的金属材料。

镁合金半固态铸造法，代表了镁合金加工技术的发展方向。将半固态镁合金在一定压力下压入模内，可生产成形镁合金零部件，产品接近成品尺寸，再生性强，几乎不产生废品。

2. 镁制品的循环再生性

㊀ 1mile = 1 609.344m。

㊁ 1lb = 0.453 592 37kg。

㊂ 1UKgal = 4.546 09dm^3。

我国镁产量已居世界首位，占世界总产量的40%以上，也是镁的出口大国。除能生产多种规格的镁锭以外，还能生产52种镁产品，包括符合国际标准的汽车用铸造镁合金，防腐用牺牲阳极，钢铁脱硫用镁粒、镁粉等。我国虽是产镁大国，但国内用镁量不多，主要用于出口。在镁合金深加工和应用方面十分滞后，镁合金的表面处理方面也缺乏系统的技术研究和开发，至今没有成熟的技术和生产工艺，致使镁的应用受到很大的限制，2000年产镁19.7万t，国内使用仅2.7万t；2001年国内用镁量不多，大部分用于出口。其消费结构如表5-1所示。

表5-1 我国镁消费结构

消费领域	铝合金	金属还原	稀土合金	镁压铸件	钢铁脱硫	其　他
所占比例（%）	43	16	15	12	1.1	12.9

工业发达国家的镁约50%以上用于制造铝合金。这部分使用，是随着废铝的回收、再生一起得到循环利用的。稀土镁合金和镁压铸件，可分别回收、再生。镁的再生性强，与铝合金相近似。镁作为牺牲阳极或镁粉、镁粒的脱硫应用，也增强了其他构件的耐蚀性。所以镁的再生性能很强，同时增强钢铁的使用寿命效果好。

第五节　冶金工业废渣的综合利用

钢铁工业及有色冶金工业的发展产生了大量炉渣等固体废弃物，并且利用率低。冶金工业的废渣中钢渣和赤泥是量大面广的主要品种。

一、钢渣

为了适应钢铁工业的发展，消除渣害，不少国家注重于研究钢渣的利用，寻求利用量大、简易可行的钢渣利用途径，并已取得显著成果。经济效果最好的途径是将钢渣作为高炉、转炉炉料，在钢铁厂内自行循环使用。此外还可作道路材料、建筑工程材料、肥料以及填坑造地等。

1. 钢渣的组成

钢渣是炼钢过程中排出的废渣。根据炼钢所用炉型的不同，钢渣分为转炉渣、平炉渣和电炉渣。

钢渣的化学成分主要有CaO、SiO_2、Al_2O_3、Fe_2O_3、MgO及少量的P_2O_5、FeO、MnO等。其中CaO、Fe_2O_3、SiO_2含量较高。各种成分的含量依炉型、钢种不同而异，有时相差悬殊。钢渣的主要矿物组成为硅酸三钙（C_3S）、硅酸二钙（C_2S）、钙镁橄榄石（CMS）、钙镁蔷薇辉石（C_3MS_2）、铁酸二钙（C_2F）、RO（R代表FeO、MgO、MnO形成的固溶体）、游离石灰（fCaO）等。钢渣的矿物组成主要决定于其化学成分，特别与其碱度有关。

由于钢渣成分复杂，且各种成分含量的变化幅度较大等原因，过去其利用率一直不高。各国都有大量钢渣弃置堆积，占用土地，影响环境。但随着炼钢和综合利用技术的发展以及矿源、能源的紧张，20 世纪 70 年代以来不少国家钢渣的利用率迅速提高。我国在钢渣利用技术方面进行了大量的实验研究工作，但由于认识问题和处理技术不成熟，钢渣的总体利用率还是很低。钢渣的主要利用途径是在钢铁公司内部自行循环使用，代替石灰作熔剂，返回高炉或烧结炉内作为炼铁原料；也可以用于公路路基、铁路路基以及作为水泥原料、改良土壤等。

2. 用作冶金原料

（1）作烧结熔剂　烧结矿中适量配入钢渣后，显著地改善了烧结矿的质量。此外，由于钢渣中 Fe 和 FeO 的氧化放热，节省了钙、镁、碳酸盐分解所需要的热量，降低了烧结矿燃料消耗。

高炉使用配入钢渣的烧结矿，由于烧结矿强度高，粒度组成改善，尽管铁品位略有降低，炼铁渣量增加，但高炉操作顺利，对其产量提高、铁焦比降低是有利的。

（2）作高炉或化铁炉熔剂　钢渣直接返回高炉作熔剂，其主要优点是利用渣中氧化钙（CaO）代替石灰石，同时利用了渣中有益成分，节省了熔剂消耗（石灰石、白云石、氟石），改善了高炉渣流动性，增加了炼铁产量。其缺点是钢渣成分波动大。

钢渣也可以作化铁炉熔剂代替石灰石及部分氟石。使用证明，其对铁水温度、铁水含硫量、熔化率、炉渣碱度及流动性均无明显影响，在技术上是可行的。使用化铁炉的钢厂及相当一部分生产铸件的机械厂都可应用。

（3）从钢渣中回收废钢铁　钢渣中一般含有 7% ~10%（质量分数）的废钢及钢粒。我国堆积的近 1 000 万 t 钢渣中，约有 700 万 t 废钢铁。在基本建设中，开发旧有渣山，除钢渣可利用外，还可回收大量废钢铁及部分磁性氧化物。水淬钢渣中的钢粒，呈颗粒状，磁选机很易提取，可以作炼钢调温剂。

3. 用于建筑材料

（1）生产水泥　由于钢渣中含有和水泥相类似的硅酸三钙、硅酸二钙及铁铝酸盐等活性矿物，具有水硬胶凝性，因此可用于生产钢渣水泥，其品种有无熟料钢渣矿渣水泥、少熟料钢渣矿渣水泥、钢渣氟石水泥、钢渣矿渣硅酸盐水泥、钢渣—矿渣—高温型石膏白水泥和钢渣硅酸盐水泥等。

这些水泥适于蒸汽养护，具有后期强度高、耐腐蚀、微膨胀、耐磨性能好、水化热低等特点，并且还具有生产简便、投资少、设备少、节省能源、成本低等优越性。其缺点是早期强度低、性能不稳定，因此，限制了它的推广和使用。我国近几年钢渣水泥的生产发展较快，目前已有近 30 万 t 的生产能力。

（2）生产高炉渣、钢渣玻璃与陶瓷　以高炉渣为主要原料可制备高性能工业用玻璃陶瓷材料。研究表明，添加36%（质量分数）硅砂和少量外加剂，采用合适的工艺，可以制备出钛渣玻璃陶瓷，它具有良好的耐酸、耐碱腐蚀性能，能被作为结构件应用于化工领域。亦可用于建筑装饰用微晶玻璃大理石生产。

若用于生产炉渣玻璃或陶瓷制品，由于配料中可加入50%～60%（质量分数）的炉渣，无疑是保护生态环境的一种最有效的方法。不仅如此，尚能产生巨大的经济效益。例如，前苏联1980年生产的2 000万m^2炉渣玻璃陶瓷板为国家创造了近6 000万美元的经济效益。

炉渣玻璃比普通玻璃具有更高的抗弯、抗压强度，极高的耐磨性能，良好的热性能（能耐1 000℃的冷热温差），优良的电绝缘性能和稳定的化学性能。它既是理想的建筑材料，可用作建筑模板；也可代替钢材等金属材料制造输送物料的料槽、料斗及管道；在化学工业上，用于制造输送腐蚀性液体的管道、泵、轴承、反应器等；由于炉渣玻璃的抗辐射性能，还可用作原子反应堆的控制棒、喷气发动机零部件、电子管外壳等。

国内对于高炉渣、钢渣的高附加值利用还包括提取V、Ti，制备黑瓷，以及作为建筑地板砖的添加料等。以矿渣或尾矿为主要原料，通过烧结或压延法生产的微晶玻璃大理石，耐磨、耐腐蚀、耐高温、无污染、装饰效果好，可以替代石材、陶瓷用于建筑的墙面、地面的高档装饰材料，是倍受国内外关注的高附加值产品。

（3）代替碎石和细骨料　钢渣在铁路、公路、路基、工程回填、修筑堤坝、填海造地等方面使用，国内外均有相当广泛的实践经验。钢渣代替碎石和细骨料具有材料性能好、强度高、自然级配好的优点，并且对开发利用老渣山有意义。

1）钢渣碎石用于道路材料。道路材料用量很大，是利用钢渣的一个主要途径。钢渣碎石的硬度和颗粒形状都适合道路材料的要求。不少国家研究将高炉水渣、粉煤灰等材料与钢渣混合用于道路工程。比利时将75%转炉钢渣碎石、25%水渣或粉煤灰加入适量水泥或石灰作激发剂，作为道路的稳定基层。我国很多大城市也都研究实验过用钢渣作道路基层。

此外还可以用于沥青混凝土路面。钢渣在沥青混凝土中，有很高的耐磨性、防滑性和稳定性，是公路建造中有价值的材料。钢渣还适用于冬季修补路面的热拌沥青拌合料。因为钢渣经常是很干燥的，冬季不结冰，热耗低，容量大，固定性好，用于修补路面时，修补处能很好地固定在原位。

2）钢渣碎石的其他利用途径。钢渣还可作水工建筑材料、铁路道渣、停车场的基础材料、回填材料、工业建筑基础垫层等。德国在水利工程、堤坝建筑中使用钢渣，以加固河岸、河底和海滨海岸等。已用转炉钢渣加固港口河岸，用平炉钢渣加固河床等。

我国采用钢渣掺石灰和钢渣三合土代替民用建筑中惯用的混凝土或块石浆砌基础或者是工业建筑基础垫、低标号混凝土垫层，均取得良好的效果。

此外，钢渣碎石还可以代替天然碎石作为铁路道渣。美国曾在八条重要铁路进行过钢渣道渣试验，其性能良好，并纳入国家铁路协会规范。

二、赤泥

赤泥是铝土矿提炼氧化铝过程中产生的废弃物。随着铝工业的发展，目前全世界每年产生的赤泥约5 000万t；2000年我国赤泥排放量估计为400万t。由于大量的赤泥未得到充分利用，长期占用大量土地，造成土地碱化，地下水受到污染，危害人们的健康。

1. 赤泥堆存的现状

近年来，随着对环境保护工作的加强，赤泥的排放情况有了较大的改善。除英国、法国和日本继续采用排海法将赤泥排入深海外，多数国家采用露天存放，并在向干法堆存过渡。澳大利亚、瑞士、西班牙、匈牙利、巴西等已经实施赤泥干法存放。赤泥干法存放，因减少含碱废液排放而减轻了对地下水源的污染。

我国的氧化铝厂，大都采用平地高台、河谷拦坝、凹地充填等方法堆存赤泥，由于未采取任何防渗措施，使地下水永久性碱化。为了从根本上消除赤泥的危害，国内对赤泥的综合利用也进行了大量试验研究，有的成果已转化为工业生产。

2. 赤泥的综合利用

（1）利用赤泥生产水泥　赤泥利用比较成功的是生产建筑材料。日本三井氧化铝公司与水泥厂合作，以赤泥为铁质原料配入水泥生料，每吨水泥熟料可利用赤泥5～20kg。俄罗斯沃尔霍夫、阿钦和卡列夫氧化铝厂以霞石为原料，利用产生的赤泥生产水泥，进行石灰石、赤泥两组份配料试验，每吨水泥可利用赤泥629～795kg，为烧结法赤泥的综合利用开辟了有效途径。

利用烧结法赤泥生产的普通硅酸盐水泥与一般水泥厂产品相比，除抗压强度偏低外，其他性能皆等于或优于一般水泥，特别是抗折强度、早期抗压强度和抗硫酸盐侵蚀系数方面尤为明显。产品成本比常规水泥厂降低15%。

（2）利用赤泥作新型墙材　赤泥用作新型墙材是综合利用氧化铝工业废渣的又一有效途径，它既可以大量消化赤泥、节约土地，又可以改善环境。优化的赤泥、粉煤灰、煤矸石的配方比为30%：30%：40%，配料后经硬塑成形、快速烘干、高温焙烧制成样品砖，经检验测试，砖的强度、冻融、泛霜、石灰爆裂、吸水率等指标均符合一等产品的要求，强度等级为10。这种新型空心砖保温性好，质量轻，强度高，符合新型建材的改革方向。

（3）赤泥作填充料　采用泵送赤泥胶结充填采矿法获得成功。充填料浆以赤泥为主，掺部分粉煤灰及添加剂，搅拌调制而成，用混凝土泵送入采空区，胶结充填。通过铝土矿地下开采实践证明，胶结充填技术可靠；经济合理，可提高矿石回收率23%；采矿坑木消耗大大减少，从而降低开采成本，控制采场地压，保护村庄、铁路等地表建筑。

赤泥的综合利用研究，已引起许多国家重视。但由于种种原因，赤泥的利用除烧制水泥外，尚停留在试验研究阶段，未形成工业规模。今后还需不断探索新的途径。而开发附加价值高的产品，以产生更好的经济效益，推动赤泥综合利用的发展，是广大科技工作者继续努力的方向。

第六节　再生金属资源利用

世界上的自然矿物资源被称为原生资源或第一资源，其储量是有限的，许多种矿产资源已趋贫瘠，开采提炼难度增加，使生产成本提高。据统计，具有经济开采价值的铁矿储量还可以维持170年，铝260年，而铜和钼不足70年。资源的制约，迫使我们加强资源的节约和回收利用。如我国的钒钛矿和稀土矿的综合利用不到10%。开发对废弃金属的回收再利用技术是环境协调材料生产的重要方面，对缓解资源的耗竭和连续使用资源有着十分重要的意义。今后，再生资源是金属材料的重要来源。目前废钢铁作为电炉炼钢原料已得到普遍应用，而废弃铝和铜的再生应引起足够的重视。

一、废钢

世界钢铁工业经历了1971年、1994年的两次石油危机的冲击以后，迫使钢铁生产更加重视降低能耗，重视环境保护，出现了转炉淘汰平炉等重大技术创新成就。随着钢产量的增加和钢材消费量的增长，随之而来的是社会废钢积累量的增多，这促进了电炉炼钢的发展。电炉炼钢因能回收利用废钢，综合能耗低，建设投资少，环境负荷小，其发展很快。

1. 废钢利用的意义

目前使用的金属材料中，钢铁所占的比例在90%以上，而钢铁中又以普通钢材的用量最大，占整个钢材生产总量的80%～90%。随着资源的日益枯竭和环境问题的日益严重，逐步建立以废钢铁为原料基础的钢铁冶金体系，是社会可持续发展的重要组成部分。从资源意义上理解，对废钢进行再生利用，是发展“第二矿业”。钢铁企业多用废钢，少用铁矿石，不仅有利于保存自然资源，而且有利于节约能源，减少污染。目前经济发达国家，将废旧金属视为“第二矿业”，形成了新兴的工业体系。这些国家提高转炉炉料的废钢比，同时发展电炉废钢，在钢铁工业中具有降低生产成本、提高产品质量的优势，在国际钢材市场上有影响价格的主动权。

2. 废钢的回收再生

废钢和铁矿石一样，是钢铁工业的两种主要原料。铁矿石是地下开采出来的自然资源，而废钢是通过回收渠道获得的可再生资源。由于来源不同，废钢原料和矿石原料在性质上有很大差异。第一，废钢原料的物理形态有板状、块状、带状、丝状、粉状等类型；而铁矿石经粉碎后，按统一规格制团。第二，废钢表面常黏附或涂有油脂类物质，这对废钢再生熔炼不利；而矿石原料没有这类问题。第三，从化学成分上来看，废钢原料比精矿原料的杂质含量高，而且杂质的品种多，可能含有铜、锌、镍、锡、铅、锑等杂质，化学成分变化较大。为了适应冶炼过程的需要，冶炼前必须进行严格的预处理，包括收集—分类—破碎—分选—冶炼。再生金属材料的性能，在很大程度上取决于废钢材料的预处理。

对钢铁产品来说，钢铁冶炼、钢铁产品制造和使用是生命周期中的三个阶段，在钢铁产品的生命周期中，产生三种不同来源的废钢。

钢铁产品生命周期的第一阶段是钢铁生产流程。在此过程中，含铁物料经选矿、烧结、炼铁、炼钢、轧钢等工序，一步步变成钢材等钢铁产品。在这一阶段产生的废钢，称为内部废钢。如金属锭冒口、返回料等。

钢铁产品周期的第二阶段，是制造加工业。钢铁产品经此阶段机械加工时，产生边角料和车屑等废钢，这种废钢是不久前生产出来的钢铁产品演变而成的，所以称这种废钢为短期废钢。这些废钢，经回收后返回钢铁工业，进行重新处理。

钢铁产品生命周期的第三阶段，是钢铁制品的使用阶段。各种钢铁制品，经过一定年限的使用之后，报废而成为废钢。这些钢铁制品包括汽车、船舶、机器设备、金属构件、机车和车辆、武器装备等，使用寿命都较长，一般在10年以上，只有少数制品寿命较短。这些金属制品经若干年使用后才会成为废钢，这部分废钢经回收后，重新进入钢铁生产流程中，是钢铁工业的重要原料之一。

从经济成本方面来说，对生产过程中每一阶段生产的废物，应首先在该阶段内部进行循环利用，既提高资源的利用率，也减轻末端治理的负担。

3. 钢铁的杂质分离和无害化

在传统工艺中，产品设计往往只从经济和使用性能出发，而不考虑产品的回收、利用问题，这给废品的回收利用带来很大困难。所以新的产品设计概念，要有利于产品的回收和再生产品的性能，有利于环境保护。废钢的再生利用不但要求不同部门、不同行业的合作，还要求开发新的工艺流程，从源头上减少废弃物，提高废钢利用率，改善产品性能，以求达到最佳化性能。同时追求再生产品性能的完全复原，逐渐实现经济上合理、技术上可行的废钢复活的目标。

我国目前的钢铁工业中，钢锭生产主要通过转炉、电炉和平炉实现。目前钢材种类十分繁杂，含有多种合金元素（如Si、Mn、Cr、Mo、Ni、Cu、V、Ti、Zr

等）。大量金属制品还含有金属涂层（如 Sn、Zr）和非金属涂层（如油漆、塑料等），加上回收过程中不可避免地混入的其他材料，使得回收废钢铁化学成分复杂、品质低劣，用来生产新材料必然导致材料性能的劣化。

在废钢循环再利用的过程中，影响材料性能的主要原因是材料的化学成分和加工工艺。当材料中含有一些不需要的杂质时，往往会影响材料的性能。特别是以利用回收的废钢为原料，循环利用中生产出的钢材性能就会退化。例如，制造汽车用的钢板，必须要杂质极低的钢材，而从废汽车回收的钢材经电炉熔炼后，不能达到汽车用钢的原有要求，只能用于生产建筑用的钢筋。当再生金属用于原用途时，由于其处理代价太大，经济上不合理或技术上不成熟，要根据再生钢的性质和需要，开发其他利用途径，作为另一种产品降级使用。合金钢经几次再生循环，钢中的 Cu、Ni、Sn、Mo 等元素的含量会由于累积效应而增高。这些元素本身最初是作为合金化元素加入钢中来提高性能的，但它们的累积效应对于钢材的热加工性能有不良影响。因此，在钢铁再生循环过程中应设法控制其含量。综上所述，应该大力研究和开发以下冶金技术：① 针对含有不能去除元素废钢的炼钢技术和精炼技术；② 再生循环钢中杂质无害化技术；③ 钢材的可再生循环设计技术，即通过可再生循环设计来保证钢材具有良好的再生循环性能；④ 废钢铁再生循环过程中的分离与分选技术。

二、二次铝

铝及铝合金是产品和消费量仅次于钢铁的金属材料。近年来由于建筑工业大量使用铝门窗代替钢门窗，食品工业中大量使用铝罐包装饮料以及汽车的轻量化，使得铝及铝合金的社会需求量日益增加。从人类社会可持续发展的角度考虑，使用铝及铝合金代替钢铁和铜合金、不锈钢等，可以减少材料工业对枯竭性矿物资源铜、铬、镍等的消耗。而汽车轻量化的结果可使汽车油耗较大幅度地降低，在节约矿物燃料资源的同时还大幅度降低了汽车废气排放量。

但另一方面，铝材又是生产过程中环境负荷最大的金属材料之一。生产一吨原生铝的能耗为 21.6×10^8kJ，是生产一吨钢（4.8×10^8kJ）的 4.5 倍。除废水排放量较小外，其他污染物的排放量均大大超过钢材。如生产一吨原生铝排放的 CO_2 数量是一吨钢的 7~9 倍。但用废铝来生产再生铝，能耗约为 6.1×10^7kJ/t，仅约为使用铝矾土电解法生产原生铝的3%，生产过程中的污染物排放量也相应减少。因此，从可持续发展的角度考虑，制铝工业应逐步转移到以废铝再生循环利用为基础上来。在设计铝合金时，也要以材料的易于再生循环利用为主要原则。

1. 二次铝资源再生利用的意义

（1）节约资源　随着全球铝消费量的增加，社会上积累的废铝日益增多，为铝再生利用提供了丰富的资源，人们称其为铝的第二资源。第二铝资源是人类在环境技术上可以利用的部分。近几年全世界铝的年消费量为2 500万t，其中原铝为1 900万t，再生铝为600万t，再生铝占铝消费量的24%。再生铝的应用，减少了自然资源的开采量，相对延长了矿物开采年限，节约了矿物资源。

(2) 节约能源　以铝土矿为原料生产1t铝锭，约需耗电1.5万kW·h，电力消耗约占铝锭生产成本的1/3。以废铝为原料，生产再生铝的能耗，仅为原铝生产能耗的3%~5%，节约电能达95%~97%。另外，废铝冶炼再生铝的设备成本只是通常炼铝设备的1/10，节约了大量的制造材料和矿产原料，降低了投资成本，也节约了设备制造过程中的能耗。铝由于其回收节能效果甚佳，和钢铁等金属材料相比，是最具有回收再生利用价值的工程金属，可以多次回收再生、反复使用、多次节约能源。

(3) 减少污染　废铝的再生利用可大大减少CO_2气体排放量。用废铝冶炼再生铝，可比用水电生产原铝减少CO_2气体排放量的91%以上。比用燃油发电、电解生产原铝减少CO_2气体排放量的97%以上。另外，铝的废弃物品如果不回收利用，其本身也有碍于环境保护。世界各国都在努力促进废铝的回收利用，减少废品对环境的污染。20世纪90年代以后，废铝回收的意义已普遍为社会各方面接受。

2. 铝材的杂质分离和杂质无害化

废铝再生利用是一门综合性的技术，它包括废铝分选预处理、熔炼炉冶炼和熔体净化技术。回收来的废旧铝制品，必须经过预处理才能熔炼。不经预处理直接入炉熔炼，会使熔体局部过热，金属烧损增加，产品质量下降。

广泛使用再生铝的最大障碍是再生铝的性能较差。由于铝合金种类繁多以及回收过程中混入其他金属材料等原因，废铝回收后再生循环过程中化学成分不易控制，各种有害杂质难以去除，从而造成性能的下降。废铝中的有害杂质通常为Fe、Cu、Zn、Ni、Ti等，其中铁是最重要的有害元素。在AlSi系合金（一种很有希望的简单合金）中，Fe和Al、Si等元素形成Fe_3Al、$FeSiAl_5$等脆性金属间化合物，使再生铝合金的强度和断裂韧度急剧下降。由于生成的杂质相往往具有较高的电位，且破坏了铝合金表面氧化膜的连续性，从而大大降低了铝合金的耐腐蚀性能。因此，开发再生铝合金中的杂质无害化技术，就成为再生循环铝合金推广应用的关键。

3. 我国二次铝工业的现状

1988年商业部、物资部、中国有色金属工业总公司加强了铝的二次资源再生利用工作，相继成立了再生金属协会，多次召开再生有色金属会议。1991年制定出废铝分类标准。有色金属再生利用已被列入国家发展重点，先后建成投产一批再生金属企业，除回收再生国内的废铝外，还再生海外进口的废铝。大连铝材厂与美国马斯康公司合资兴建的大连马斯康铝业有限公司，专营进口废铝再生。每年进口2万t废铝，出口1.4万t再生铝锭。目前我国最大的再生铝厂是上海新格有色金属公司，年产量达13.2万t。第二大再生铝厂是浙江力士达铝业公司，年产量为5万t。

我国经济在持续发展，铝的消费量不断增加，铝的二次资源将有更多的积累，废铝的回收率也将不断提高，铝的再生产业是有广阔发展前景的产业。据有关资料表明，2000年我国铝消费量已达461.08万t，比上年增长14%，是世界上增长最快的国家。目前，国内再生铝总量是40万t。随着铝消量的增长，再生铝的产量还将进一步增加。可见我国废铝再生利用还存在着巨大的潜力。我国蕴藏着丰富的二次铝资源，除废易拉罐外，还有飞机铝合金、汽车铝轮毂合金、电线电缆铝合金等多种废铝资源，都需要回收利用。此外，我国经济与世界经济接轨，加入世贸组织要参与世界铝业的大循环，需要我们迎头赶上，在世界再生铝业中占有一席之地。

三、再生铜

铜的广泛应用，使铜的废弃产品在社会上有一定的积累，各国都把它作为资源来回收利用，节约了大量矿产资源和能源。由于废铜回收利用具有重要意义，各国政府对废旧金属的回收利用都很重视，制定了优惠的回收政策，鼓励回收；建立了回收网络，组织回收；建立了专门的废旧金属市场，进行国内外贸易活动；对专业再生铜厂，也不断改进，以提高金属回收率，减少环境污染。

1. 铜的应用和供给

铜是国民经济建设中重要的金属材料之一。它具有优良的导电、导热、抗张力、耐磨和力学性能，以及易铸造、易制成合金等性能，被广泛地应用于电气、机械、运输、建筑、军事等各工业领域中。通常以铜金属和铜合金的形式来使用。随着新的工业技术的发展，人类对铜的需求也将逐渐增长。

世界上铜矿资源丰富，但各国对废旧铜的回收利用仍很重视，把废旧铜作为铜工业的第二资源来开发。工业化国家铜的消费量较大，但废旧铜的回收利用工作开展得好，再生铜已是铜供应的重要来源之一。有关工业化国家1997年废旧铜回收利用情况如表5-2所示。从表中可见，工业化国家再生铜产量已占精铜产量的50%左右。其他国家的铜消费量中，也有靠再生铜来供应的。再生铜已是当今世界铜消费的重要供应者。

我国铜矿资源不足，富矿少、贫矿多，含铜品位较低，每年都需要大量进口铜精矿、粗铜和废旧铜。随着国民经济的发展，和人民生活水平的提高，铜的消费增长较快。为弥补国内市场的铜不足，废旧铜的进口大幅增长。1998年废旧铜进口量达到95.7万t，其中大约一半来自美国。目前我国废杂铜的年利用量已超过70万t。但进口渠道不稳定，对国内铜企业缺乏有效供给。国内废旧铜回收供销系统也有待于完善和改进。

表 5-2　工业化国家 1997 年废铜利用情况　（万 t）

项　目	美　国	德　国	日　本	西　方
精铜产量	244.0	135.2	127.9	158.2
废旧铜再生量	32.1	37.6	8.7	168.0
废旧铜直接利用量	94.8	30.2	63.9	320.0
再生铜产量	126.9	67.8	72.6	488.0
再生铜/精铜量（%）	52.1	50.1	56.8	46.1

2. 废铜回收利用的意义

废旧铜具有良好的回收再生性能。回收利用废旧铜投资少，成本低，经济效益好，又有利于改善环境。因此，发展再生铜工业具有重要的社会意义。

（1）节约矿产资源　从铜矿开采至获得 1 号电解铜，需要大量的铜矿资源。按硫化铜矿含铜品位 0.5% 计算，选冶回收率以 96% 计算，需要铜矿石 208t。目前铜矿资源日益减少，矿石品位越来越低，有的矿山已降至 0.3% 以下，节约铜矿资源更显得重要。回收利用废杂铜，可大量节约铜矿资源，相对延长了矿产资源的使用期限。

（2）节约投资成本　生产原生铜流程长，工序多，工艺复杂，投资多。相比之下，再生铜生产流程短，工艺简便得多，可以大量节省设备投资，降低生产成本。美国再生铜的生产投资，只为原生铜生产投资的 35% ~40%。

（3）节约能量消耗　原生铜在生产过程中消耗能量较多，而再生铜消耗能量少得多。美国生产 1t 再生铜的能耗，只相当于原生铜能耗的 16.7%。当然，这要视废旧铜的来源而定。用废铜合金生产再生铜，可节省能耗 50%，用废铜电缆生产再生铜，可节省能耗 90%。

（4）有利于环境保护　原生铜生产中排出的“三废”多，不治理就会污染环境，因此需要大量的“三废”治理费用。美国再生铜冶炼企业的“三废”治理的费用，只相当于原生铜企业相应费用的 42%，因此，发展再生铜工业具有很大的优越性。

3. 废铜再生技术

铜制品经使用报废后，可经过各种回收渠道集中起来。其中铜加工厂产生的边角余料、新铜屑和不合格产品，不需经加工就可入炉精炼生产不同牌号的黄铜或精铜。该法称为直接利用法。

废旧电线、电缆、电动机等是重要的废铜资源，采用机械剥落法除去橡胶、塑料外皮，经 2 ~9 级的切碎加工，切成 1 ~30mm 的小段，用空气分级法分离除去外皮和纺织物，用磁性分离器分离除铁，可以获得较纯的铜，直接加入反射炉精炼成阳极铜。这种方法又称为一段法，适宜处理杂质含量少的杂纯铜和优质杂废黄铜。

废杂铜的种类多，成分复杂，由各种不同的形状、大小、密度的物品组成，必须经分拣、归类，选用不同的再生工艺进行熔炼。一般处理杂黄铜和杂白铜时，采用鼓风炉熔得杂质含量较高的黑铜。再经反射炉精炼成阳极铜。或者将杂铜经过转炉吹成次粗铜，再经反射炉精炼成阳极铜。因为这两种方法都要经过两道工序，所以称为二段法。一般的废杂铜处理多采用二段法。

低质废杂铜的处理，多采用三段法。废杂铜先经鼓风炉还原熔炼成黑铜，黑铜经转炉吹炼成次粗铜，次粗铜再在反射炉中精炼成阳极铜。废杂铜经三道工序才能产出合格的阳极铜，所以称为三段法，三段法设备生产率高，粗铜品位高，综合利用好，产生的烟尘也容易处理。但设备多，投资大，过程复杂，除大型企业外，一般不采用此法。

最复杂的含铜废料是电子废料，来源于计算机和仪器上印制电路板、集成电路和其他导线、接点等，含有许多塑料、有机胶片和陶瓷等，难于处理。但因电子废料中含金量较高，增加了其回收的经济价值。一般用挤压机械拆卸，相对密度和电导法分类，用燃烧或热分离法实行塑料分离。过程复杂，整个系统必须密封，避免热分解出的毒气泄漏。最近试验成功，把电子废料混入铜精矿重熔，在高温和过剩氧存在的情况下，塑料全被分解，陶瓷和玻璃纤维则转入渣中。这种方法利用了原有的排气系统，操作比较方便。

参考文献

1 Parker E R et al. Effect of Residual Elements on The Properties of Metals. ASM. 1957, 71

2 Li G Q, Nie Z R, Zuo T Y et al., An Accumulative Model for the Comparative Life Cycle Assessment Case Study: Iron and Steel Process, Inter. J. of Life Cycle Assessement, 2002. 7 (4): 225~229

3 高齐富. 对我国镁工业发展的建议. 轻金属，1996（7）：34~38

4 郭海龙. 韩笑天. 陈颖. 320kA 特大型铝电解槽设计概述. 见：全国铝工业新技术推广应用暨交流展示会论文集，北京：有色金属工业杂志社，2000

5 韩薇. 三十七年来我国镁工业的发展和建议. 见：第三届全国轻金属冶金学术会议论文集，北京：有色金属工业杂志社，1995

6 韩薇. 我国镁工业发展现状和建议. 见：第四届全国轻金属冶金学术会议论文集，郑州：中国有色金属学会轻金属冶金学术委员会，2001

7 黄建明. 利用国外铜资源发展我国铜工业. 世界有色金属，2000（2）：32~35

8 戢兆丰. 谢亚平. 铝电解烟气逆向二段干法吸附净化技术. 见：全国铝工业新技术推广应用暨交流展示会论文集，北京：有色金属工业杂志社，2000

9 姜玉敬. 常虎成. 大型预焙铝电解槽的开发与应用. 见：全国铝工业新技术推广应用暨交流展示会论文集，北京：有色金属工业杂志社，2000

10 焦占忠. 利用工业废渣生产新型墙材工艺研究. 世界有色金属，1999（10）：9~11

11 李世俊．中国钢铁企业的机遇与挑战．见：2001 年中国钢铁年会论文集，北京：冶金工业出版社，2001

12 李树林．对我国电解法生产镁的发展探讨．见：第三届全国轻金属冶金学术会议论文集，北京：有色金属工业杂志社，1995

13 梁冬梅．铝电解烟气治理与社会经济效益分析．见：第四届全国轻金属冶金学术会议论文集，郑州：中国有色金属学会轻金属冶金学术委员会，2001

14 梁华．赤泥利用的近期研究动态．世界有色金属，1999（3）：32～34

15 林明山．废铝罐回收 — 利国利民的有效资源循环利用．见：全国有色金属加工学术交流会议论文集，洛阳：中国有色金属学会信息学术委员会，1999

16 刘绍禄．我国镁工业现状及发展方向．见：第三届全国轻金属冶金学术会议论文集，北京：有色金属工业杂志社，1995

17 刘世有．镁工业生产、应用与发展．上海有色金属，1995，16（6）：353～358

18 刘世有．我国再生有色金属资源开发前景．世界有色金属，1990（6）

19 刘兴亮．赤泥作新型墙材的研究．世界有色金属，2000（5）：38～41

20 刘业翔．铝电解功能电极材料的研究和应用．见：第三届全国轻金属冶金学术会议论文集，北京：有色金属工业杂志社，1995. 10

21 卢惠民，于兰兰，王海北，陈永强．绿色铝电解生产技术的开发研究．见：第四届全国轻金属冶金学术会议论文集，郑州：中国有色金属学会轻金属冶金学术委员会，2001

22 陆钟武．关于钢铁工业废钢资源量的一般分析．见：2001 年中国钢铁年会论文集，北京：冶金工业出版社，2001

23 吕增旭，成庚，王醒钟．铝电解阴极新技术．世界有色金属，2000（3）：23～25

24 罗航，姜玉敬．铝电解工业烟气净化新工艺技术的应用．见：全国铝工业新技术推广应用暨交流展示会论文集，北京：有色金属工业杂志社，2000

25 罗黎．国内外镁生产状况分析．有色冶金，1998（6）

26 罗晓玲，崔彬．国内外铜矿产品供需形势分析．世界有色金属，2000（5）

27 秦庆伟，赖延清，李庆余，李吉力．铝电解惰性阳极系统的若干思考．见：第四届全国轻金属冶金学术会议论文集，郑州：中国有色金属学会轻金属冶金学术委员会，2001

28 王化章，刘业翔．铝电解生产技术的现状和发展．见：第三届全国轻金属冶金学术会议论文集，北京：有色金属工业杂志社，1995

29 王力堂．赤泥利用的有效途径．世界有色金属，1998（8）：46～48

30 王平甫．我国铝电解的技术进展．世界有色金属，1999（7）：4～8

31 王英德，庞全世．氯气尾气净化处理原理及问题讨论．见：第三届全国轻金属冶金学术会议论文集，北京：有色金属工业杂志社，1995

32 王珠祥．发挥国有企业的优势　推进再生铝资源的开发．世界有色金属，1999（5）：24～25

33 卫世杰．浅议废杂有色金属的回收．世界有色金属，1990（10）

34 魏仲良．日本开发出除去废铝罐涂料的新方法．世界有色金属，1997（10）

35 翁宇庆．中国钢铁材料发展现状及迈入新世纪的对策．见：2001 年中国钢铁年会论文集，北京：冶金工业出版社，2001

36 杨国良. 论我国电解法炼镁工业的改造方向. 轻金属，1999（2）：46～49
37 杨万志. 我国铝工业增长方式的转变. 世界有色金属，1997（4）：10～16
38 殷建华，孟广寿. 废杂铜的回收再生利用. 世界有色金属，2000（2）：9～12
39 余冬梅. 国内外废铝回收再生利用概况. 世界有色金属，1998（11）：7～10
40 曾善林，田素芳. 二次铝资源再生利用研究. 见：第三届全国轻金属冶金学术会议论文集，北京：有色金属工业杂志社，1995
41 赵群，邱竹贤. 铝电解惰性阴极和可湿润阴极的研究. 见：第四届全国轻金属冶金学术会议论文集，郑州：中国有色金属学会轻金属冶金学术委员会，2001
42 赵瑞和译. 王华校. 铜的再生. 世界有色金属，1992（12）：9～12
43 郑宏. 铝工业的环境问题. 世界有色金属，1999（10）：25～29
44 朱昱，姚丽，徐秀茹. 世界镁生产现状与展望. 世界有色金属，2000（11）：14～17

第六章　无机非金属类生态环境材料

无机非金属材料，一般是指除金属材料、高分子材料之外的所有材料的总称，与金属材料和高分子材料并列成为国民经济和国防建设中必不可少的三大基础材料。

典型的无机非金属材料有水泥和混凝土、（平板）玻璃、（建筑）陶瓷、耐火材料等。它们显著的共同点是，量大面广，原料来源广泛，生产过程需粉磨、高温烧结或熔融，能耗高，废气排放量大，且难以再生利用（除玻璃外），很难为环境所消纳、降解等。不难看出，对这些材料的生态化改造与生态环境保护和可持续发展具有极为重要的意义。

第一节　概　论

一、无机非金属材料的分类、组成、特性

无机非金属材料品种和名目极其繁多，用途各异。通常可以把它们分为普通的（传统的）和先进的（新型的）两大类。

传统的无机非金属材料是工业和基本建设以及人民生活所必需的基础材料，包括水泥、耐火材料、各种规格的平板玻璃、日用玻璃、仪器玻璃和普通的光学玻璃以及日用陶瓷、卫生陶瓷、化工陶瓷和电瓷等。它们的产量大、用途广。其他产品，如搪瓷、碳素材料、非金属矿物材料也都属于传统的无机非金属材料。

先进无机非金属材料是指20世纪中期以后发展起来的，具有特殊性能和用途的材料。它们是现代新技术、新兴产业和传统工业技术改造的物质基础，也是发展现代国防和生物医学所不可缺少的。主要包括先进陶瓷、新型非晶态材料、人工晶体、无机涂层、无机纤维等。

无机非金属材料是以某些元素的氧化物、碳化物、氮化物、卤素化合物、硼化物以及硅酸盐、铝酸盐、磷酸盐、硼酸盐等物质组成的材料，在晶体结构上，无机非金属材料的元素结合力主要为离子键、共价键或离子共价混合键。这些化学键的特点是高的键能、键强，它们赋予这一大类材料以化学稳定性高、电绝缘性好、高熔点、高强度、高硬度、韧性差、耐腐蚀、耐磨损、耐高温和良好的抗氧化性等基本属性，以及宽广的电导性、铁磁性和压电性、铁电、磁致伸缩、光电、电光、透红外、生物相容等性能。

无机非金属材料及工业生产过程有下列几个共同点。

1．原料特性

制备无机非金属材料的原料主要有天然矿物原料与人工合成原料两大类，种类繁多。无机非金属材料的大宗产品，如水泥、玻璃、砖瓦、陶瓷、耐火材料等的原料大多来自储量丰富的非金属矿物，如石英砂、黏土、长石、铝矾土、石灰石、白云石、硅灰石、硅线石等。据统计，氧、硅、铝三者的总量占地壳中元素总量的90%。地壳中硅酸盐和铝硅酸盐占明显优势，它们和其他一些氧化物矿物是制备无机非金属材料的最主要原料。其中除天然砂和软质黏土外，都是比较坚硬的岩石。因此，无机非金属材料原料蕴藏量十分巨大。

传统无机非金属材料原料大多直接取自天然矿物，原料的环境负荷低。新型无机非金属材料或采用严格精选的天然原料，或者采用人工合成原料，势必会加重环境负荷。

2．生产工艺、技术特性

普通无机非金属材料的生产工艺通常都要经过以下工序：粉料制备、成形、高温烧成和后处理。对所有的原料，作为共同的特点，高温烧成乃是最重要的工序。在此之前，各种原料只经受较简单的物理变化（粉碎、配料、混合和造型）；在烧成过程中，物料一般要在1 400～1 600℃或更高的温度下发生一系列复杂的物理化学变化，使之转变成为所需性能的多晶态（陶瓷、耐火材料、水泥等）或非晶态（玻璃、珐琅等）。后处理则视产品而定，如陶瓷的上釉、彩饰，水泥的粉磨，玻璃的退火等。

新型无机非金属材料的生产工艺过程基本上和普通材料类似，但生产条件的控制要精细严格得多。例如原料多采用高纯、超细、成分固定的人工合成原料。成形方法则视产品的形状而定。以陶瓷为例，成形方法有干压、挤压、注浆、热压注、等静压、轧模、流延、注射或蒸镀等。高温烧成除了炉温有时会达到1 800℃或更高外，炉内气氛也可由空气、燃气改为真空、氮、氩、氢气等，压力由负压至几个、几十个乃至上百个大气压，热源由液体、气体燃料发展为电热、微波和激光、等离子。后处理则发展为各种热处理、化学处理、表面处理和精细的机械加工等。

3．产业特点

传统无机非金属材料由于品种繁多，决定了其生产企业不集中，规模差异大，技术水平悬殊，资源消耗巨大，能耗大，环境问题严重。这些都是无机非金属材料生态化改造的重点。新型无机非金属材料大多应用于严酷环境和特殊领域，对性能的要求苛刻。由于对原料的要求高，工艺复杂，因而单位能耗高、污染严重。

二、无机非金属材料的环境负荷与生态化改造的原则和对策

利用高新技术针对量大面广、环境负荷严重、生产工艺落后、规模小、效益低下的传统无机非金属材料进行环境协调（长寿命）设计，改造或以生态化新材料进行替代，是生态化改造的基本原则。

(一) 传统无机非金属材料面临的主要生态环境问题

1. 使用性能与环境协调性的矛盾是主要生态环境问题

正如很多研究指出，材料使用性能与环境协调性是一对矛盾。由于无机非金属材料成分广泛、工艺多样、微观结构千变万化，上述矛盾更加突出。例如，普通陶瓷以黏土、石英砂等天然矿物为原料，这些原料只需简单处理即可使用，烧结温度也较低，因此环境协调性较好。但其性能差，不能够作为结构材料用于机械工程领域。相反，先进陶瓷采用超细、高纯的原料，有时还采用化学合成原料，成形、烧结、加工工艺复杂，排出有害物多，因此，环境协调性较差。但性能优良，可广泛用于机械、化工、冶金等领域。

2. 土地资源占用和消耗量大、破坏严重

通常无机非金属材料对土地资源的占用和消耗巨大，对地表带来严重破坏。如我国黏土砖、水泥等几大项材料的生产企业有10万多家，占地40万hm^2㊀以上，破坏绿色土地5万hm^2，消耗原料50亿t，其中石灰石10亿t，消耗的黏土相当于100万亩㊁土地。对土地资源的累计破坏严重、消耗巨大、产出量低是这一类材料的主要环境问题，并且产品性能低，服役能耗高，综合效益差。

3. 制备过程中能耗高

无机非金属材料生产中都要经过高温煅烧（烧结）过程，能耗高。我国无机非金属材料产业单位能耗一般是发达国家的两倍左右。高的单位能耗不仅消耗能源，而且是污染物高排放的最直接原因。

4. 很难再循环利用

由于无机非金属材料的自身特点，其废物很难破碎。即使能够粉碎再利用，其能耗也要比直接使用矿物原料高得多，带来大的二次污染，同时性能大大下降。

5. 固体废弃物难处理

无机非金属材料固体废弃物数量特别巨大，再循环利用又很困难，因此，目前很多固体废弃物堆积如山，占用大量耕地，少量利用的也多是低附加值，如用于铺路。

全世界每年浇注混凝土70～80亿m^3（150亿t），中国每年15～20亿m^3（45亿t），而且由于当时浇注的混凝土标号低，耐久性差，无法再生利用，造成大量在城市周围堆积、占地并且无法消纳，污染土壤和地下水源。今后几十年解体混凝土的量还会继续增大。我国废玻璃每年高达200万t以上。建筑陶瓷、日用陶

㊀ $1hm^2=10^4m^2$。公顷的国际通用符号为ha。

㊁ “亩”为非法定计量单位。1亩$=10\,000/15m^2=666.\dot{6}m^2$。

瓷、工业陶瓷等废弃物量也非常大，基本不能回收再利用。电子玻璃、电子陶瓷成分复杂，回收困难，并且污染严重，已在世界范围造成严重的环境问题。加之与无机非金属材料的原料相近组分的500亿t的累计尾矿贮存，16亿t的煤矸石，每年1.6亿t的粉煤灰，3.7亿t的工业废渣亦急待处理，都是严重的生态环境问题。

6. 有毒有害添加剂和排放物问题

陶瓷、玻璃和耐火材料及一些先进陶瓷材料，采用了大量铅、氟、镉、铬、砷等有毒化合物，以废水、废气形式污染环境，对人体健康造成危害。有些混凝土、砖、石材等含放射性元素，在衰变过程中放出氡气并伴有放射性，严重威胁人的身体健康。石棉材料对人体有强烈的刺激作用和致癌倾向。

由于大多数无机非金属材料在制造的某个阶段以粉末形式存在，因此，带来的粉尘污染也很严重。例如仅水泥生产的全国年粉尘排放就高达1 300万t。

（二）无机非金属类材料生态化改造的基本原则和对策

无机非金属类材料生态化改造的基本原则是从设计、制造（生产）、使用到退役、废弃、循环再生都必须与环境有优良的协调性。

1. 环境协调设计

对于无机非金属材料（除水泥外），由于加工的困难性，通常材料和产品是同时完成的，材料即是产品，产品即是材料，二者不可分割。材料设计贯穿于产品的整个生产中，材料工作者直接面向最终产品，对最终用户负责。因此，无机非金属材料的设计、生产模式不同于金属材料或高分子材料。首先根据材料的实际服役条件，开展失效分析，找出产品早期失效或损伤的主要因素，即材料的主要抗力指标（或性能指标），然后针对如何提高该性能指标，进行材料工艺设计与材料制备，并进行性能评价。材料已优化，达到性能要求后再进行产品设计、制造与使用考核，若达不到理想要求，可以再重复上述过程，直至成功。上述设计思想尽管是从陶瓷材料实践中得出的，但由于无机非金属材料所具有的共性，因此其基本思路对于大多数无机非金属材料具有普遍意义。

无机非金属类生态环境材料的设计，除了要考虑上述设计思想以外，还应将环境协调性评价（LAC）和材料、工艺的生态化设计、优化加入其中，形成一个设计“双环”，如图6-1所示（上面的环为传统设计思想）。

2. 用高新技术提升改造传统材料产业，提高产品品质、节能降耗、提高效益、减少或消除排放

传统无机非金属材料产业，如水泥、玻璃、陶瓷、混凝土等，尤其是水泥与混凝土，量大面广，但是技术、工艺水平落后，企业不集中，规模小，资源、能源消耗高，污染严重，环境负荷高。近些年来，发达国家已发展了许多高新技术，成功地解决了这些问题，而我国这方面的问题依然很严重。

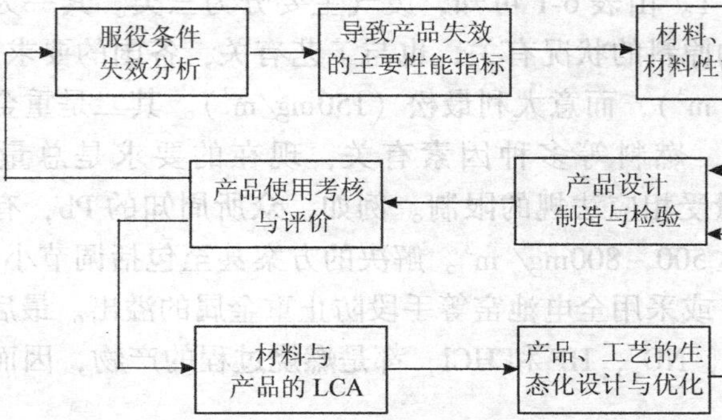

图6-1　无机非金属类生态环境材料和产品的设计框图

对于水泥工业，可以用新型干法（窑外分解技术）对传统的立窑、机立窑及旋窑、湿法窑进行改造，并运用系统配套新技术如收尘技术等，可使燃料消耗、电耗大幅下降（分别可达40%和30%），粉尘等排放大大降低，达到德国等先进国家标准（10mg/标 m^3），同时质量、产量资源效率均有所提高，CO_2、NO_x 排放亦有所降低。配上脱硫技术等，SO_2 等排放会大幅下降。

可大量采用超塑化剂和超细粉技术生产高性能混凝土，使传统混凝土向绿色材料迈进。目前我国使用添加剂的混凝土不到30%，日、美、德等发达国家高达70%，这样混凝土性能提高，寿命大大延长，水泥用量少，混凝土用量亦下降，由此资源消耗下降，排污亦下降，环境负荷就会大大减缓。同时，用工业废渣如石灰石、矿渣、粉煤灰制造混凝土细掺和料，可替代水泥高达60%~80%，而且性能非常优异。如活性粉末混凝土（RPC），强度高达2000~8000kg/cm^2。这两项技术的广泛应用，可实现用3.5亿t水泥获相当于5亿t水泥的效果。

为了减少环境负荷，在陶瓷生产中采用单位能耗最小（4.19MJ/kg）的辊道窑，淘汰高能耗的间歇式烧结方式，从而大大降低能耗，减少排放。应大力发展近终型成形技术、低温快烧技术和“软溶液工艺”（如水热—电化学），即采用环境负载最小的水溶液类工艺制取陶瓷和复合材料等高功能材料。

1996年4月，美国能源部和玻璃工业的有关人士经过讨论论证，提出了玻璃工业发展的一些关键目标，它们是：

1）生产成本与1995年相比降低20%。

2）与1995年相比，能耗降低50%，逼近理论能耗。

3）减少废气/水的排放量，比普通环境要求低20%。

4）100%回收废玻璃和用于再生产。

在对平板、瓶罐、电视玻璃等大型池窑的生产进行分析之后，欧洲各国都制定出相应的标准，见表6-1。由表6-1可知，废气主要分为三类。其一为带出的粉尘。这与生产所采用的原料的状况有关，也与工艺有关，各国的要求也不一，以荷兰要求最严（25mg/ m³），而意大利最松（150mg/m³）。其二是重金属的排放。这与原料、添加剂、燃料等多种因素有关，现在的要求是总量控制在30mg/ m³以下，其各分量受相应法规的限制。例如，众所周知的Pb，有人测出目前重金属排放量要高达500～800mg/ m³。解决的方案甚至包括调节小炉布局、对数，以影响燃烧过程，或采用全电池窑等手段防止重金属的溢出。最后是废气的主体，按组成分为 SO_x，NO_x，HF 和 HCl，都是燃烧过程的产物，因而与燃烧工艺紧密相关。

表6-1　钠钙玻璃池窑排放的烟气及各国标准要求

组元	浓度/	德国		法国		意大利		英国		荷兰	
	$(mg\cdot m^{-3})$	油	气	油	气	油	气	油	气	油	气
总粉尘	150～250	50	50	50	50	～150	～150	100	100	25	25
Pb	12	5	5	5	5	5	5	5	5	5	5
Cr	5	5	—	—	—	—	—	—	—	—	—
Ni	6	1	—	—	—	—	—	—	—	—	—
V	2～5	5	—	—	—	—	—	—	—	—	—
Se（粉粒）	～2	1	—	—	—	—	—	—	—	—	—
Se（气态）	～13	1	—	—	—	—	—	—	—	—	—
SO_x①	400～4 000	1 800	1 100	～1 800	750	1 800	1 800	750	1 750	400	400
NO_x②	400～3 600	～3 000	—	～1 500	—	～3 000	～3 500	2 700	2 700	2 500	2 500
HF	3.5～45	5	5	5	5	5	5	5	5	5	5
HCl	30～120	30	30	50	60	30	30	60	60	30	30

①　代表 SO_2、SO_3。
②　代表 NO_2、NO、NO_x。

3．充分利用工业废渣、城市垃圾、尾矿改变原料体系，减轻对地表的破坏

到目前为止，实心黏土砖、水泥、玻璃、陶瓷、混凝土及水泥制品依然大量采用天然矿物原料，如黏土、石灰石、硅砂、砂石等，造成大面积地表破坏，形成了严重生态问题。工业废渣的主要成分类似于这些矿物，国外的工业实践已证实工业废渣等能为这些材料生产所用。如粉煤灰、高炉矿渣、煤矸石、尾矿、城市垃圾、建筑垃圾等可用于生产水泥、混凝土、水泥制品以及陶瓷墙地砖等。实际上绝大部分废渣可以制造墙体（如空心砖）材料和混凝土，按现在的工业条件可使利用率达到45%～50%。工业废渣、尾矿、煤矸石等亦可作为陶瓷墙地砖及屋面瓦等的原料，以及开发利用粉煤灰微珠做吸波材料等高新技术材料。

4．循环再生利用（闭路循环），零排放零废弃

正如前面所述，无机非金属材料很难循环再生利用，结果造成大量固体废弃物，且无法降解为环境所消纳。无机非金属材料生态化改造，应努力改变这种状

况。美国、日本等已广泛开展了利用废弃陶瓷、玻璃及混凝土破碎代替砂石作混凝土集料。目前中国刚刚起步开展研究，应加大投入，尽快在大中城市实施。

玻璃回收利用相对较易，可重新熔化做玻璃，主要注意有害元素的富集。陶瓷再生利用较难，一般只能作混凝土或墙体材料的集料，无法再用作陶瓷原料。混凝土解体后，标号太低的亦很难再利用。因一般要降标号使用，故以前的低标号混凝土（普遍情况）只能考虑作水泥、烧砖的原料。

5. 发展替代材料，淘汰环境负荷重、对人体有毒害的材料

实心黏土砖对环境的破坏太大，必须快速用新型墙体材料全面替代。尤其是在中心城市及发达地区，今后5年内有望实现新型墙体材料（如水泥空心砌块、加气混凝土砌块与条板、石膏砌块，空心砖等）达80%以上，全国达到50%。

石棉等材料已被证明对人体极为有害。应发展GRC（抗碱玻璃增强低碱水泥）以及其他无石棉纤维（高模量维纶纤维、纤维素纤维、高密度高模量聚乙烯纤维、钢纤维等）水泥板替代石棉水泥板，消除公害。

第二节　环境协调制造技术

环境协调制造技术也就是将现代高新技术用于传统材料的生产和新材料生产，将材料生产的环境负荷降到最低，尽可能地实现废物再资源化和零排放。通过对量大面广的材料（如水泥、玻璃、陶瓷、混凝土等）运用环境协调制造技术，可大大降低环境负荷。

一、水泥生态化制造技术

由于水泥具有原料易得、成本较低、工程使用性能良好等优点，已成为提高人类物质文化生活、发展国民经济建设不可缺少的生态产品。传统的硅酸盐水泥在为人类社会进步与经济发展做出巨大贡献的同时，也逐渐暴露出不少问题：在生产方面，能源资源消耗大，环境污染严重（见表6-2）；在应用方面，力学性能不足，耐久性有待于提高。从全球范围看，未来世界水泥的需求量仍将保持一定的增长态势。作为发展中国家，我国国民经济高速、稳定和持续发展要求水泥产量在未来有更大的增长。

随着人们对环境保护和生态平衡意识的逐步加强、环保标准的逐步严格和技术装备水平的发展，发达国家的部分水泥厂已变成零污染的绿色工厂。我国水泥工业的污染治理与发达国家相比还有相当大的差距。就粉尘排放率来说，新型干法厂为0.3%，大型旋窑厂1%，立窑厂2.5%，而先进国家已把粉尘控制在万分之一以下。目前全国除尘装备总体水平相当国际上20世纪70年代中期水平，品种虽有2 000多种，但多数是初级和一般产品。

近年发展起来的新型干法水泥工艺不但可以消除传统水泥工业资源能源

表 6-2　中国水泥年产量、年能源、资源消耗及排污量测算

年　份		1995	1997	2010	2030
年产量/10^8 t		4.76	5.10	8	12
能源、资源消耗	标煤/10^4 t	3 500	4 800	7 540	11 300
	电/10^8 kW·h	380	520	816	1 224
	石灰石/10^8 t	3.4	4.6	7.3	10.9
排污量	$CO_2/10^8$ t	2.6	3.6	5.6	8.4
	$SO_2/10^4$ t	45	49	59	78
	$NO_x/10^4$ t	92	100	120	160
	粉尘/10^4 t	1 050	1 150	1 380	1 840

消耗大、环境污染严重的弊端，同时可以将其他工业排出的废渣、废料，甚至长期难以处理的各种危险废弃物加以处理用于水泥原燃料，变废为宝，造福社会，水泥工业具备了经济建设和环境保护的双重功能。从世界范围来看，水泥工业呈现以下发展趋势：

1）水泥工业与生态环境完全相容、和谐共存，力争减少水泥生产过程各种污染物的排放，实现零污染。

2）提高工艺装备的效率，创新余热回收利用技术，进一步降低水泥生产的能耗（热耗和电耗），争取达到废气余热的发电量与水泥综合电耗基本持平，实现水泥生产电能的零消耗。

3）全方位地扩大利废功能，广泛循环再利用各种低品位原燃料，处理其他工业的废渣以及可燃废弃物和城市垃圾等，与相关工业组成仿生群乐体，协助减轻全社会的环境负荷，实现水泥生产对天然矿物原燃料的零消耗。

传统水泥工业由于落后的生产方式和工艺装备，不仅消耗大量的天然资源和能源，而且严重污染自然环境，威胁人类的生存空间。中国作为世界首位的水泥生产大国，现状不容乐观。首先是水泥产品质量较低，年产量的 75%～80% 为技术落后的立窑水泥产品，优质水泥比例很小；其次是生产能耗高，环境污染严重，单位熟料煤耗、电耗分别比工业发达国家高 30%、5%～10%，CO_2、SO_2、NO_x 及粉尘排放严重超标。造成这些问题的主要原因在于技术结构及企业规模结构的不合理。目前我国有水泥企业 6 000 多家，平均规模仅 8 万 t，水泥窑 8 900 台，其中代表当代水泥工业先进技术的新型干法窑仅 100 多台，在总生产能力中所占比例不到 10%。因此，从环境协调性角度出发，水泥工业生态化改造的基本原则应该是在保证水泥性能的前提下，尽量降低生产过程中的资源、能源消耗，减少环境污染。

20 世纪 80 年代以来，国际水泥工业以悬浮预热和预分解技术为核心，把现代科学技术和工业生产的最新成果应用于水泥生产全过程，彻底改变了传统水泥工业的落后面貌，形成了一整套具有现代高科技特征和符合优质、高效、节能、环保以及大型化、自动化的现代水泥生产方法，即“新型干法水泥生产方法”。

二、绿色高性能混凝土技术

作为一种材料或一种产业，节约资源、能源也是为了本身能够持续存在和发展。水泥混凝土作为最大宗的人造材料，2000年世界水泥产量超过15亿t，混凝土超过50亿m^3（120亿t），对资源、能源的需求和对环境的影响十分巨大。混凝土能否长期维持作为最主要的建筑结构材料，关键在于能否成为绿色材料，因此提出了“绿色高性能混凝土”(GHPC)。

高性能混凝土是在大幅度提高普通混凝土性能的基础上采用现代混凝土技术制作的混凝土，是以耐久性作为设计的主要指标。针对不同用途要求，对下列性能有重点地予以保证：耐久性、施工性、适用性、强度、体积稳定性、经济性。

为此，高性能混凝土在配制上的特点是低水胶比，选用优质原材料，并除水泥、水、集料外，必须掺加足够数量的矿物细掺料（粉煤灰、矿渣等）和高效外加剂。

目前国际上已广泛认识到，高性能混凝土由于具有高耐久性、高施工性和高强度等特性，用高性能混凝土更换已陈旧的混凝土结构物和建设在严酷环境中的特殊结构，具有显著的经济效益。高性能混凝土至今已在不少重要工程中采用，并在高层建筑、长跨桥梁、海上平台、漂浮结构等工程中显示出了独特的优越性；在工程安全使用期、经济合理性、环境条件的适应性等方面也有明显的效益，因此被各国学者和工程界所接受，并认为是今后混凝土技术的发展方向。高性能混凝土也是新型的高技术的混凝土，不仅在性能上对传统混凝土有很大突破，在节约资源、能源，改善劳动条件，经济合理等方面，尤其在保护环境方面，有着十分重大的意义，因此是一种可持续发展的绿色材料。高性能混凝土还具有其他一些特性：它应用了现代混凝土科学技术延长了混凝土结构安全使用寿命，尽量减少造成修补或拆除的浪费或建筑垃圾；由于提高混凝土性能的需要，高性能混凝土科学地大量利用工业副产品和废弃物，减少对增加水泥熟料产量的需求，减少自然资源和能源的消耗，减少对环境的污染；又因大量利用粉煤灰、矿渣及其他工业废料而有利于环境保护。高性能混凝土具有优异的施工性能，便于施工，可节省劳力，减少振捣用电，降低环境噪声等等。因此，高性能混凝土是混凝土可持续发展的出路。

高性能混凝土在100~300年以至更长时期内，不应出现材质的劣化，按照耐久性要求设计，具有优异的施工性能，体积稳定，能满足不同等级强度的要求。

1. 更多地节约熟料水泥，减少环境污染

作为混凝土主要原料的波特兰水泥，目前来说实是一种不可持续发展的产品。水泥厂是人所周知的污染源，排出大量粉尘和有害气体。各国已规定排放限量，水泥工业的发展必将受到限制，必须积极改变品种和工艺以降低能耗；必须改进应用技术。在绿色高性能混凝土的胶凝材料中，工业废渣为主的细掺料将节约替代大量熟料，最多可达60%~80%。

2. 更多地掺加工业废渣为主的细掺料

不仅节约替代熟料，而且改善环境，减少二次污染。国内外已有不少研究成果与工程实践，如使用水淬矿渣、优质粉煤灰、复合细掺料与复合外加剂。复合掺料以及复合外加剂能够提高掺加效率，不仅能多掺多代，节能节料，达到减少CO_2排放量与改善环境的目的，还具有提高工作性、体积稳定性、耐久性、降低温升等效果。这种因复合化带来的超叠加效应，值得加倍重视。

3. 更大地发挥高性能的优势，减少水泥与混凝土用量

利用高强度减小结构截面积、减轻自重，在高层和大跨结构中已有不少例子。提高耐久性，保证或延长安全使用期，可获得更大的经济效益。

近十多年来，超高强水泥基复合材料，如MDF、DSP、CBC等成果已为进一步发展提供了基础。超高性能混凝土（UHPC）技术可以显著节减水泥与混凝土用量。充分利用超高性能，可创造新的结构和构件来开辟新用途，如可制成型材，也可与金属、聚合物复合（叠合）共同作用。现在混凝土表面层的抗裂、抗渗透、抗磨耐蚀等性能较弱，利用UHPC的超高性能作为镶面材料，可提高混凝土的表面性能，将大大增加GHPC的应用范围。利用UHPC的突出的强度与耐久性优势，能够减轻结构物自重1/2~2/3，能够节省大量砼与钢筋，将水泥与集料的环境代价减到很小。UHPC比普通混凝土可减少混凝土量74%，减少水泥量32%，减少集料量74%。减少集料对资源、能源的节约与环保的意义，并不亚于减少水泥与混凝土。这一改进，将使土建工程的功能与面貌发生改观，向自动化、智能化前进。

三、玻璃清洁生产技术

我国平板玻璃产量，从1989年起已连续多年位居世界第一，但在质量和品种上，同发达国家相比仍有一定的差距。如能耗，中国33.6kg标准煤/重量箱，发达国家约为20 kg标准煤/重量箱。优质浮法玻璃在我国约占玻璃总产量的8%，发达国家则占82%~85%，热耗在我国为7 328~6 909kJ/kg玻璃液，发达国家为6 071~5 300 kJ/kg玻璃液，窑龄中国为4~8年，发达国家为8~12年，等等。针对这些问题，首先要淘汰浅池平拉、垂直上引的小规模生产线，新建和改造的生产线规模应以500t/d、600t/d级新型浮法线（如国际水平的洛阳一线）为主，与300t/d相比，用工相差无几，产量可提高60%以上。尽快开发采用全氧燃烧和富氧燃烧等新型燃烧技术，能源消耗大大降低（达30%），使当前现场制

氧成本可降低50%以上，且火焰温度高，熔化速度快，并且可降低 NO_x 50%以上，同时 SO_x 及固体废料排放量亦降低。要尽快改变我国大部分仍以砒霜法作玻璃熔制添加剂的状况。

1. 节能增效

众所周知，传统玻璃制造是一项极其耗能的加工过程，一般要在1 450℃以上的高温下处理4天多的时间，以生产工人极丰富的经验来保障，其能源利用率一般都低于50%。因此，节能将是玻璃工业在21世纪能否生存发展的根本要求。目前的研究工作分成两个方面：一为通过建立模型、分析验证、测量、检验等手段，改进熔制过程，加深工人对实际操作经验的理解及提高操作水平。例如，以增加辅助电熔、鼓泡、气氛控制等技术的应用来提高生产效率。这种正在进行的工作仍有许多方面需深入研究以求扩大效果。另一方面是考虑全新的熔制技术。例如，正在大力推广的富氧（全氧）燃烧技术需要对窑喷嘴、蓄热室等设备进行较大的改动；试验中的以水泥预分解回转窑技术加辅助电熔的新型熔制工艺，能量利用率高，产量大，玻璃各形成段分开控制，工厂占地面积大为缩小(因其预热、分解等装置在电熔窑之上)。这种以水泥工业多年生产实验经验为基础的新工艺极具开发应用价值。但其有别于水泥业的原料中碱性物料多（Na_2O，K_2O）和高温差别（达200℃以上），要在耐火材料选择及工艺流程设计上多加考虑并经试验，做到更精细地控制生产，降低能源的消耗。

采用富氧燃烧技术和预分解窑技术的本质都是在于缩短反应和熔化的时间，减少气泡，从而缩短熔窑的澄清段，这样就提高了生产的效率，同时也达到了节能的目的。还有一种常见的提高效率的方法是调节原料的组成比例或选用不同的矿物原料种类及外加剂来改进玻璃的熔制。例如，在普通硅酸盐玻璃生产时调节其 CaO/MgO 的比例，改变引入 MgO 的原料种类及其颗粒度等方法，都已被证实有利于熔化进行。其他的微量外加剂还有 Li_2O、P_2O_5 和 CaF_2 等。

2. 减排除污、保护环境

众所周知，玻璃生产温度极高，所以由经验可知，在一定的玻璃产量和质量要求下，尽量降低温度则必减少挥发和粉尘。降低熔制温度最简便的方法就是研究玻璃的熔制澄清过程。研究已发现调节玻璃组成之中的各组元比例（例如 B_2O_3/SiO_2 和 CaO/MgO）可以有效降低熔制温度15～85℃，特别是在代碱、代铅中，效果更为明显。此外就是粒度比的影响并直接与粉尘排放量相关。若在配合料中大量使用废玻璃，则粉尘、废气排出会大幅度下降。

配合料中的另一种外加剂是澄清剂。多年前流行在玻璃中引入综合外加剂，多种硝酸盐、硫酸盐等构成的澄清剂，以降低熔点提高澄清效果，效果是明显的，但在环保研究时却发现是 NO_x 的主要来源。同时由 NaCl、KCl、CaF_2 等会生成 HF、HCl 等受控组元。因此，目前流行的是限控使用的方案。但对玻璃制造业而言，还要综合考虑对澄清的影响。在限制使用时，增加辅助澄清设备，以保证玻璃质量。

另外，对于源于原料和燃料，甚至废玻璃的硫、硫化物、重金属等危害物，除需注意选料之外，可能要辅加中间控制工艺才能达到表 6-1 所示的指标。较有效的工艺有：

（1）除尘机技术　玻璃厂废气温度较高，考虑到废气余热的回收以及综合处理（主要为用 $Ca(OH)_2$ 吸附 HCl 和 HF 等）的要求，需将静电沉积室、半干和干吸收段以及布袋收尘器进行合理匹配，找到控制指标及适应未来发展需求的途径，以满足不断增加的环保要求。作为设施，要考虑温度高对寿命的影响，布袋、管路材质的选择要达到使用 3 年的要求。

吸收段填料的选择对控制烟气及其毒害成分有关。研究证明，用 $Ca(OH)_2$ 吸附氟化物，加入纯碱可减少 SO_x 的排放。此外，各吸收温度也不一样，该工艺所处理的烟气温度在 350～400℃之间，而 SO_2、HCl、Se（气态）都发生在高温，因此还需进行循环处理。

（2）SO_x 的防治　由表 6-1 所示可知，硫化物（SO_x）是烟气的主要成分。研究表明，其来源是硫化物的氧化过程。

各硫化物的分解温度不一样：FeS 为 400～600℃，$CaSO_4$ 为 950℃，$MgSO_4$ 为 750℃，Na_2SO_4 为 650～750℃，K_2SO_4 为 500～600℃，说明与燃烧过程、玻璃形成有关。要针对具体情况选择控制方案。

首先是清洗燃料去除硫化物和天然气的 H_2S。其次是调节石灰石与白云石的比例，以控制上述的分解反应及吸收来控制 SO_2 的排放。最后是发现同样气氛中 O_2 含量增加也导致 SO_2 排放的减少。因此，富氧燃烧工艺总体上讲是环保型的。

（3）NO_x 的防治　NO_x 较高的排放量约 3 600mg/m^3（见表 6-1）以及对其毒害的认识，目前已使之成为玻璃工业的主要环保问题，对此的研究较全面，通常认为要综合下述各方面因素才能达标：① 采用天然气为燃料；② 不用硝酸盐作澄清剂；③ 降低熔制温度；④ 控制反应区氧含量；⑤ 降低多余空气比例；⑥ 改变蓄热室气体流入、流出；⑦ 调节小炉式烧嘴的结构布局；⑧使用富氧燃烧工艺。

这表明控制 NO_x 的排放是个系统工程，一定要考虑综合的影响，其核心是燃烧完全，效率提高。现在已有几种可实用的新工艺方案，如 SNCR 工艺、SCR 工艺、3R 工艺。

这些新技术新工艺还带来其他许多好处：① 采用池窑熔化，PbO 挥发量为 6%，最高达 30%。改用坩埚窑，PbO 挥发量可降至 2%～5%；而采用电炉则可降至0.2%，F的挥发可降至3%。② 改进火焰窑的结构，加长加料口，避免油枪直接接触料堆，减小燃油小炉的二次风进角，使火焰紧贴玻璃液面燃烧，可减少铅的挥发。

还有要采用毒性小、挥发性低的原料。铅玻璃以硅酸铅代替红丹（Pb_3O_4）和黄丹（PbO），可把铅的挥发量从20%降至5%；磷酸盐玻璃在 P_2O_5 量不高且含有CaO时，以磷矿石或磷酸钙代替磷酸二氢铵和磷酸氢二铵，以减少磷的挥发；以冰晶石代替硅氟酸钠，氟挥发量从30%～40%降至10%～20%。

优化玻璃的化学成分。为了避免或减少有害物质的溶出，首先必须优化玻璃的化学成分。在铅玻璃中加入一定数量的 Al_2O_3 并用 Na_2O 代替 K_2O 可减少铅的溶出量，或者用BaO、ZnO、TiO_2 代替PbO制晶质玻璃。氧化砷在玻璃的制造中用作澄清剂，但其毒性较大。用砷酸钠代替氧化砷，可使毒性减至1/60，且在运输过程中无粉尘飞扬。

四、陶瓷材料的清洁生产与生态化

随着工业迅速发展，建筑陶瓷、卫生陶瓷、日用陶瓷等普通陶瓷生产总量越来越庞大，陶瓷废弃量也同步增加，成为城市垃圾重要组成部分。而且，陶瓷从生产粉料到混合、成形、烧结等工艺过程，都要消耗大量能源，排放大量 CO_2。由于能源结构问题，还可能排放硫氧化物、氮氧化物。原料采掘是地表作业，导致土地和植被的破坏，造成水土流失。因此，陶瓷材料产生的环境问题也不可忽视。

粉尘飞扬是整个陶瓷行业的通病。粉尘来源首先是原料本身，但主要原因还是生产的开式作业。它所造成的直接后果，一是危害人的身体健康；二是积附在设备上，潮解后腐蚀、损害设施；三是污染周围环境，对个别岗位操作，工人必须戴上防尘面罩。

污水是湿法生产的主要缺点。它的产生一是来自粉料制备前期泥浆输送时的溢漏，二是来自各个生产环节的冲淋清洗。由于泥浆本身具有较强的腐蚀性，因此它对设备尤其是对一些薄壁管道的损害是极为严重的。

噪声的主要来源是一些大型设备，如大吨位球磨机、喷塔等。它所造成的直接后果，一是危害操作工人的心理健康，导致工人心情烦躁焦虑；二是影响操作工人的正常操作和故障判断能力。

陶瓷类材料与其他材料相比，其烧结阶段能耗要大得多。传统陶瓷能耗低于精细陶瓷，例如建筑陶瓷制造能耗为1.681kcal/kg。对现代陶瓷来说，若考察其整个生命周期，则其使用阶段能耗要低于一般材料。例如汽车应用现代陶瓷，其运行阶段的能耗和二氧化碳排放量将“抵消”生产阶段的能耗与排放。过去我国陶瓷行业是国家的耗能大户，尤其是特种陶瓷。陶瓷类材料和一般材料制造阶段的能耗及 CO_2 排放量如表6-3所示。

表 6-3　陶瓷类材料和一般材料制造阶段的能耗及 CO_2 排放量

材料种类		能耗/（10^3 kcal·kg^{-1}）	CO_2 排放量/（kg·kg^{-1}）
陶瓷	氮化硅	928	214
	碳化硅	987	213
	堇青石	40	8.8
	二氧化硅	250	49
一般材料	冷轧钢板	1.8	0.47
	电解铜	3.3	0.94
	塑料	15	4.1
	铝锭	44	9.3

1. 陶瓷烧成阶段的节能

陶瓷生产节能一直是以降低陶瓷工业的成本、减少环境污染为主要目标。其中烧成是耗能的主要工序。间歇式窑是高耗能烧成方式，只用在各种特种陶瓷制品。表 6-4 所示为烧成陶瓷不同连续式窑型的对比。无疑，辊道窑是热效率最高的一种窑型，目前在向高温、宽截面、大型方向发展。

表 6-4　烧成陶瓷不同连续式窑型的对比

窑　型	燃料	烧成方式	烧成时间/h	生产能力/（件·$车^{-1}$）	单位热耗/（MJ·kg^{-1}）
旧式隧道窑	煤	明燃装烧	72	10	111.37
隔焰隧道窑	重油	隔焰裸烧	21	25	19.81
新型宽体隧道窑	煤气	明燃裸烧	12	60	6.28
辊道窑	天然气	明燃裸烧	8	36	4.19

通过窑炉改革的辊道化、煤气化、自动化和大型化，可极大地降低能源消耗。由于辊道窑具有产量大、质量好、能耗低、自动化程度高、操作方便、劳动强度低、占地面积小等优点，因而在我国的建筑卫生陶瓷和日用陶瓷业得到普遍推广。

2. 应用和推广连续式球磨机

应用和推广连续式球磨机后，产量可提高 10 倍以上，电力消耗降至 1/5，场地面积节约至 1/10 以上。连续式球磨机具有产量大、电耗低、占地面积少、自动化程度高、劳动强度低、环境污染少等优点，是今后的发展方向。以全国年产 16 亿 m^2 墙地砖、日用陶瓷 100 亿件、卫生陶瓷 5 500 万件计，如全部采用连续式球磨机，每年可节电 25 亿 kW·h。

3. 喷雾塔的改进

喷雾塔改革热风炉、分风器、喷嘴、尾气，改善泥浆性能，产量提高近 1

倍，能耗下降3成。

4. 釉料熔块炉的改进

釉料熔块炉通过不断改进，产量提高了3倍，能耗下降1/2。具体措施如下：使用了雾化性能良好的高压喷枪；改进了熔块流出口的结构和材质；适当扩大了熔块炉的底面积；特别是增加了蓄热室，实现了废烟气的二次利用，大幅度提高了助燃空气的进风温度，使熔块炉的产量从原来5t提高到15~20t，油耗从0.35t油/t熔块下降到0.17t油/t熔块，而且可以用重油为燃料代替原来的柴油，大幅度降低了生产成本。

5. 抛光机的改进

抛光机经过一系列改进，产量提高3倍，电力消耗下降1/3。①从粗磨到精磨都采用圆锥形磨轮，有效地提高抛光机的效率。由于抛光机研磨时是滚动进行的，大大减少对砖的冲击，破损率是过去的1/2。抛光机磨轮研磨时，是完全的线接触，漏抛率是普通抛光机的1/2。②抛光机磨头传动电动机功率比过去节约30%以上。③高效可靠的直角较正装置，定位准确可靠。④采用高压风机对抛光后的砖进行干燥，代替了电加热器装置，节电30%以上。

6. 窑炉的余热利用

几年来，我国窑炉科技人员攻破一个个难关，逐步把窑炉的余热充分利用起来，使陶瓷产品的综合能耗下降30%以上。

7. 墙地砖的一次烧成新工艺

墙地砖大力推广一次烧成新工艺，综合能耗可下降3成，并且可以大量节约厂房和设备投资，同时大幅度提高了产品质量，产品吸水率由原来18%左右下降到10%~12%，坯釉结合良好，解决了后期龟裂等釉面砖质量的难题，极大地延长了产品的使用寿命。

早期窑炉燃料以煤为主，后用重油，均不是洁净燃料，因此只能采用隔焰或半隔焰装烧产品，耗能大，难以实现自动化，产品质量控制难，烧制高档产品困难。改用煤气、天然气及液化石油气，可以采用明焰裸烧，烧成的陶瓷制品可用火焰直接加热，大大提高了产品质量，大大地降低了能耗。

在洁净燃料中，由于天然气供应范围有限，煤气需投资建煤气站，不但投资较大，煤气中干馏焦油粘性大，难消除，常堵管道、烧嘴及控制仪表，且净化系统含酚及焦油污水难处理。因此，在有条件的陶瓷企业，特别是沿海地区的陶瓷企业采用液化石油气更为合算。液化石油气是洁净燃料中性能价格比最好的燃料，比煤及重油的价格高，与柴油和煤气相比，价格相近，甚至还略便宜。使用液化石油气窑炉的热耗下降较大，产品质量和档次价格能成倍提高。

8. 特种陶瓷材料的环境协调制造技术

特种陶瓷材料的环境协调制造技术，有近终型成形技术（直接凝固注模成形、胶凝注模成形等）、快速烧技术（微波烧结、自蔓延合成与烧结、放电等离子体烧结等）和“软溶液工艺”（如水热—电化学等）等。

（1）快速烧结技术

1）微波烧结。利用无机非金属材料在微波电磁场中的介电损耗，使其整体加热至烧结温度实现致密化的快速烧结。微波烧结具有以下特点：极快的加热速度和烧结速度，一般可超过500℃/min，材料内部直接加热，大大缩短烧结时间；降低烧结温度，可比常规烧结低几百摄氏度；改进材料的显微结构和宏观性能，烧结时间短，晶粒细小；经济简便地获得2 000℃以上的超高温；可节能50%左右；无热惯性。

2）反应烧结技术。陶瓷的粉体制备和烧结通常是两个独立分开的阶段。如果将两个阶段结合起来，粉体合成、烧结一步完成，则能够充分利用合成反应时的放热，又能避免粉体的粉磨过程，具有显著节能效果，降低污染物排放。

a. 反应烧结

反应烧结是制备陶瓷材料的重要方法之一，其最大特点是原位反应。反应烧结过程可以在自然界实现，如硅酸盐矿物的形成；也可以在人工控制条件下形成。反应烧结时，材料的骨架一般是固体。当固体与气体、液体反应在原位进行时，反应所增加的体积填充了坯体中原来存在的空隙，外形尺寸几乎不变，可以减少产品后期加工带来的能源消耗和污染排放。反应烧结还能容易地制备复相材料，并获得均匀的组织。通过合理的工艺设计，能够对材料的组织结构进行控制，甚至形成原位晶须增强复相材料。

b. 自蔓延合成与烧结（SHS）

自蔓延烧结属于一种特殊的反应烧结。由于反应自由能变化剧烈，放热显著，完全或主要靠反应放热使材料合成、烧结、致密化。

自蔓延烧结具有高温（2 000～4 000℃）、高速（103～106℃/s）、设备工艺简单、方法简便、省时节能、产量高（因为反应速度快）、经济性好、产品纯度高、活性大、晶粒度小、易破碎等优点，不仅能生产粉末，如果同时施加压力（压力可以为气压、单轴压力、爆炸压力或等静压力），还可以得到高密度的燃烧制品，同时可以制造某些非化学计量比的产品、中间产物及亚稳定相等，因而越来越多地引起各国材料科学家的兴趣，并取得了令人瞩目的成就，已合成出包括碳化物、氮化物、超导体、有机物在内的500多种物质，其中制备复相陶瓷是燃烧合成技术的一个重要发展方向。

c. Lanxide™方法

近年来开发的Lanxide™方法也是一种反应烧结法，利用液态金属和氧气、氮气的反应制成以陶瓷为基的复相材料。以氧化铝为例，铝液与氧气在界面逐层反应，最后形成Al_2O_3-Al复相陶瓷。控制工艺可以得到两相不连续、一相连续一相不连续或两相均连续的复杂三维结构，具有优良的力学性能。

3）放电等离子体烧结。放电等离子烧结技术（Spark Plasma Sintering，SPS）也称等离子活化烧结（Plasma Activated Sintering，PAS）。系统中可控脉冲电流通过承压导电模具，也通过样品本身，以及样品与模具间隙。通过样品及间隙的部分电流激活晶粒表面，击穿孔隙内残留气体，局部放电，甚至产生等离子体，脉冲能、火花放电冲击压力以及焦耳热产生高频、局部高温场，实现对样品的加热。火花放电瞬时发生的高温等离子（放电等离子）的高热能有效地应用于热扩散和电场扩散等，促进晶粒间的局部接合。通过模具的部分电流加热模具，还给样品提供一个外加热源。所以在SPS过程中样品被内外同时加热，加热可以很迅速（升温速度可达600℃/min以上）。又因为仅仅模具和样品导通后得到加热，且烧结室可采用强制水冷，断电后它们即实现迅速冷却，冷却速度达到300℃/min以上。同时施加轴向压力条件下，SPS能低温快速烧结致密材料。该方法已被用于烧结纯金属材料、合金材料、陶瓷材料以及各种复合材料。

SPS法具有许多新颖的特点，其主要特征有：① 通过综合利用ON-OFF控制直流脉冲通电初期的火花放电造成的局部高温场、放电冲击压、表面净化作用、焦耳加热以及电场扩散效果等而实现直热方式，由于热效率高、放电点分散加热均匀，故容易得到高质量的均质烧结体；② 由于是从粉体内部自发热作用快速升温烧结，所以有显著抑制晶粒长大的效果，有可能获得微晶结构和控制晶界；③ 有利于多孔烧结体和陶瓷-金属梯度复合等新材料的开发；④ SPS装置操作容易。

（2）“软溶液工艺”。如前所述，无机非金属材料一般包括高温烧结过程，这一过程占制备中能源消耗的70%左右，如果降低烧结温度甚至采用免烧技术，则能够显著降低能耗和污染排放。

所谓“软溶液工艺”，是指“采用环境负载最少的水溶液类工艺制取陶瓷和复合材料等高功能材料”。采用溶液法和加热溶液的水热法适于在密闭系统或循环系统中进行。与气相系统和真空系统比较，由于密度和含量高，因而反应速度快，而且也不受容器大小限制。

水热热压是在水热法基础上发展起来的，在水热反应的同时施加机械压力，能够使材料在低温（<300℃）固结致密化，具有低能耗、无污染的特点。水热法的基本原理是：水热条件下，水可作为一种化学组分参与反应。水既是溶剂又是矿化剂，同时还可作为压力传递介质。因此，通过加速渗析反应并对反应过程中的物理、化学因素进行控制，在外加机械压力联合作用下，可使材料在低温发生固结和致密化。

从溶液直接制造陶瓷是科学工作者追求的目标。溶液和基材之间要有水热反应、电化学反应、光化学反应等，在反应中可以利用溶解、析出，氧化、还原，水解，离子交换，螯合等物理化学过程和生物反应。如 $BaTiO_3$ 等薄膜水热电化学合成、热水法在 TiAl 上的 $BaTiO_3$ 涂层、磷灰石晶须的水热合成等。

(3) 近终型成形技术和可切削技术。许多应用领域要求材料具有精确的外形和尺寸，传统成形方法余量大，需要借助大量的磨削加工，能耗大，污染多。净尺寸成形和可切削技术是解决这一问题的有效途径，也是无机非金属材料零排放和零废弃制备的关键技术。

1) 近净尺寸成形技术。胶态成形是制备高可靠性、复杂形状结构陶瓷部件的有效净尺寸成形方法，包括普通注浆成形及注射成形，也包括许多现代先进的成形方法，如离心注模成形、胶凝注模成形、胶态振动成形、低温凝聚成形、直接凝固注模成形（direct coagulation casting，DCC）。下面以 DCC 技术为例对这类方法略加介绍。

DCC 技术的基本工艺流程是把生物酶技术、胶态化学及陶瓷工艺学溶为一体的一种崭新的净尺寸陶瓷成形技术。DCC 技术首次在陶瓷工艺中采用生物酶催化陶瓷料浆的化学反应，使浇铸到模具中的高固相含量、低黏度的陶瓷料浆靠范德华力产生原位凝固。DCC 成形的特点为不需或只需少量的有机添加剂（$<1\%$），坯体不需脱脂，坯体密度高（55% ~70%）且均匀，可以成形大尺寸复杂形状陶瓷部件。

2) 可切削技术。传统的可切削无机非金属材料主要是指可切削玻璃陶瓷和碳素石墨类材料。但是这类材料力学性能较差，限制了其应用范围。日本大阪大学新原皓一教授等在研究陶瓷纳米复合材料时发现，Si_3N_4/h-BN 纳米复合材料在保持了良好的力学性能的同时还具有可切削性。研究表明，当含有 15%（体积分数）六方纳米 BN 时，复合材料弯曲强度大于 1 100MPa，并能用普通硬质合金刀具车削和钻削加工。六方 BN 易于解理，再加上良好的分散，导致材料可以机械加工。由于是纳米级的 BN，解理仅发生于局域，远小于临界裂纹尺寸，导致材料能够保持较高的强度。可见，通过巧妙的微观结构设计，能够将优良的力学性能和可切削性统一于一体，这是未来开发可切削无机非金属材料的重要方向。

第三节　长寿命设计

无机非金属材料废弃后大多难以为环境所消纳，并且不能再生循环利用，造成大量堆积，严重污染破坏环境。改变这种状态的最有效途径是长寿命设计。材料长寿命化，相应地降低了资源、能源的投入，对于减轻环境负荷即改善环境平衡有很大的贡献。

玻璃材料基本上可以做到 100% 回收再利用，长寿命设计主要用于大量使用后的水泥基材料（包括混凝土）、陶瓷材料（包括砖、瓦等）。

一、陶瓷材料长寿命化

材料的长寿命化是减轻环境负载的有效措施。传统陶瓷材料作为日常用品除具有脆性和不耐冲击外基本上是长寿命材料。现代陶瓷具有更高的理化性能，被广泛地应用在要求长寿命的设备和部件中。陶瓷与金属、高分子相比，陶瓷的化学性质很稳定，即使在高温和腐蚀极限环境中也可以保证部件的长寿命。

以高温结构陶瓷长寿命为目标的材料设计，其第一阶段是搞清控制材料性能的因素。陶瓷的力学性能受抗氧化性、晶界滑移和气孔、断裂韧性等因素的影响。陶瓷材料长寿命设计主要考虑性能设计和结构设计两个方面。

1. 性能设计

以服役条件和失效分析为依据，将成分设计与结构设计相结合。

(1) 高温性能设计。很大一部分陶瓷材料应用于高温领域。也正是在高温领域，陶瓷材料显示出了其他材料难以替代的优势。

1) 高温强度、抗蠕变性能。在高温、应力条件下，多晶体由于晶界迁移而产生空洞。随着晶界迁移，在三叉晶界处发生应力集中，由此产生空洞的核心。而空洞的连结则导致微裂纹生长，主裂纹与裂纹前沿的微裂纹的连结导致裂纹进一步扩展。

陶瓷在高温、高压下的缓慢破断，可以用内部裂纹的缓慢生长来说明。裂纹扩展速度（v）和应力强度因子（K_1）间有如下关系

$$v = AK_1^n \tag{6-1}$$

式中 n 是指数。当达到产生裂纹的临界裂纹长度时，将发生断裂。断裂所需要的时间可以通过这个基本公式计算，因此可以进行部件的寿命预测。另一方面，在更高温度低应力下的破坏一般认为受空洞产生的内损伤积累的控制，而内在裂纹的扩展则是相对次要的原因。

在少数以断裂为寿命终止条件的情况下，如要求不高的高温窑具材料，尽量高的断裂应变将有利于材料寿命的提高。多数情况下，临界应变在没有达到断裂应变时材料已经不能够有效服役，寿命已经终止。如陶瓷发动机部件，临界应变受制于部件之间必要的间隙配合，这种情况下惟有降低材料的蠕变速率才能有效提高使用寿命。

最近在超细微粒陶瓷中发现的超塑性现象，在认识陶瓷的高温断裂和变形机制方面带来了新的观点。在超塑性状态下，由于伴随晶界迁移导致的孔洞形成和裂纹扩展被抑制了，因此，超塑性陶瓷才有可能产生达百分之几百的变形而不发生断裂。

由于原料中含有微量氧化硅和金属杂质，所以在多数陶瓷的晶界上存在厚约1nm的玻璃相。比如氮化硅，当作为烧结助剂添加金属氧化物时，工艺过程中残留的玻璃相将聚集于三叉晶界处。陶瓷的高温力学性能与时间有关并受玻璃相的

粘度控制，而玻璃相的粘度随玻璃相的化学组成和结构发生显著变化。作为烧结助剂添加的稀土元素离子半径越小，则氮化硅的高温强度越高，这一点已经被人们所认识。之所以如此，是因为玻璃相中的稀土元素离子和氧离子的结合强度与离子周围的电场梯度有关，从而提高了玻璃相的耐热性能。另外，通过热处理使晶界玻璃相晶化，是提高陶瓷高温强度的有效方法。

2）热震抗力设计。很多无机非金属材料服役于冷热骤变的条件下，此时决定材料寿命的关键因素是热震抗力。就寿命而言，控制因素是热震损伤抗力。

研究表明，热震损伤力参数 R^{IV} 可用下式表示

$$R^{\mathrm{IV}}=\frac{1}{(1-\nu)}\left(\frac{K_{\mathrm{IC}}}{\sigma_{\mathrm{f}}}\right)^2 \tag{6-2}$$

式中，K_{IC} 为断裂韧性，ν 为泊松比，σ_{f} 为断裂强度。可见，对提高热震损伤寿命而言，较低的断裂强度和高的断裂韧性是有利的。

3）抗氧化设计。固体的热力学稳定性（蒸发和分解）决定物质的极限使用温度。ZrO_2 的临界温度是 2 500℃，Al_2O_3 是 2 072℃。非氧化物无机非金属材料在空气中高温使用时，不可避免要面临氧化问题。在氮化硅晶界上有一层薄的氮氧化物——玻璃相，它是氧化反应时向烧结体内部扩散氧的通道，并且，玻璃相自身蒸发会引起沿晶界的龟裂。如果能通过控制组分提高氮氧化物——玻璃相的抗氧化能力，那么，预计氮化硅的理论耐热临界温度可达到 1 500℃的水平。碳化硅由于氧化，在表面形成一层 SiO_2 薄膜，起到阻止进一步氧化的保护膜的作用。但在 1 600℃以上时，由于发生释放 CO 气体的氧化反应，导致 SiO_2 膜发泡而使保护层破坏，从而加速氧化过程的进行。1500℃几乎是所有非氧化物无机非金属材料使用的温度上限，其原因主要在于氧化。氧化问题也阻碍了强韧性极佳的碳纤维、碳化硅纤维增强陶瓷基复合材料在更高温度的使用。通常氧化是一个渐进的过程，最终导致材料完全失效。因此，提高抗氧化能力在许多情况下是延长使用寿命的关键。

对于致密材料而言，抗氧化性对结构不敏感，通常采取的抗氧化手段是通过在材料表面自生或涂敷抗氧化膜，阻挡对内部材料的氧化。

（2）强度、韧性、抗疲劳性能设计　韧性差、脆性是陶瓷材料在使用过程中的最短处，断裂韧性是决定陶瓷材料长寿命的最关键因素。作为工业材料的结构陶瓷，其最大的课题是提高室温断裂韧性。与陶瓷同样存在脆性问题的金属间化合物，通过添加微量元素控制晶界的电子结构以克服晶界脆性，改善其室温延性。提高陶瓷韧性的实际方法是通过控制多晶体的界面结合力以追求强韧性。

如果无机非金属材料服役中承受连续冲击载荷、周期性载荷，或工作于腐蚀性介质中，则会发生裂纹的慢速生长过程，从而导致材料延迟断裂（疲劳）。这

种现象在玻璃类材料、氧化陶瓷、晶界含有玻璃相的碳化物、氮化物陶瓷中特别明显。陶瓷材料的疲劳寿命可以用下式近似描述

$$f_{\mathrm{f}} \propto \left(\frac{\sigma_{\mathrm{a}}}{\sigma_{\mathrm{f}}}\right)^{-n} \propto \left(\frac{K_{\mathrm{I}}}{K_{\mathrm{IC}}}\right)^{-n} \tag{6-3}$$

式中，σ_a 为外加应力，σ_f 为材料断裂强度，K_I 为外加应力强度因子，K_{IC} 为材料断裂韧性，n 为应力腐蚀指数（疲劳指数）。上式表明，较高的强度、韧性或较大的应力腐蚀指数，可以获得较长的使用寿命。

应力腐蚀指数 n 的大小反映了材料对疲劳的敏感性，n 越小越易发生疲劳破坏。无机非金属材料应力腐蚀指数变化范围很宽，可以从玻璃类材料的 10～20 增加到非氧物陶瓷的 100 以上。需要特别指出的是，与强度、断裂韧性不同，应力强度因子并不能完全看作是材料的性能常数，除了材料自身成分、结构以外，它还对环境介质、载荷形式很敏感。此外，研究表明，某些对增加材料强度、韧性很明显的手段，如相变增韧、微观结构增韧、第二相增韧，对应力腐蚀指数的改变不明显。由于应力腐蚀指数的影响是指数关系，因此，这些手段不能够像增强、增韧那样显著改变材料的抗疲劳破坏能力，这在提高无机非金属材料疲劳寿命的研究中是应该充分重视的。

（3）耐腐蚀、磨损性能设计　在石油、冶金、化工等领域应用的无机非金属材料，很多情况下其寿命决定于材料的耐腐蚀、磨损性能。尽管从总体上讲，无机非金属材料的耐腐蚀、磨损性能很优异，但在腐蚀、冲刷、磨损、高温等严酷条件的联合作用下。这种逐渐的破坏常常对材料寿命构成关键的影响。耐磨损性能主要取决于材料的力学性能。耐腐蚀性能比较复杂，与材料化学组成有关，也与材料的微观结构，特别是晶界结构有关。

2. 结构设计

（1）晶粒设计

1）晶粒设计。无机非金属材料的许多力学性能与晶粒尺寸关系密切，晶粒越细强度越高。晶粒尺寸对传统材料（耐火材料、传统陶瓷材料等）断裂韧性的影响较为复杂，但对致密精细陶瓷而言，影响与强度类似，晶粒越细韧性越好。因此，多数情况下晶粒越细材料室温下的使用寿命越长。晶粒尺寸对材料高温力学行为的影响与室温不同。

2）晶粒形状。从形态上讲，无机非金属材料的晶粒大致分为三类：等轴晶、柱状晶和片状晶。具有柱状晶和片状晶的材料通常断裂面更加曲折，产生更多的裂纹偏转、桥架等增韧作用，使材料的室温力学性能得到提高。此外，柱状晶和片状晶阻碍晶粒的转动，降低材料高温晶界滑移蠕变速率。因此，不规则晶粒和大的长径比有利于获得较大的材料室温和高温使用寿命。使长柱 β-氮化硅晶粒在氮化硅基体中长大的自生复合材料，其强度和断裂韧性都比原来的材料成

倍增加。

(2) 晶界设计　无机非金属材料晶界上总是或多或少存在着第二相。这些第二相经常以玻璃相形式存在，对材料的性能，特别是高温强度、蠕变性能和耐腐蚀性能影响很大。与晶粒内部相比，晶界玻璃相不耐腐蚀，是腐蚀的薄弱环节，特别当玻璃相多且呈连续分布时更为严重。总体而言，晶界玻璃相的存在对于提高材料的性能和使用寿命是不利的。但也有例外。有时适量玻璃相的存在可以提高材料的抗氧化能力，特殊设计的玻璃相成分也可能对材料的某些物理性能是关键的，如电导率。另外，出于降低烧结温度的考虑，有时还需要人为添加适量的玻璃相成分。所以，研究传统无机非金属材料生态化改造时，对晶界玻璃相的问题需要全面分析。

(3) 多相复合设计　通过工艺控制因素，既可生长出较大长径比的晶粒，起类似晶须增强作用，又可形成两（多）相复合材料。研究表明，优良的性能来源于复相结构的组织约束作用显著阻碍了裂纹扩展。

采用纳米/微米复合结构。由于基体对纳米粒子的约束和隔离，使其烧结时不易长大。纳米复合材料性能优异，特别是由于纳米粒子对基体晶粒滑移、转动的阻碍，使得这种材料性能可以保持到很高的温度。纳米复合结构是提高无机非金属材料力学性能、延长使用寿命的有效结构设计手段。

纤维、晶须复合结构是最经典的复合材料制备手段，材料的力学性能优异，断裂韧性是几种复合结构中最高的。作为进一步提高韧性的途径，长纤维强化复合材料是很有希望的。人们期待开发出以氮化硅、碳化硅为基体的，性能更加优异的长纤维强化复合材料。

发展智能自修复结构，属于机敏材料中的一类。其中的一个例子是用装有修复液体的空芯纤维增强混凝土复合材料和碳纤维监测混凝土。当混凝土局部开裂时，纤维中的液体流出，侵入裂纹缝隙并凝固，达到修复作用，延长材料使用寿命或给出混凝土结构信息。这种材料已应用于混凝土大坝及桥梁等大型结构。

3. 宏观结构设计

合理的宏观结构设计，能够充分发挥材料作用，延长使用寿命。在选材和结构设计方面要注意合理性，以节约、够用为原则。传统无机非金属材料脆性大、可靠性低，因此目前多用富余强度和大的安全系数来进行宏观结构设计。当缺乏对破坏机理的深刻认识时，大的安全系数也不一定安全，例如材料的疲劳破坏和低应力蠕变断裂。相反，通过对破坏机理和失效原因的分析，找到影响寿命的关键控制因素，再结合合理的宏观结构设计，则可能以尽量少的材料获得足够的安全性。根据联合强度理论和力学状态图以及陶瓷材料上述强度特性，可以知道在工程中应当如何合理使用陶瓷材料。现取典型的金属材料（一般正断抗力 $S_k \gg$ 切断抗力 τ_k）和陶瓷材料（$\tau_k \gg S_k$）为例。在较硬的应力状态下，如拉伸或缺口拉伸（或多向拉伸）的情况下，由于金属的正断抗力（S_{km}）远大于陶瓷的正断抗力（S_{kc}），所以此时金属材料优于陶瓷材料。对于软应力状态，如单向压缩或多向压缩的情况下，在陶瓷材料尚未发生塑性变形前，金属材料早已发生塑性变形或剪切断裂，这说明此时陶瓷材料优于金属材料。因此，为了充分发挥陶瓷材料的潜力，陶瓷尽可能地在软应力状态下服役。另一方面，在开发新的陶瓷材料时，应当着眼于提高材料的正断抗力。

根据上述联合强度理论，对陶瓷材料进行强度设计时应注意以下几点：

1）陶瓷材料应当尽可能避免用于较硬的应力状态（单向拉伸、多向拉伸或缺口拉伸等）。当结构设计中孔槽等截面过渡不可避免时，应当尽可能设法降低结构设计中的应力集中，如加大圆角过渡等及避免三向拉应力状态。

2）采用组合式结构，将拉应力状态尽可能转化为较软的应力状态。

二、水泥基材料的长寿命化

建筑物使用期限可长达百年。建筑材料与其他应用材料的区别在于要求耐久性。耐久性就意味着经济性和环境负载低。假如希望建筑物的使用期限为30～100年，那么，结构材料的要求特别严格，要求在设计使用期限之内必须具有尽可能长的寿命。

在发展高性能混凝土的工作中，有一个十分重要的问题至今未得到应有的重视，即安全使用期应设计成多少年？目前，在有关建筑法规中，一级建筑的安全使用期只定为50年。这对于混凝土建筑物肯定是不合适的。姑且不说古罗马火山灰—石灰混凝土至今已存在2000多年而依然完好，很多百年以上的水泥混凝土建筑物至今也仍坚挺矗立，钢筋也未锈蚀。高性能混凝土由于其耐久性大幅度提高，安全使用期应更长。例如在不利的使用条件下和严峻环境中，如冻融、海水、严寒、酷热等地区，经妥善设计和优质施工的高性能混凝土结构的安全使用期应不低于100年；在正常环境中使用的结构，其安全使用期应达200年；特殊重要工程在采取必要措施后，其安全使用期应达300年。

发展高性能混凝土的更大意义还在于，水泥混凝土这样的大宗材料的可持续发展。即如何最大限度地节约资源和能源，最好地与环境相协调，而不是破坏环境。只有如此，水泥与混凝土才能成为可持续发展的主要建筑材料。

如前所述，高性能混凝土配制的目标主要是耐久性，而用于承重结构，则强度应满足不同构件的要求。换句话说，不论设计强度是多少，首先应满足结构耐久性的要求。因为大多数造成混凝土劣化的物理的或化学的侵蚀都是有害介质通过水的侵入而发生的，所以低渗透性是混凝土的第一道防线。影响混凝土渗透性的主要因素是混凝土的内部结构。因此，配制混凝土时，影响耐久性的因素是拌和物的均匀性、稳定性，以及硬化混凝土的密实度、界面结构、尺寸稳定性和所用原材料的品质等。一般来说，只要保证成形密实、均匀，硬化后无原始裂缝，强度高的混凝土密实度也高。目前使用的各种矿物细掺料和减水剂，均可以使强度要求不高的高性能混凝土水灰比很低、工作性很好，而成形密实。为避免由于温度应力而产生裂缝，要尽量降低水泥水化热和混凝土内部的温升。从原材料的选择和配合比上还要尽量降低混凝土的干缩。

混凝土在使用期间，会由于环境中的水、气体及其中所含侵蚀介质浸入，产生物理的和化学的反应而逐渐劣化。混凝土的耐久性实质上就是抵抗这种劣化作用的能力。产生这种劣化作用的内部潜在因素是混凝土中的化学成分和结构，外部条件是环境中侵蚀性介质和水的存在，必要条件是那些外部侵蚀性介质和水能逐渐浸入混凝土的内部。因此，高性能混凝土的创意者着意于当混凝土劣化的外部条件存在时，使混凝土本身密实并不产生原生裂缝，硬化后体积稳定而不产生收缩裂缝，同时减少混凝土内部受侵蚀的组分，以保证高性能混凝土的耐久性。

对于普通混凝土来说，常用抗渗（水）性来评价混凝土低抗外部介质浸入的能力，用抗冻融循环性（简称抗冻性）和抗干湿循环性来评价混凝土抵抗物理作用劣化的能力，用抗碳化性能来评价混凝土抵抗钢筋锈蚀的能力。对用于有化学侵蚀性介质环境的混凝土，往往还检验其抗硫酸盐侵蚀性。

一般来说，混凝土只要其渗透性很低，就可以有很好的抵抗水和侵蚀性介质浸入的能力。高性能混凝土由于其很低的水胶比而具有很低的渗透性，因而是高耐久性的。然而，对于混凝土的耐久性，不应当仅仅在材料的体系上进行评价，而应当把混凝土材料放在构件和工程结构的体系中进行评价。例如，有很高水密性的高性能混凝土，用目前有关标准中的检测方法检测时，在很大水压下渗透入高度都很小甚至不渗透水，但是促使钢筋发生锈蚀的有害离子却能在其中扩散。绝大多数工程结构所使用的都是配筋构件，因此有必要建立一种能检测高性能混凝土渗透性的方法。又如，掺入大量矿物细掺料后，尽管所掺入的细掺料中含有较多的碱，但因为这种化合态的碱在水中溶出率极低，所以即使处在饱和的$Ca(OH)_2$溶液中，其溶出率也很低。混凝土胶凝材料中的碱度会随细掺料掺量的增加而降低，故对于密实度很高的用于非受弯构件的混凝土，即使掺入大量细掺料（如质量分数大于50%的粉煤灰），其抗碳化的性能也应当没有疑问。但对于受弯的钢筋混凝土构件，设计时允许受拉区产生宽度不大于0.2mm（对于预应力钢筋混凝土为0.1mm）的裂缝，开裂后钢筋的保护层会被削弱，因此大掺量细掺料的混凝土的抗碳化能力可能会比细掺料量小的混凝土的为低。目前尚未见到关于细掺料总量超过30%（质量分数）的混凝土用于受弯构件的报道，其原因可能就在于此。但也有实验表明，细掺料掺量达40%（质量分数）时，胶凝材料的pH值并未显著下降。其原因尚不清楚，但很可能与所用细掺料中含有化合态的碱有关。与普通混凝土一样，对于高性混凝土的耐久性的评价应针对混凝土所处环境，突出重点要求，为此，需要通过从材料到构件的大量实验进行研究，以便对不同用途的高性能混凝土的耐久性进行评价，并根据不同工程耐久性的要求调整其组成。

第四节　再生循环利用技术

无机非金属固体废弃物主要包括建筑废料（废旧混凝土）、废玻璃、废陶瓷以及粉煤灰、各种工业废渣、尾矿等，数量特别巨大。这些废弃物占用耕地，渗透入土壤和水系，污染环境，对其再循环和再利用的研究迫在眉睫。

各类无机非金属固体废弃物化学组成相近，主要是Si、Al、Ca、Mg、Fe等元素的氧化物，这与制备无机非金属材料的原料类似，再加上无机非金属材料产业本身十分庞大，因此，以这些废弃物制备无机非金属材料是对其再循环和再利用的重要途径。变废为宝，实现“其他产业的废物，是无机非金属产业的原料”绝不是梦想。

传统上对无机非金属固体废弃物的利用包括铺路、制砖瓦、水泥添加料、混凝土集料等，基本上属于低附加值利用。由于附加值低，很多情况下经济上不合算，未能对这些废弃物进行充分、高效的利用。因此，开发高附加值的利用方法和再循环技术，无论从节约资源角度、环境保护角度，还是从经济角度来说，都很有必要。

一、陶瓷材料再生循环利用

长期以来陶瓷废弃物并未被人们重视，认为是无毒、无味、密度大，与天然成分相近，等同于山间的石块。另外，实际利用也存在困难：粉碎要消耗能源；以再生原料生产产品质量低，只能降级利用；制取低级产品，经济效益较低，所以再利用率很低。

无机非金属工业中废玻璃的回收利用较早，和金属相同可以作为原料重新熔融再利用。而陶瓷不能溶解和熔融再回收，必须经过粉碎再利用。陶瓷生产过程产生的废弃物主要是烧成废品。生产过程中任何一个工序的缺陷都将在烧成品表现出来，例如开裂、变形、起泡、毛孔、斑点、生烧和过烧等。废品率高就意味着能源浪费、单位成品污染物排放量高。提高成品率是从源头开始降低环境负载的主要措施。

1. 烧成废品的再利用

炻器、精陶、瓷器的吸水率不同，精陶吸水率较高，在10%～22%，炻器在6%以下，瓷器1%以下，所以其再生用途也不同。根据粉碎细度分类的再生品可以开发各种用途。以下为烧成废品的利用举例。

(1) 吸音材料　废料粉体、熟料和助熔剂混合，成形和烧成，生成多孔吸音材料。根据粉碎粒度和性能调节气孔量和孔径，达到要求的吸音性能。

(2) 吸附材料　利用熟料的吸附能力，可吸附放射性废弃物中的放射性离子。烧成熟料对放射性离子有隐蔽能力。

(3) 透水材料　制造方法和吸音材料相同，可以制作地砖等。

(4) 过滤材料　与有机过滤材料相比，有耐药品性、耐热、长寿命等优点。

(5) 作为原料再利用　废陶瓷微细粉体在坯料配制中加入5%～10%作为原料使用。作原料用废陶瓷，要求洁净、分类保管。

(6) 用做助熔剂　废陶瓷微细粉体用作耐火性能相对高的建材和低级耐火材料的助熔剂。

(7) 骨材　在耐火高的（1 500℃）湿法瓷器熟料用作骨料。湿法成形坯料使用骨材可以减少烧成收缩率和干燥收缩率，保证骨料尺寸稳定性。

(8) 农药载体　将不吸水的瓷器熟料粉碎，用作农药载体。

2. 污泥、未烧成废料的再利用

一般陶瓷工厂的污泥中60%～70%是含釉料的污泥，其他是原料污泥。釉料在生产中损失达20%～30%。由于釉料价格高，又不利于污泥的再利用，因此首先应减少釉料的损失，从粉碎机的选型、粉碎机的洗涤方法、施釉方法、保管方法等方面采取措施。污泥主要含陶瓷原料长石、硅石等，粘稠，难处理，废弃时对环境的破坏大。现在对污泥还没有最有效的处理方法。一般可以经干燥处理再使用或分级、磁选做斑点材料或热水处理做建材。另外，也可利用污泥为原料制取人工砂、下水管、缸砖、耐酸砖人造轻质材料、红砖、釉瓦等。未烧成坯体的废料是陶瓷原料组成，可以返回到坯料中，也可以用作建材原料。

二、建筑材料的再生循环利用

1. 建筑材料的使用、解体过程对生态环境的影响

我国建筑垃圾增长速度几乎与建筑材料增长速度同步，除少量金属被回收外，大部分成为城市垃圾。建筑垃圾与工业固体废弃物的区别在于，前者是工业产品，经过集中，最后转变为城市垃圾，而后者基本上分散在工矿所在地。建筑垃圾由建筑施工垃圾和建筑物拆除垃圾两类组成，它占有一定的土地和空间，不燃烧、不腐烂，往往是结合体的大块料、混杂料，34%是废弃混凝土，难以拆卸、分类，回收附加值低。数量巨大的建筑垃圾所造成的生态环境压力，已经引起国内外广泛的重视。

2. 建筑材料可循环再生利用

材料的可循环再生要从设计抓起。建筑材料可循环再生设计包括如下几点：① 减少使用材料。以最少的材料达到对性能和功能的要求；② 材料再使用。要求可拆卸、可修复使用。③ 循环使用。可拆卸，可降级使用。

应减少现场废弃物的产生。例如材料无包装化、简易包装化，建筑部件工厂化，无剩余材料定货，施工现场再利用、现场分离、减量化等。现场分离是处理

废弃物的重要环节，大量产生的是可以直接利用的建筑废土、混凝土碎块、砂、石等。混凝土废弃物处理需要工厂进行分离、分选，分别处理。

德国每年共产生 8 500 万 t 建筑废料，1996 年约有 3 100 万 t 建筑废料得到再循环利用。计划在 2005 年前将当前主要靠填埋处理的可再生建筑废料减少一半。德国政府对建筑废料管理总的方针是减少可再生废料的填埋，提高循环再生率，预制板材料尽量使用废材料以提高再循环率。

日本 1995 年产生建筑废料 9 900 万 t，循环再生率达到 57%，最终处理率达到 89%。1991 年日本政府颁布了《关于促进再生资源利用法》，并强力推行。另外，推进减少废弃物产生和循环再生的技术开发，并建立废弃物处理厂等。

再生骨料一般用来配制中、低强度的再生混凝土。但若以 30% 以下的再生骨料等量取代混凝土中的天然骨料时，其性能与基准混凝土相似。再生细骨料必须与天然砂混用，前者以不超过 40% 为宜。通过与普通混凝土的对比，用 100% 再生粗骨料、40% 再生细骨料（混入 60% 天然砂）配制的混凝土，无论高、低标号，其抗压强度均略超过普通混凝土，而抗折强度和抗拉强度约为普通混凝土的 85% ~89%。干燥收缩、透水性、中性化及冻融等耐久性试验结果表明都满足 JASS5（日本建筑工程标准）的要求。

再生骨料可经强化处理再利用。采用几种不同性质的化学浆液对再生骨料进行浸渍、淋洗、干燥等处理，用以改善骨料空隙结构来提高骨料强度，也是提高再生混凝土强度的又一途径。用聚合物乳液可以改善废弃混凝土作集料的砂浆强度：以 SBR、PAE、EVA 乳液处理的破碎混凝土细集料砂浆的抗压强度并无明显改善，但抗弯强度大幅度提高。用低浓度 PAE 和 EVA 乳液处理的废旧混凝土细集料砂浆抗弯强度与未处理的相比提高幅度最大。

对于公共工程是否进行建设副产物再利用的问题，不应简单地只从成本方面来判断，而重要的是应该考虑到再利用带来的社会效益。一定要从综合考虑环境保护及资源保护等社会效益的角度出发，来进行成本效益分析，并确定再生利用经济效益的评价方法。

水泥是利用工业废渣大户，用作混合材和原料上亿吨，形成了以矿渣水泥、火山灰水泥等为代表的多品种系列水泥。许多工业废渣经处理后是很好的混凝土掺合料，能有效地改善混凝土的性能，值得大力推广，尤其是在中小城市及乡镇，只有这样才能提高工业废渣综合利用率。

3. 工业废渣的高附加值利用

（1）粉煤灰制取沸石分子筛　尽管各地粉煤灰成分有所差别，但主要成分均为 Al_2O_3、SiO_2、CaO、MgO、Na_2O、K_2O、MnO、Fe_2O_3、TiO_2 和 P_2O_5 等。其中 Al_2O_3 和 SiO_2 含量高达 80%（质量分数），同沸石成分甚为接近。

采用水热法，由经筛选的粉煤灰制得铝酸钠溶液，添加适当化学试剂得到混胶，最终合成4Å 沸石。若过滤后添加适当化学试剂，再经交换、过滤、干燥、成形、活化等程序，可合成5Å 或3Å 沸石。上等粉煤灰价格为50 ~100 元/t，所得沸石材料价格为5 000 ~10 000 元/t，经济效益十分可观。

(2) 粉煤灰、煤矸石制备高性能陶瓷　粉煤灰与黏土的成分十分接近，因此，可以采用碳热还原方法制备高性能的 SiC/Al_2O_3 复相陶瓷、Si_3N_4/Al_2O_3 复相陶瓷或 Sialon 陶瓷。

煤矸石的 Al_2O_3 含量较低，并含量较多的碳，呈特殊的层状结构。由于自身含有较多的碳，且与 SiO_2 形成良好的分散分布，因此几乎不需要添加其他任何物质即可以在高温反应合成碳化硅。研究表明，1 400℃保温 2h 后，制成的材料是 β-SiC 为主晶相的陶瓷，强度达 138MPa。

(3) 建筑废料、废混凝土、废陶瓷制备高性能建材　建筑废料、废混凝土、废陶瓷等数量庞大，这类废物成分接近，以 Al_2O_3、SiO_2、CaO 为主，CaO 含量较高，很难以常规方法制备成陶瓷，能耗也太高。采用蒸压技术，将这类材料制成高性能建材，是一种理想的方法。

研究表明，将建筑废料、废混凝土、废陶瓷等粉碎到一定粒径，不添加或添加少量水泥，在蒸压条件下制成的材料抗压强度达 100MPa，与高标号水泥相当，完全能够制作各类建筑结构件，实现材料的循环利用。当添加 0.1% ~0.04%(质量分数) 的短碳纤维后，强度还能进一步提高。

第五节　生态化新材料

发展生态化新材料，取代对环境、人体有害的传统材料，是生态环境材料的重要发展方向。

一、新型陶瓷生态材料

陶瓷生态材料是通过改变陶瓷的化学成分和微观结构，使之成为具有高性能、高功能，用以取代能耗高、寿命短等环境负载高的材料。陶瓷生态材料是基于现代陶瓷基础上的材料，突破原有天然矿物原料和制备工艺的范围，开发、拓展出一系列新功能。现代陶瓷的功能扩大，使陶瓷具有长寿命、节约能源、治理环境污染、保证人类身体健康等改善和保护生态环境的功能，成为建立和发展新技术产业、改造传统工业、降低环境负载、发展新能源所不可缺少的物质条件。

1. 结构陶瓷

现代结构陶瓷具有耐高温、耐腐蚀、耐磨损、高硬度、低膨胀系数、高导热性和质轻等优点，被广泛应用在能源、石油化工、空间技术等领域。

(1) 提高能源效率和节约能源的材料　氮化硅陶瓷、碳化硅陶瓷、赛隆(Sialon) 陶瓷、陶瓷纤维增强合金以及陶瓷颗粒弥散增强合金，具有导热系数低、耐高温性能，可提高能源利用率，减少大气污染，是可以承担氧化物陶瓷和金属材料无法胜任的条件下使用的材料。氮化硅陶瓷已用于柴油发动机中，可明显提高燃烧效率。氮化硅陶瓷制造的涡轮增压器转子，能以 $5 \times 10^4 r/min$ 工作2000h，工作温度达1200℃，使能量转换效率大幅度提高。对300kW发电规模气体涡轮机的热效率和二氧化碳排放量分析表明，采用金属制涡轮机热效率为20%，而陶瓷涡轮机叶的涡轮机耐高温，入口温度可达到1 350℃，所以热效率可提高到42%，二氧化碳排放量可减少50%以上。

美国主要集中研究轿车用陶瓷燃气轮机和重型卡车用陶瓷低散热柴油机。陶瓷发动机的优点是不需要冷却水系统，因而重量轻，体积小，故障率低。耐热陶瓷还可以用在高温发热炉、高温反应器、核反应堆吸收热中子控制棒，高导热性陶瓷可用作大规模和超大规模集成电路的散热片。

（2）纳米陶瓷材料　纳米陶瓷从根本上改变了材料的结构和制造技术，可望能够清洁生产，产品具有高生态性能，例如，使用寿命长、降低能源消耗及能够净化和修复环境。陶瓷固有的缺点是性脆，即短寿命，而纳米 TiO_2 陶瓷在常温下就可以发生塑性形变，180℃下塑性形变可达到100%。纳米材料具有巨大表面和尺寸效应，纳米微粒构成的陶瓷烧结体密度只有原矿物的1/10，可用于制造环境修复和净化的陶瓷材料。

陶瓷是高能耗产业部门，纳米陶瓷粉体的比表面巨大，烧结时的扩散速度大，烧结速度加快，缩短了烧结时间，节省能源。例如用粒径为10～20nm的含钇二氧化锆粉体制取的坯体，烧结仅需7min。

2. 反应硬化型免烧陶瓷和电沉积陶瓷膜

贝壳、骨骼和牙齿等一些以Ca亏损磷灰为基的生物陶瓷材料，可以在室温形成和固化，并具有良好的力学性能。模仿这一生物化学过程，就可能在没有高温过程的情况下达到无机非金属材料的固结致密化，从而实现最好的环境协调性。反应硬化型免烧陶瓷和电沉积陶瓷膜是这方面的两个例子。

（1）反应硬化型陶瓷——磷灰石水泥　所谓反应硬化型陶瓷，是指可在较低温度下使粉末粒子间相互反应结合的陶瓷。与高温下使粉末粒子之间烧结类型的陶瓷不同，这是一种“化学结合型”陶瓷。磷灰石水泥与过去的高温烧结型磷灰石陶瓷不同，由于它可以生成与生物磷灰石类似的Ca亏损磷灰石硬化体，所以有希望作为自然融合型的新材料而得到应用。一般认为硬化是水泥粉末通过粒子表面的水合作用生成Ca亏损磷灰石微晶而相互结合的过程。目前正在探讨作为仿生水泥应用方面的问题。作为磷灰石水泥，最初发现的是 $\alpha\text{-}Ca_3(PO_4)_2$ 的水合硬化特性，之后开发出了多种基本粉末成分系。

（2）电沉积陶瓷膜　发挥磷酸钙的生物亲和性，在力学性能优良的金属或陶瓷表面镀一层磷酸钙薄膜的研究很引人注目。传统的镀膜技术处理温度太高，会造成磷灰石分解或产生部分玻璃化组织，从而导致生物相容性下降。采用电化学方法从磷酸钙水溶液中把 Ca 亏损磷灰石沉积于阴极表面，反应条件缓和，环境负荷小。

二、生态建筑材料

针对目前新的环境状况，我们已不能满足传统建筑材料带来的功用，而应发展更好环境协调功能的生态建筑材料。生态建筑材料的发展趋势是矿业、工业废弃物的高附加值利用，材料的多功能化、复合化，传统建筑材料和环境功能建筑材料一体化。生态建筑材料主要包括两大类：生态协调性建筑材料，即材料生命周期各阶段节省资源、节省能源、可循环再生、无环境污染或很小污染的材料；净化和修复功能性生态建筑材料，例如净化空气材料，抗菌、防霉、调湿、抗辐射材料，红外辐射效应材料，负离子效应材料等改善环境功能材料及保健功能材料。

1. 生态协调性建筑材料

(1) 水泥　水泥厂是不需投资的废弃物处理工厂。其他行业排放的矿渣、钢渣、粉煤灰、尾矿、煤矸石、硅锰渣、化学副产石膏、拆除建筑材料等均可用作水泥的代用原料，废机油、废轮胎、废橡胶、废纸、废木材、城市垃圾等都可作为代用燃料。

欧洲国家有 1/3 的水泥厂采用代用燃料，取代率为 10% ~30%，每年节省 250 万 t 煤，少排放的 CO_2 量相当于 250 万辆轿车年排放的 CO_2；美国有些水泥厂 100% 使用废机油作燃料；美国和加拿大年报废 2.75 亿只轮胎，其中 15% 被用作水泥厂燃料。在水泥窑的高温条件下，有机物完全被分解，有毒气体离子如 Cl^- 等与窑中的碱性气体进行中和，微量重金属元素进入水泥矿物晶格。水泥工业在生产过程中几乎不产生废物，是一种零排放工业、环境净化工业。当然，水泥代用燃料的使用要有严格的规章。欧洲和北美对由代用燃料和代用原料生产的水泥进行了独立的科学检测，结果表明，从此类水泥混凝土浸出的重金属含量大大低于饮用水的容许量。

水泥工业使用代用原、燃料，大量节省了天然的原、燃料，大幅度减少温室气体 CO_2 的排放，解决了废弃物污染环境问题，对环境、对社会、对可持续发展做出了贡献。同时，代用原、燃料的使用可以降低水泥生产成本，提高水泥的市场竞争力。水泥还是有害化工废物和核废渣的固化基材，采用水泥固化一是成本低，二是工艺简单。

水泥窑处理可燃废弃物的研究始于 20 世纪 80 年代初，首先在欧美等工业发达国家获得成功。大量的研究与实践表明，与传统的废料处置方法——焚烧炉、填埋等方法相比，利用水泥窑处理可燃废弃物有其独特的优越性。水泥回转窑是高温煅烧设备，窑内高温区气体温度可达 1 850℃，物料温度也在 1 450℃以上，气、料在高温区滞留时间长，分别可在1 100℃以上的高温区滞留4s和30min以上，而且窑内高温气体湍流强烈，呈碱性气氛，可降解绝大部分化工、医药等行业排出的有毒有害废弃物，绝大部分重金属元素被固化在熟料矿物中，没有残渣、有毒物排出，避免了二次污染。同时，这种处置过程与水泥生产同步进行，不需建造专门的焚烧设备，具有投资少、成本低的优点，被专家认为是一种合理的处置方式。德国的研究表明，这种水泥在使用过程中并没有危害人体健康和环境破坏的浸出物质。

欧美等发达国家的实践为我们展示了水泥窑处置和利用可燃废弃物的广阔前景。中国水泥行业也正在起步，上海万安企业总公司和北京金隅集团北京水泥厂正在进行有关试验，取得了初步成果。由此可见，生态水泥工业可望成为21世纪的绿色产业。

可用于水泥窑处理的可燃废料种类很多，包括废轮胎、废油、废油漆、涂料、石蜡、树脂渣、废塑料、木炭渣、化纤、棉织物、医疗废物、石油渣、煤矸石、油页岩、城市下水污泥、城市垃圾等，性能各异，所适用的处理方式也不同。这里不一一细述。

合理处置利用工业废渣、城市垃圾、可燃废料用作水泥工业的替代原燃料，是新世纪水泥工业发展的必然趋势，世界各国的政府和水泥企业正积极致力于该领域的研究，继续完善有关技术和法规，把水泥工业建设成为环境友好型工业。

但我们应注意到，随着目前水泥工业广泛循环再利用各种低品位原燃料，其他工业的废渣以及可燃废弃物和城市垃圾等做二次材料这一实践的进展，原材料和燃料中引入的某种或某些微量元素的量大大增加了，主要是As、Pb、Cd、Cr、Hg、Zn、Co、Ni等。所以，探索水泥中微量元素的环境影响已成当务之急。

为了保证国家的经济发展和人民生活水平不断提高对水泥的需求及作可持续发展对环境的需要，应发展运用现代新型干法技术以城市垃圾和工业废弃物为主体原燃料的生态水泥工业。

(2) 混凝土　日本混凝土协会于1994~1995年设立了生态混凝土研究委员会，发表的研究成果受到了广泛的好评。关于生态混凝土（Eco-concrete/Environmentally Friendly Concrete）的用语，是由日本混凝土工学协会与生态混凝土研究委员会首先提出的，其意义是减轻地球环境负荷、与生态体系协调发展、创造舒适环境的混凝土材料。按照上述涵义，生态混凝土可分为减轻环境负荷与生物对应型两类生态混凝土。

1）减轻环境负荷的生态混凝土（Environmentally Mitigatable Concrete）。减轻环境负荷型生态混凝土即指能减轻地球环境压力的混凝土材料。这包括资源的消耗量以及资源的开采、深加工、使用时的能耗各个环节对地球产生的压力都比较小的混凝土。即混凝土制造时降低环境的负担；混凝土在使用中降低环境负荷；使用的混凝土本身能降低环境负担。

混凝土制造时降低环境负荷是指用生态水泥配制混凝土。这里说的生态水泥，是指用城市的垃圾灰、下水道污泥及工业废弃物等制造的水泥。用这种水泥制作混凝土可以有效解决废弃物处理占地、石灰石资源和节省能源的问题。

用粉煤灰、高炉矿渣等工业废料作为混合材制作混凝土，达到节省资源、减少废弃物处理用地、抑制 CO_2 排放量的目的。

再循环混凝土是指将使用过的混凝土或废弃混凝土破碎后作为制作混凝土的集料，以代替天然集料制作混凝土。废弃混凝土的胶结材、混合材或集料也可用作制作水泥的原料，进行多次重复使用。这样可有效解决废弃物处理用地、天然集料资源、石灰石资源以及 CO_2 排放等问题。

混凝土使用中降低环境负荷是指发展长寿命混凝土和再循环混凝土（前已述及）。

利用混凝土降低环境负荷则是指开发多孔混凝土（后面详述）。

2）生物适应型混凝土。能与生态系统和谐共存、确保生物的生长环境并不对生物产生不良影响的混凝土。即确保生物生息场地的混凝土或混凝土构造物（后面详述）。

3）其他利用废渣生产的环境协调水泥产品。

a. 节能免烧水泥

这种水泥生产周期短，不但节省能源，而且可以免除烧结水泥的粉尘和有害气体污染。原料大部分是废弃物再利用。日本研制的"陶瓷石"是以炉渣、煤灰、石料、玻璃等废渣、废料为基础的节能免烧水泥，关键是凝胶材料的选择，可在常温下固化。主要成分是二氧化硅，可以任意成形或制成板材。强度是普通混凝土的4倍，抗冲击、耐磨、耐火、耐寒等性能均符合材料标准。

b. 高标号钢渣矿渣水泥

钢渣矿渣水泥被称为生态水泥，是以钢渣、粒化高炉矿渣、硅酸盐水泥熟料和激发剂共同研磨的新型水泥，强度高。但钢渣水泥早期强度偏低，主要是各组分共同研磨，材料易磨性不同，粒度分布大所致。采用先进粉磨技术和设备，使各组分比表面积提高到400m^2/kg 以上，粒度分布窄。

c. 轻质混凝土

是生态建筑设计一直追求的生态建筑材料，它能降低建筑和材料的自重，对建筑和材料的生命周期降低资源消耗、能耗和环境污染均有重要意义。我国每平方米建筑自重为1 500kg 左右，将努力降低到1 000kg 以下。一般轻质混凝土采用膨胀页岩制成轻质骨料，进一步制造自重轻的轻质混凝土，抗压强度为26MPa。采用超轻质骨料混入气泡和蒸汽养护等方法，可生产出密度为0.5～1.0g/cm^3 的结构材料。近年来开发用致密的基料与骨料制造密度为1 800kg/m^3、抗压强度高于50MPa的轻质混凝土。轻质混凝土还具有隔音、减振、保温性能好等功能，降低了服役运行时的环境负荷。

(3) 玻璃 除普通玻璃外，近年来发展了功能性建筑用玻璃，具有隔音、吸音、隔热、防污染、自清洁、防震等特殊功能。

我国多层住宅单位能耗，外墙是发达国家的4～5倍，屋顶为2.5～5.5倍，外窗为1.5～2.5倍，门窗空气渗漏为3～6倍，造成舒适度不够，能量损耗极大，环境压力增大。通过门窗的热损耗占建筑热损耗的40%～50%。传统的门窗材料不是密封不好，就是隔热保温性能差，如普通玻璃窗传热系数大（3mm的为6.45W/m^2·K)。建筑节能就得首先从改进门窗材料及结构开始。主要可采取增加玻璃层数；使用特殊性能的门窗玻璃，如双层低发射玻璃（Low-E，1.76W/m^2·K)，蜂窝透明轻质绝热材料、太阳反射镀膜玻璃、透明绝热材料夹层玻璃、导电镀膜玻璃、双层玻璃真空窗（超级窗，传热系数很小，接近零)。

高性能绝热复层玻璃具有优良的保温效果。它是由远红外线反射率高、保温性和绝热性优良的特种双层玻璃组成，层间注入空气，玻璃内侧涂覆具有保温性和绝热性的金属膜及透明塑料膜。由于该薄膜的作用，太阳光能照入室内，而室外的冷空气被阻挡在外，室内的热量不会流失。采用这种玻璃后冬天取暖节能可达60%，除了具有保温效果外，采光和防止结露性能优良。而一般的隔热玻璃是在夹层玻璃内充填导热系数低的空气层而制成，由于其热贯流率约为单板玻璃的一半，因而具有一定的隔热效果。

单层热反射玻璃对太阳热的屏蔽能力约为普通透明平板玻璃的2～4倍，具有减轻冷气设备负载和隔热效果。建筑物采用这种玻璃，进入建筑物的热量仅为24%。此外，由于金属膜具有镜面效果，周围景观及天空中的云彩呈现在玻璃上，构成一幅绚丽壮观的图像，从而为建筑物增添情趣，使之与自然达到完善的统一。热反射玻璃是用喷雾法、溅射法在玻璃表面涂上金属膜、金属氮化物膜或金属氧化物膜而制成的。这种玻璃能反射太阳光，可创造一个舒适的室内环境，同时在夏季能起到降低空调能耗的作用。

双层低发射玻璃能够透过80%的可见光，因此可以使太阳光充分进入室内，又能够把90%以上波长较长的红外线热反射回室内，阻止热能向外辐射，隔热保温效果好。

吸热平板玻璃是在普通玻璃中加入微量钴、硒、铁等元素而成，可吸收30%～40%太阳辐射能，减轻冷气设备负载，提高制冷设备效果，降低能耗。此外，还可以降低可见光的透过率，具有防眩功能。

智能玻璃利用了导电材料在掺杂过程中吸收光谱会变化的性质，随季节的不同，其颜色的深浅度可以任意调节，以便夏季节省空调费，冬季节省取暖费。自动调光玻璃有两种，一种是电致色调玻璃，另一种是液晶调光玻璃。前者属于透过率可变型，其结构为有两片相对的透明导电玻璃，一片涂有还原状态发色的 WO_3 层，另一片上涂有氧化状态下发色的普鲁士兰层，两层同时着色、消色，通过改变电流方向可自由地调节光的透过率，调节范围达 15% ~75%。后者属于透视性可变型，其结构为在两片相对的透明导电玻璃之间夹有一层分散有液晶的聚合物，通常聚合物中的液晶分子处于无序状态，入射光散射，玻璃为不透明，加上电场后，液晶分子轴按电场方向排布，结果得到透明的视界。

隔音隔热玻璃是在将夹层隔热玻璃中的空气换成氦、氩或六氟化硫等气体并用不同厚度的玻璃制成，具有在很宽频率范围内的优异的隔音性能和隔热性能。

电磁屏蔽玻璃是在导电膜反射电磁波的性能上再加上电解质膜的干扰效应，在可见光透过率为 50%、频率为 1GHz 的条件下，其屏蔽性能为 35 ~60dB。

超级窗的双层中间为真空，传热系数极小，接近零。澳大利亚、中国在这方面处于领先地位，目前已有中小规模生产。欧洲（意大利等）、日本等亦有批量生产。

2. 净化和修复功能性生态建筑材料

（1）空气净化材料　新型无机空气净化材料可通过稀土激活，除具有吸着、分解功能外，同时具有光催化功能。加入到高档内墙乳胶涂料中，制备了各种空气净化建筑涂料。产品可减少有机挥发分（VOC）50%，NO_x 减少 38%，NH_3 净化到 0.5$\mu g/m^3$ 以下。抗菌抑菌圈直径 14 ~17mm（标准为 12mm），并具有红外辐射及产生负离子等保健功能。

目前研究应用较多的光催化材料是将二氧化钛催化剂加入到玻璃、陶瓷中，在紫外光照射下，空气中水分和氧转化成活性氧自由基，自由基使 SO_2、NO_x 等污染气体转化成各种无害气体。

（2）抗菌材料　新型抗菌材料采用稀土离子和分子的激活手段，利用光催化作用以及复合盐的效果，可用于制造陶瓷面砖、建筑卫生陶瓷，达到多功能抗菌效果，对细菌繁殖体 4h 杀菌率为 100%，有除臭、自洁性、生物学效果。另外，有红外线辐射效果，可增加人体微循环血流量，提高抗寒、抗病及抗老化能力。

日本东陶机器（TOTO）公司研制成光催化银系抗菌面砖，在荧光灯下照射 1h，抗菌率达 97%。日本伊奈（INAX）公司在釉中加入含银抗菌陶瓷粉制成抗菌卫生陶瓷，有效使用期为 15 年，3h 抗菌率 95%。

（3）石膏产品　石膏产品包括石膏板、纸面石膏板、纤维石膏板、石膏刨花板、石膏空心板、隔墙板、隔音板、装饰板、粉刷石膏等。采用化学石膏如磷石膏、脱硫石膏、氟石膏代替天然石膏从而减少天然石膏矿的大量开采。

石膏及其制品具有如下优点：① 生产能耗低；② 石膏墙体比黏土砖和陶粒砖墙体能耗低 50% ~66%；③ 石膏胶结料生产厂家其投资比水泥厂低 50%，石膏胶凝材料厂生产设备的金属耗量比水泥厂低 66%；④ 建筑石膏粉松散容重为

900kg/ m^3 左右，质轻；⑤ 普通石膏板防火极限可达 2h 以上，防火性能好；⑥ 石膏制品表面光洁、细腻，可任意造型，装饰效果好；⑦粉刷石膏做内墙抹面材料，其装修工程工期可缩短 70% 左右；⑧ 粉刷石膏和任何基材都能很好地粘结在一起，且不受厚度限制，不会出现空鼓开裂现象，可为加气混凝土及小钢模墙体及顶板配制出适用的抹面砂浆；⑨ 具有呼吸功能，即在一定湿度范围内，能吸收和放出湿气，提高居住的舒适感；⑩用作地面流平材料，可提高地面隔热效果，脚感柔和且没有冰凉坚硬的感觉；⑪可脱水重复利用，再生循环性好。

我国石膏储量 471.5 亿 t，是世界第一大国，产量仅次于美国居第二位。但是将石膏制品真正用于建筑物墙体及装修材料，仅占石膏产量的 10%，这个比例数字大大低于美、英、日本等发达国家。

(4) 抗菌自洁玻璃 抗菌自洁玻璃是采用目前成熟的镀膜玻璃技术，如磁控溅射、溶胶—凝胶法等在玻璃表面覆盖一层二氧化钛薄膜而成。这层二氧化钛薄膜在阳光下，特别是在紫外线的照射下，能自行分解出自由移动电子，同时留下带正电的空穴。空穴能将空气中的氧激活变成活性氧。活性氧能杀死大多数病菌和病毒。同时它能把许多有害的物质以及油污等有机污物分解成氢气和二氧化碳，从而实现了消毒和玻璃表面的自清洁。

(5) 生态型混凝土 生态型混凝土（Ecological Concrete）是指能够适应生物生长，对调节生态平衡、美化环境景观、实现人类与自然的协调具有积极作用的混凝土材料。生态型混凝土的提出，是人类在处理混凝土材料与环境的关系中更加积极的、主动的态度。它的目标是混凝土不仅仅作为建筑材料，为人类构筑所需要的结构物建筑物，而且应与自然相融合，对自然环境和生态平衡具有积极的保护作用。

1) 多孔混凝土。多孔混凝土是在混凝土中引入了大量连通或者封闭的孔隙。根据引入孔隙的特点，混凝土具有不同的特性。含有大量连通孔隙的混凝土，空气和水分可以自由通过，植物的根系可深入混凝土内部吸取养分。多孔混凝土因具有透水性、吸音性、水质净化功能等，并且其保温能力与普通混凝土显著不同，对减轻环境负荷、修复治理环境具有显著效果。传统的结构用混凝土都要求其不透水性，以满足强度和抗渗透、抗冻等耐久性的要求。所以城市地表面大约有 80% 被不透水、不透气的混凝土建筑物和道路所覆盖。这种状况带来的不良影响有以下几点。第一，在集中降雨季节加重了城市排水系统的负担，容易造成内涝和道路积水，影响正常的交通和城市居民的生活；第二，市区的地下土壤水分得不到应有的补充，地下水位降低，使地表植物的生长受到影响；第三，由于地表面缺乏透气性和透水性，调节空气温度、湿度的能力降低，城市尤其是市区的局部气候恶化，生态平衡失调。而多孔混凝土与传统的混凝土相比，最大的特点是具有 15% ~30% 的连通孔隙，具有透气性和透水性。将这种混凝土用于铺筑道路、广场、人行道路等，能够扩大城市的透水、透气面积，增加行人、行车的舒适性和安全性，减小交通噪声，对调节城市空间的气温和湿度、维持地下土壤的水位和生态平衡具有重要作用。

多孔混凝土是由水泥浆或者砂浆包裹粗集料，形成含有大量独立或连续的孔隙的混凝土。多孔混凝土生产使用材料主要有水泥、粗集料、细集料、混合材、外加剂以及水，与普通混凝土的原材料基本相同。但有时也不用细集料、混合材和外加剂。因孔隙率、孔径大小、孔径分布以及孔是否连通是多孔混凝土考虑的主要性能，所以，对集料的粒径有特殊要求。

多孔混凝土可使用各种粒径的粗集料，最关键的是根据用途和目的不同选择适当的粗集料。例如在制作生物植被型混凝土时，空隙率及孔隙直径是非常重要的性能，因为它们对植物的根系生长有直接的影响。使用不同粒径的粗集料得到的空隙率会有明显区别，实测平均孔隙直径为：使用 5 号碎石（13～20mm）时，孔径为 3.5mm；6 号碎石（5～13mm）时，孔径为 1.8mm；7 号碎石（2.5～5mm）时，孔径为 0.7mm。多孔混凝土的配合比则应根据其要求的性能指标而定。通常要考虑空隙率、透水系数、抗压强度、抗冻融性能、干燥收缩等。

作为生物植被用多孔混凝土，应根据如下要求确定配合比：抗压强度大于 $10N/mm^2$；空隙率大于 28%。有时，生物植被混凝土采用普通混凝土与多孔混凝土双层结构。作为生物植被的多孔混凝土，可用于高速公路护坡，河岸、立交桥护坡，停车场、公园人行道等需要渗透和栽植植物的构筑物。

2）生物适应型混凝土。普通的混凝土由于其组成材料之一的水泥在水化时将产生占水泥石 20%～25%（体积分数）的 $Ca(OH)_2$，使得混凝土呈强碱性，pH 值高达 12～13。这种碱性对于用于结构物的钢筋混凝土来说是有利的，具有保护钢筋不被腐蚀的作用。但对于道路、港湾、护岸用混凝土构件等，这种碱性不利于植物和水中生物的生长，所以需开发低碱性、内部具有一定的空隙、能够提供植物根部或水中生物生长所必需养分而存有空间的生物适应性混凝土。

生物适应型混凝土的研究方向有如下诸方面：利用混凝土的表面特征和混凝土构筑物的设置角度确保礁石附着物生长；考虑混凝土的部件配制和构造以确保岩礁性生物的生长空间；设计好混凝土构件配制及构造确保间隙生物的生长空间（例如虾等）；从混凝土的构造及结构上保护生态系统的弱小生物（例如小鱼）。

3）绿化、景观混凝土。传统的混凝土色彩灰暗，表情呆滞，给人以生硬、粗糙、灰冷的视觉效果。人们生活在被钢筋混凝土填充的城市中，感到远离自然，缺少生活情趣。所以开发能够植被的绿化混凝土，用于城市的道路两侧及中央隔离带、水边护坡、楼顶、停车场等部位，可以增加城市的绿色空间，调节人们的生活情趣，同时能够吸收噪声和粉尘，对城市气候的生态平衡也起到积极作用。此外，各种造型及色彩的混凝土构件，用于路旁栏杆、园林结构物等，可起到美化城市、丰富景观的作用。

三、石棉替代材料

石棉是人类利用最早、应用最广泛的矿物材料之一，它具有很多其他代用纤维不可比拟的优越性，如隔热、绝缘、耐摩擦、密封、耐高温及保温等，广泛应用于建材、石油化工、汽车、造船、劳动保护等领域。但是石棉对人体会造成一定程度的危害，对人体有强烈的刺激作用和致癌倾向，特别是在高温下使用，纤维尘粒飞扬较多，会造成很大危害。自国际肿瘤医学会确认石棉属影响人体健康和致癌物质以来，一些工业发达国家相继制定法规，限制使用石棉制品。但由于石棉制品具有许多理想的性能，因此，人们希望找出新的材料来替代石棉。目前，石棉替代材料在汽车、化工、船舶、建材等领域都发挥了很大的作用，市场上已有多种石棉替代材料。石棉替代材料的主要应用如下：

1）采用云母、黏土、碳酸盐三元矿物复合材料制成隔热绝缘抗静压材料，可以在烧制人造金刚石制品过程中取代石棉。在烧制人造金刚石制品过程中，常采用石棉板进行隔热绝缘，在高温和较高压力条件下，石棉纤维尘粒飞扬出来充满整个车间，导致纤维粉尘污染。另外，在高温和压力较高时，石棉板常常收缩和断裂，也会影响人造金刚石制品的质量。而采用云母、黏土、碳酸盐材料研制石棉的替代品不产生粉尘，可以隔热、绝缘和抗静压，在人造金刚石烧制过程中重复使用率较高，可以取代石棉板。

2）传统的石油钻机刹车块都采用石棉纤维增强，对环境有污染，且变温摩擦因数不稳定，耐磨性差。而采用无石棉刹车块，则变温摩擦因数稳定，硬度较低，贴合性良好，制动过程中无噪声、无火花、粉尘少，成功地解决了石棉粉尘对环境污染的问题。新的石油钻机用刹车块由增强纤维、粘合剂、填料和摩擦调节剂组成，其中增强纤维和粘合剂是关键材料，决定着刹车块的强度、耐热性和摩擦磨损性能。目前还没有找到一种既有石棉纤维的优点又无环境污染的物质，所以有必要遵循扬长避短、优势互补的原则，用可交联性有机纤维和无机纤维复合增强。

另外，汽车用石棉摩擦材料在山区坡长路陡的情况下需向制动鼓淋水，且寿命短，易出交通事故，污染环境。现多用半金属、混杂纤维、碳－碳复合材料、石墨无机纤维材料替代石棉，寿命长，可靠性高，无污染。

3）当前，国外无石棉垫片密封材料以有机或（和）无机纤维增强橡胶材料为主，其增强纤维包括芳纶（Kevlar）浆粕、碳或石墨纤维及玻璃纤维等，并以芳纶浆粕居多。以它们为增强纤维生产的无石棉密封材料具有较好的综合性能，在某些方面甚至已超过传统的石棉橡胶板。

无石棉垫片密封材料通常由各种非石棉纤维增强橡胶制成，其组成包括增强用非石棉纤维（或浆粕）、弹性粘接剂（橡胶）、填料和其他少量化学品，其中以非石棉纤维（或浆粕）和橡胶对材料的性能影响较大。

还有石棉纤维易被某些介质腐蚀，如航空汽油，这样就限制了石棉板的使用范围，而必须使用非石棉垫片。石棉板的硬度较大，在较小的预紧力下，产生变形小，所以在强制密封条件下，端面处理不好时容易泄露。而非石棉密封材料不含致癌物质，价格低廉，与石棉板相比，具有容易现场加工、压缩回弹性好、抗拉强度高、耐蚀性好、较低的应力松弛、拆卸方便、可重复使用等优点。

从新型非石棉密封材料在各化工厂中的应用试验中可看出其效果良好，在某些场合优于石棉垫片，用它与各种乳胶复合制成的垫片对汽油、煤油、柴油、润滑油等介质具有良好的密封效果，可代替多种纸垫、胶垫、PVC 垫和橡胶软木等复合的各种石棉垫，是目前油密封和石油、化工等理想的非石棉密封材料。

另外一个应用石棉替代材料用于密封材料的例子是用短纤维增强软木橡胶的复合密封材料。该材料选用丁腈－26 作为复合垫片材料的基体材料，并结合具有较好综合性能的低硫配方体系；采用与橡胶的粘合性较好、价格较低的黄麻短纤维作为增强材料；以软木粒状填料改进材料的耐油性和压缩回弹性能，同时以其他无机矿物材料调节垫片的密度、灼烧损失率，降低成本。麻纤维提高了材料的拉伸强度、耐油性、耐热老化性能和抗蠕变松弛性能。

以柔性石墨密封材料取代石棉作密封材料，不仅合理利用资源，而且更重要的是消除了石棉等材料在制造、使用、废弃过程中给环境和人类带来的危害。

4）在船舶制造过程中有大量的焊接和气割工序。要使焊接工序的劳动环境和安全得到保证，必须使用防焊花飞溅的不燃防护织物。目前大量使用的防护材料还是石棉布。科技人员在纤维芳纶及碳纤维的研究基础上，研制出替代石棉布，经生产实践使用，无毒无害，耐高温，不燃烧，高温下力学性能均优石棉布。

5）国家已明确禁止使用石棉作内墙体保温涂料，需开发无石棉防火绝热保温且隔音的无机墙体保温涂料。目前无石棉无机墙体保温涂料主要由改性水玻璃、钙化棉、珍珠岩和赫硅粉等组成，无毒、无害、无污染、轻质、坚硬，其防火、绝热、保温、隔音、吸声等性能稳定，耐高温可达 1 300℃，喷涂、抹涂皆可，操作使用方便，既可制成膏体涂料，又可制成干粉涂料。

其他替代材料和产品有无石棉粉煤灰硅酸钙建筑平板和可挠性纤维石膏板。蛇纹石石棉经松解后无致癌作用，可望为石棉替代材料开辟新途径。

参考文献

1　洪紫萍，王贵公编著．生态材料学论．北京：化学工业出版社，2001

2　王天民．生态环境材料．天津：天津大学出版社，2000

3 山本良一著. 环境材料. 王天民译. 北京：化学工业出版社，1997
4 左铁镛，聂祚仁编著，环境材料基础，北京：科学出版社，2003
5 刘艳霞，崔素萍，兰明章，王志宏，杨盛林，聂祚仁. 水泥生产中微量元素的行为及环境影响，水泥，2002（5）：5～8
6 Xianghua Di，Zuoren Nie，Zhihong Wang，Tieyong Zuo. Research on Standard Flow for Materials Life Cycle Assessment，Proceedings of The 5th International Conference on EcoBalance（Tsukuba，Japan，Nov. 6-8，2002），S1-115
7 建筑材料咨询报告组. 建筑材料咨询报告. 北京：中国建材工业出版社，2000
8 吴中伟，廉慧珍著. 高性能混凝土. 北京：中国铁道出版社，1999
9 史可顺主编. 陶瓷·玻璃工业指南’2001 中国硅酸盐学会手册 Vol. 7. 北京：中国建材工业出版社，2001

第七章　高分子环境材料

合成高分子材料，特别是三大合成材料——塑料、橡胶及纤维的发现及实现工业化生产，是上世纪人类社会发展中的一件大事，它为人们提供了自然界没有的、廉价易得而性能优异的新材料，改善了人们的生活质量，加速了社会经济的发展。它的原料主要来源于石油化学工业。20 世纪 80 年代起，高分子材料得到大规模生产，1997 年世界树脂总产量 13 460 万 t。我国高分子材料工业正飞速发展，到 2001 年底，包括聚乙烯、聚丙烯在内的五大合成树脂的产量达 1 100 多万 t，占世界第 5 位；合成纤维产量占世界第 1 位（757 万 t）；合成橡胶产量占第 4 位。中国已是合成高分子材料的生产和消费大国。然而，我国人均拥有量不及美国、日本及欧洲发达国家的 1/10。因此，21 世纪将是我国高分子材料工业高速发展的新世纪。

第一节　高分子材料的环境问题

高分子材料的科技进步给人类带来了巨大的物质文明，高分子材料应用领域之普及、覆盖面之广，可以用无处不在、无时不在来形容。与此同时，高分子材料的大量生产和大量消费，也带来了环境问题。以高分子材料的废弃为例，按通常方法估算，废弃塑料约为当年塑料产量的 70%，废弃橡胶约为当年橡胶产量的 40%。大量废弃高分子材料带来了严重的环境问题。

一、高分子材料的环境问题

高分子材料的环境问题可归纳为两大类：一是生产和使用过程中的问题，主要是三废（废液、废气、废物）等有害物质的产生及其对环境和人类的影响；二是废弃物的降解和回收利用问题，主要涉及固体废弃物的降解及回收、处理、再生利用，这既是改善环境的需要，也是资源再次利用的必需。

1. 生产过程中的环境问题

这里所指的生产过程，主要是指高分子化合物的制备及其成形加工过程。

（1）高分子化合物制备时的环境问题

1）采用有毒原料的生产方法造成的问题。用于制造高分子化合物的某些原料或单体是有毒的，会造成一定的环境污染和对人体健康的伤害。如采用界面缩聚方法生产聚碳酸酯（PC）时的原料之一的光气是剧毒的有机化合物，即使吸入微量也很危险。又如，以氰化法生产有机玻璃（PMMA）的单体甲基丙烯酸甲酯时，采用剧毒的氢氰酸作原料，吸入微量也足以致人死亡。生产聚氯乙烯及聚丙烯酸酯类使用的单体氯乙烯、丙烯酸酯类等也有毒性。因此，在生产过程中必须尽量避免原料的泄漏，减少高分子化合物中残留单体含量。

2）生产过程中废液、废弃物的排放。为除去、洗涤、回收、处理溶液聚合法生产各种工程塑料时使用的大量有机溶剂，以及 PVC 悬浮聚合和 ABS 乳液聚合时使用的大量水，以及树脂制备和加工时形成的废弃物，如粘釜物、过渡料、落地料、齐聚物等，都存在着严重的环境问题。

（2）加工过程中的环境问题　使用重金属添加剂，如 PVC 塑料中用作稳定剂的镉系、铅系等重金属化合物的毒性以及粉尘污染问题。制备 PU 泡沫塑料等的发泡剂使用氟氯烃（它是破坏地球高空臭氧层的罪魁祸首），以及使用增塑剂造成的环境问题。增塑剂主要用于软质聚氯乙烯塑料以及某些涂料中，在加工过程中受热的增塑剂会以微粒形式飞溅到空气中；在使用过程中增塑剂也会通过挥发、渗出等析出，使环境变坏，危及人类，影响作物生长。据报道，已经在大气、土壤、木材、食品和人体中检出增塑剂。某些增塑剂虽属微毒和无毒，但难以生物降解，易于生物富集，动物实验有致癌作用。

2. 使用过程中的环境问题

使用过程中的环境问题主要分为两大类：① 高分子材料的燃烧问题；② 废弃高分子材料的问题。

（1）高分子材料燃烧引起的环境问题　多数高分子材料具有燃烧性，遇火易燃，并释放大量烟雾和有毒气体，其扩散速度超过火灾蔓延速度。在火灾事故中，中毒死亡率大于燃烧死亡率。在飞机坠机中，约有 80% 是死于机舱高分子材料燃烧时放出的烟和毒气。高分子材料燃烧时的分解产物为 CO、CO_2、$COCl_2$、HF、HCl、HBr、HCN、NO_2、SO_2、H_2S 等，其中水溶性产物对鼻腔有刺激作用，而非水溶性产物对动物有窒息作用，渗入肺部，导致血液中毒。

（2）废弃高分子材料引起的环境问题　这是高分子材料所带来的最为严重的环境问题，大量的高分子废弃物造成了世界范围的环境污染。人们所说的“白色污染”，即指废弃的塑料膜、塑料袋和其他类塑料浅色制品。废弃高分子材料主要有两个来源，即树脂生产和制品成形中形成的废弃高分子材料，以及高分子材料使用过程中形成的废弃高分子材料。

1）在树脂生产加工过程中产生的废弃高分子材料。连续聚合过程中（如 PE、PP），当需要更换产品牌号时会产生过渡料；一些聚合物不溶于其单体的聚合过程（如 PVC 树脂）会产生粘釜物；在聚合物输送、包装过程中会产生落地料；不合格料；生产产品过程中形成的某些低分子副产品，如采用某种生产方法生产 PP 时会形成 5% ~10% 非结晶性的（无规）聚丙烯（APP），制造 PE 时会产生2% ~3%的低聚物；以及制品成形过程中产生的废品和边角料，如飞边、切边料、浇口、流道以及试验料、落地料等等。上述废弃高分子材料较易回收，利用也不难。

2）使用过程中产生的废弃高分子材料。这是废弃高分子材料中最主要部分，通常所指的环境污染及回收利用主要是指这一类。在这一类中，一般废弃高分子材料（以包装材料为主）约占55%，产业形成的废弃高分子材料约占45%。这一类废弃高分子材料主要以有机固体废弃物出现，占全部废弃物的2/5，它们量大品种杂，回收、分离、处理、利用难度大。其主要分布在：

（a）农业部门　主要有：农地膜和棚膜，约占总塑料产量的15%；化肥、种子、粮食等的包装编织袋；包括软质、硬质排水、输水管在内的农用水利管件；塑料绳索与网具。它们通常采用 PE、PP、PVC 等塑料，用量大，使用分散，回收难度大。

（b）商业部门　如百货商场、批发站等经销部门使用的一次性包装材料，其中有包装袋、捆扎带、防震泡沫塑料垫、包装箱等；旅店、旅游区、饭店、火车、飞机等使用的食品盒、饮料瓶、包装袋等塑料杂品。主要以 PE、PP、PS、PVC 为主。

（c）日用品　这一类占的比重较大，发达国家中约占生活垃圾的7%，我国某些城市也达6%。主要为：包装袋、家用电器的 PS 泡沫塑料减震垫、捆扎带等包装材料；饮料瓶、牛奶袋、杯、盆、容器等一次性塑料制品；各类器皿、塑料鞋、灯具、文具、炊具、厕具、化妆用具等非一次性用品。材料除 PE、PP、PS、PVC 外，还有 ABS、聚酯、PA 等塑料。据报道，仅上海地区用于购买蔬菜的塑料袋每年就消耗18亿个之多。这一类材料品种杂，且往往与生活垃圾混在一起，回收难度大。

（d）工业领域　如汽车、电工电器、建材等。其中汽车的废弃高分子材料占相当大的比重，易回收的有保险杠、油箱、汽车内饰件等，美国在20世纪90年代初即达200万 t。以橡胶制品为例，汽车上的用量占整个橡胶制品的一半，其余为胶鞋、胶管、胶带等。轮胎的使用寿命一般仅2~3年，美国每年报废的轮胎就达2亿多个。

废弃高分子材料的回收再利用目前在10% ~15%之间，其余或焚烧处理，或掩埋处理。它严重危害生态环境和人类生存，因此，各国都纷纷以法律形式对废弃高分子材料的处理作出规定。我国也十分重视环境保护，出台了固体废物污染环境防治法等。近年来，针对生活垃圾中废弃高分子材料比重日益增加的现状，一些城市对一次性塑料饭盒、蔬菜购物袋等的使用作了严格的规定，有力地推动了资源充分利用和环境保护工作。

第二节 高分子环境材料

这里我们要强调指出，环境材料并非特指新开发的新型材料，并不是排它的新材料体系。实际上，任何一种材料只要经过改造达到节约资源并与环境协调共存的要求，它就应视为环境材料。

为了高分子材料工业的可持续性发展，需要贯彻3R原则：

(1) 减量化原则（Reduce） 要求用较少的原料和能源投入，达到既定的生产目的或消费目的，以便从经济活动的源头就注意节约资源和减少污染。

(2) 再使用原则（Reuse） 要求产品和包装能够以初始形式使用和反复使用，减少一次性用品，延长产品使用寿命。

(3) 再循环原则（Recycle） 生产出来的制品在完成其使用功能后能重新变成可以利用的资源而不是不可恢复的垃圾。生产一件制品只是完成了一半工作，关键是应设计好在制品达到寿命期后如何处理。

一、环境友好的高分子材料

环境友好的绿色化学产品应该具有两个特征：① 产品本身必须不会引起环境污染或健康问题，包括不会对野生生物、有益昆虫或植物造成损害；② 当产品被使用后，应该能再循环或易于在环境中降解为无害物质。对环境无害或环境友好的合成树脂可分成两大类：一是环境活性高分子，也就是所谓的生物降解型高分子；二是环境惰性高分子。

1. 环境活性高分子

环境活性高分子是所谓的生物降解型高分子。目前实际应用中最常见的有聚羟基脂肪酸、聚乳酸等，其中聚乳酸的开发最为活跃。通用聚乳酸是由玉米或甜菜中的糖类（包括淀粉与糖）经过发酵得到乳酸再无溶剂聚合而制得。Carglce公司计划通过大规模生产来降低成本，如果每千克价格低至0.78～1.44美元，就有望用于包装材料。此外，利用天然高分子方面也有新的进展，如澳大利亚就为2000年的世界奥运会开发了全淀粉的快餐盒、一次性杯子等。

2. 环境惰性高分子

这类高分子为不能生物降解的高分子，在不发生氧化及光解的情况下不会污染环境。我们现在使用的通用高分子主要属于这一类。应用后的垃圾处理是一大问题，处理不当就会污染环境。填埋、焚烧、再生与回收使用是废塑料处理的几种方法，其中再生与回收使用应成为重要的途径。以美国Du Pont公司为例，它们已经成功地将3种主要品种进行再生与回收使用。聚乙烯废弃物制成再生聚乙烯TYvEK已大量用于美国期刊杂志的邮件包装袋材料；通过甲醇醇解将PET回收料转换成单体再缩合聚合成再生PET；尼龙66地毯在高压下氨解得单体，再聚合成工程塑料用于汽车部件。此外，有机玻璃可通过加热解聚重新转化为单体再用；聚苯乙烯包装材料发泡时加入2%（质量分数）氧化钡添加剂，高温下分解回收料，单体回收率高达95%。

二、高分子环境材料的主要研究内容

1. 高分子合成工业的绿色化

在高分子材料的合成与制备过程中，使用洁净技术，减少“三废”的排放；生产过程中应用原子经济性反应途径，达到零废物、零排放；替代单体生产中的剧毒原料（如光气、氢氰酸等）；减少有机溶剂的使用；利用生物资源等。在生产过程中实施绿色化工技术，是提高资源效率、改善环境污染的有效措施。

2. 可降解高分子材料

高分子材料的降解技术，也可称为高分子材料的零排放，是指制品完成其使用价值后，通过高效溶剂或能吞噬高分子材料废弃物的物质就地或异地转变，无毒地回归大自然或进入人类生态环境的系统工程。降解技术的根本问题是要发现传统高分子材料废弃物的降解方法和开发新型可降解合成高分子材料新品种。天然高分子材料的开发与应用被认为是实现高分子材料零排放的最理想途径。但需要解决强度低、寿命短、成本高等问题。

3. 高分子废弃物的再生循环技术

高分子产品使用周期不很长，其废弃物特别是一次性塑料制品成为城市垃圾的重要来源。所以，再生循环技术不仅是解决高分子“白色污染”的有效途径之一，而且有利于充分利用原料，提高资源利用率，保护环境。应大力发展高分子材料的多级利用技术，实现材料的多次循环。

4. 长寿命材料

发展超长寿命的高分子材料，是降低资源开发速度，有效利用资源，减少高分子材料废弃物的有效途径之一。尤其对于用量大、影响深远的农用地膜、棚膜，以及建筑用高分子材料等，应考虑长寿命问题。可通过优化配方和工艺设计、开发功能优异的塑料合金体系等方法来实现。

需要指出的是，无论材料的短寿命还是长寿命，都应以维持生态环境和节约资源及提高利用率为最基本目标。

5. 环境友好的新型高分子功能材料

发展高分子功能材料，生产具有高附加值的精细化工产品，是实现资源利用率最大化的有效途径之一。

三、高分子环境材料的设计

通常把从“生”（即树脂）到“死”（即焚烧）的整个生命周期中节约资源和能源、废弃物排放少和污染小、能再生循环利用的高分子材料称为生态高分子材料或绿色高分子材料（polymer ecomaterials 或 envi—ronmenlal conscious polymer materials)。制备这种材料的基本点在于：

1）环境负荷小的高分子合金设计。

2）可再生循环高分子材料设计。

3）热熔加工性好的增强高分子材料设计。

4）完全降解高分子材料设计。

5）超长寿命高分子材料设计。

6）功能高分子材料设计。

7）高分子材料加工及使用过程中所产生的有害物质无害化处理技术。

8）高分子材料再生循环工艺技术研究。

9）高分子材料和产品的环境协调性评估及其软件数据库的建立。

第三节　高分子工业中的绿色化学

高分子工业是与国计民生关系密切的产业，其最大的魅力就在于化学合成。通过化学合成，创造出了丰富多彩的高分子材料，并赋予这些材料多样的功能，为人类生存、生活和发展服务。高分子工业包括合成树脂、合成纤维、合成橡胶等，它以石油为原料，通过不同的化学反应制备各种单体，合成高分子。但这一生产过程中存在“三废”的排放及溶剂的使用等环境污染问题。为了保护人类生存的环境，高分子工业需要绿色化。

一、绿色化学

20 世纪化学工业蓬勃发展，同时也带来了环境污染。从 20 世纪 50 年代起，由于化学品产量的剧增，化学产品种类的增多，废水、废渣和废气等任意排放，带来了严重的环境和生态恶果。1990 年美国通过了《污染防治条例》，宣称环境保护的首选对策是在源头防止废物的生成，这样就可避免对化学废物的进一步处理与控制。

绿色化学就是从源头消除污染的一项措施，其内容包括新设计或者重新设计化学合成、制造方法和化工产品来根除污染源，是最为理想的环境防治方法。绿色化学的主要研究领域包括：原子经济性反应、无毒无害原料、无毒无害溶剂、无毒无害催化剂、生物资源利用及环境友好材料等。图 7-1 所示，概括了绿色化学的关键内容。

当前在世界范围内，绿色化学的热潮正在掀起。其核心思想是，从产品的设计过程开始，采用新技术和新设备，将原材料最大限度地转化为符合要求的产品，使废物和副产物的排放近于零，减少和消除对环境的污染和危害。

绿色化学从原理和方法上给传统的化学工业带来了革命性的变化，在设计新的化学工艺方法和设计新的环境友好产品两个方面，通过使用原子经济反应、无

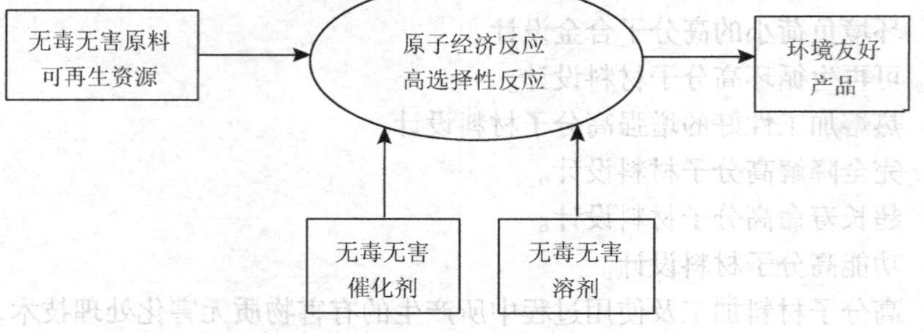

图 7-1　绿色化学示意图

毒无害原料、无毒无害催化剂和溶（助）剂等来实现化学工艺的清洁生产，通过加工、使用新的绿色化学品使其对人体健康、社区安全和生态环境无害化。绿色化学从源头上消除污染，合理利用资源和能源，降低生产成本，符合经济可持续发展的要求。目前，绿色化学作为未来化学工业发展的方向和基础，越来越受到各国政府、企业和学术界的关注。

二、高分子单体生产的绿色化

1. 单体生产中剧毒原料——光气和氢氰酸的取代

虽然高分子工业相对于其他的化学工业来说其污染程度较轻，但生产过程中一些剧毒原料的使用，带来了严重的环境污染和危害。光气和氢氰酸就是其中最为典型的剧毒原料，制造和使用中一旦不慎，就将造成难以估量的人身伤亡和环境灾难，摄入微量即能导致人、畜、禽死亡。在第一次世界大战期间，光气曾被用作化学武器。第二次世界大战期间，纳粹法西斯对犹太人进行种族清洗时，在浴室中残杀犹太人使用的就是氢氰酸毒气。从 20 世纪 80 年代以来，科学家一直在努力探索取代它们的途径。经过多年研究，已取得很大进展，一些采用低毒或无毒原料的新合成路线有的已应用于生产，有的已取得可喜的研究结果，不久的将来一批绿色化学生产新技术将陆续推向工业应用。

光气又称碳酰氯，是一种重要的有机中间体，主要用于生产聚氨酯的基本原料异氰酸酯（包括甲苯二异氰酸酯 TDI、二苯基甲烷二异氰酸酯 MDI 及其“聚合”物 PMPPI）和聚碳酸酯。1995 年的统计资料表明，全世界生产的光气 82.6% 用于生产异氰酸酯（其中 40% 用于 TDI，42.6% 用于 MDI 和 PMPPI），约有 10.9% 用于工程塑料聚碳酸酯的生产。聚氨酯可作泡沫塑料、橡胶和纤维等，广泛应用于建材、家具、汽车、建筑、制革、纤维等行业。聚碳酸酯是一种很好的工程塑料，可以加工成板、管、棒等型材和各种实用制品，也可以制成薄膜，是电子、电器、信息、汽车、建筑、机械、医疗卫生及包装、日常生活等诸多行业广泛应用的一种新材料。

氢氰酸主要用于生产聚合物的单体，如甲基丙烯酸系列产品、己二腈等重要有机化工原料。前者先由氢氰酸与丙酮反应生成丙酮氰醇，再转化而得；后者则通过丁二烯与氢氰酸反应来生产。甲基丙烯酸系列产品主要用于生产有机玻璃，也可作为共聚单体用于制造其他树脂，还可用来制造涂料、胶粘剂、润滑剂、皮革和纺织品的整理剂、乳化剂、上光剂和防锈剂等。己二腈是合成纤维尼龙 66 的重要中间体，由己二腈出发，加氢可以制得己二胺，水解则可得己二酸，二者聚合即得尼龙 66。尼龙 66 是性能优良的合成纤维和工程塑料，广泛用于地毯、服装、汽车、建筑等行业。

由伯胺和二氧化碳或碳酸二甲酯替代光气制造异氰酸酯，或将碳酸二甲酯替代二氧化碳与伯胺反应，可使整个过程基本无废物排放；也可由伯胺和一氧化碳进行氧化羰化制异氰酸酯，这条途径不经过碳酸二甲酯制造，甲醇可循环使用；还可以采用一步法或两步法技术工艺由硝基苯和一氧化碳还原羰基化制异氰酸酯。但这些技术大部分仍在小规模试验开发阶段。

20 世纪 80 年代以来，美国、日本等国都在积极开发不用光气生产聚碳酸酯的绿色技术。以碳酸二甲酯取代光气与苯酚反应生成碳酸二苯酯，然后通过和双酚 A 的酯交换、再缩聚生成高分子聚碳酸酯。这一生产过程中产生的甲醇可回收利用制造碳酸二甲酯，苯酚亦循环使用，因此可构成原料的封闭循环，无废物排放。1993 年 4 月在日本千叶县建成了世界上第一套非光气生产聚碳酸酯的工业装置。另外，GEP 公司投资在西班牙 Cartagena 建设了一套年产 13 万 t 聚碳酸酯的大型工业装置，于 1998 年投产。

由甲基丙烯酸甲酯自聚或与其他单体共聚得到的甲基丙烯酸甲酯树脂和塑料，具有透明性高、耐候性好、光学特性优良等特殊性能，因此甲基丙烯酸甲酯一直被作为石油化工重要的有机原料品种而得到较快的发展。但目前工业生产中约有 80% 的甲基丙烯酸甲酯来自丙酮与氢氰酸为原料的丙酮氰醇法，该法不仅使用了剧毒的原料，而且还因大量使用酸、碱而存在严重的腐蚀和污染问题。

20 世纪 70 年代，以异丁烯或叔丁醇为原料的二步氧化制备甲基丙烯酸甲酯的工艺于 1982 年由日本住友公司首先实现工业化，由此开辟了一种新的绿色原料路线。该法包括二步氧化和一步酯化过程。第一步将异丁烯（或叔丁醇）催化氧化成甲基丙烯醛，第二步在不同的催化剂作用下继续氧化为甲基丙烯酸，再酯化得到甲基丙烯酸甲酯。近几年，日本旭化成公司在以上技术的基础上，又开发了以异丁烯一步氧化成为甲基丙烯醛，再一步氧化酯化得到甲基丙烯酸甲酯的技术，称为“直接甲基化”法，1998 年投入工业化生产。该技术大幅度降低了生产装置的建设费用，吸引了世界上许多厂商的关注。此外，另一种由甲基乙炔为原料，经羰基化酯化生产甲基丙烯酸甲酯的绿色原料路线由 Shell 公司开发成功，正准备工业化。该法是一种具有潜在的较好经济性的制备甲基丙烯酸甲酯的新技术。

原来制造尼龙66的原料己二酸和己二胺的路线之一是通过丁二烯和氢氰酸反应生成己二腈而进行的。现在己二酸制造已改变为环己烷氧化合成为主。新发展的丁二烯氢甲酰化和胺化路线是对环境更加友好的过程。首先丁二烯经氢甲酰化反应生成己二醛，然后经氧化反应生成己二酸；己二醛和NH_3反应后生成的亚胺再加氢得己二胺。

2. 单体生产中的原子经济性反应

绿色化学的核心内容之一是采用“原子经济”反应，它考虑在化学反应中究竟有多少原料的原子进入到了产品之中，既要求尽可能地节约那些一般是不可再生的原料资源，又要求最大限度地减少废物排放。这是不产生工业“三废”，实现化工过程废物“零排放”的途径。美国Stanford大学B. M. Trost教授在1991年首次提出了反应的“原子经济性”的概念，认为化学合成应考虑原料分子中的原子进入最终所希望产品中的数量。原子经济性的目标是在设计化学合成时使原料分子中的原子更多或全部地变成最终希望的产品中的原子。

苯酚是制造酚醛树脂的主要单体之一。酚醛树脂世界总产量在合成聚合物位居第六，其主要特点是价格便宜，尺寸稳定性好，耐热性优良，主要用作电绝缘材料，在宇航中可作为烧蚀材料以隔绝热量防止金属壳层熔化。孟山都和俄罗斯Boreskov催化剂研究院合作开发了由苯直接制苯酚而不产生丙酮副产物的一步法工艺，该工艺没有副产物或只有很少的废物。

苯乙烯单体是制备聚苯乙烯、ABS树脂等的重要单体。聚苯乙烯的产量在合成聚合物中位居第四，它具有透明、价廉、刚性大、电绝缘性好、印刷性能好等优点，广泛应用于工业装饰、照明指示、电绝缘材料以及光学仪器零件、透明模型、玩具、日用品等。聚苯乙烯泡沫塑料是重要的绝热和包装材料。苯乙烯单体常由乙苯通过催化脱氢方法制得。新工艺将脱氢产生的氢经选择氧化，促使脱氢反应平衡右移，从而使该工艺的单程转化率达到82.5%（摩尔质量），选择性为95.5%（摩尔质量）。该工艺已用于几套工业装置的设计中，如伊朗一家石化公司苯乙烯装置就采用了该工艺设计。另外，以丁二烯为原料的苯乙烯生产新工艺也即将工业化。

乙烯生产的副产品丁二烯现在越来越多。世界各地的生产厂家都在积极寻找用丁二烯生产高附加值产品的途径。杜邦和DSM公司合作开发了一个以丁二烯为原料生产己内酰胺的新工艺。从原料和副产品的角度来讲，该工艺是一个清洁工艺，对于丁二烯过剩的地区很有吸引力。

三、超临界CO_2技术在高分子合成与制备中的应用

大多数化学合成和催化反应过程均需使用溶剂，其中的相当一部分为挥发性有机溶剂。例如，全世界每年要消耗上千万吨的聚苯乙烯塑料，其中的相当一部分通过挤塑发泡来生产包装食品的泡沫塑料薄板。这些泡沫塑料薄板中仅含5%的聚苯乙烯，其余的95%是气体。发泡剂主要是二氟二氯甲烷、二氟一氯甲烷、正戊烷和石油醚等挥发性有机溶剂，它们是有害的环境污染物。当它们进入空气中后，在太阳光的照射下，容易在地面形成光化学烟雾，而且二氟二氯甲烷和二氟一氯甲烷能破坏地球大气中的臭氧层。据联合国环境规划署发表的一份报告称，如果臭氧层从整体上减少10%，地球上的非黑瘤皮肤癌的发病率就会上升26%；如果臭氧层的臭氧分子减少1%，全世界白内障患者就会增加150万人。此外，紫外辐射增多还会伤害眼睛和免疫系统。

因此，开发挥发性有机溶剂的替代溶剂，减少环境污染，也是绿色化学的一个重要内容。

二氧化碳是地球大气的几种组成气体之一，它具有非常好的惰性，化学性质稳定，无毒、不燃烧、无色、无味、无嗅。它也是合成氨厂和天然气井的可回收副产物，来源丰富，价格便宜。控制二氧化碳的物理状态，当温度超过31℃，同时压力超过7.38MPa时，二氧化碳就称为超临界二氧化碳，它既具有部分气体的性质，如粘度、扩散系数等，又具有部分液体的性质，如溶解度、密度等，因而它既能像气体一样具有极好的流动性，又能像液体一样具有很好的溶解其他物质的能力，而且它的溶解能力还具有可以很方便地通过压力变化来调节控制的特性。超临界二氧化碳可以很好地溶解分子量比较小的一般有机化合物，如碳原子数在20以内的脂肪烃、卤代烃、醛、酮、酯等；若再加入适当的表面活性剂，还可以溶解许多工业材料，如聚合物、重油、石蜡、油脂、蛋白质、水、重金属等。而且二氧化碳的超临界状态也比较容易达到，这使得设备投资不致很高。因此，以超临界和液态二氧化碳代替工业有机溶剂，减少挥发性有机溶剂的排放，具有显著的优势和广阔的应用前景。

但是，二氧化碳是一种具有温室效应的气体，用其作溶剂是否会对地球大气带来新的危害？答案是否定的。这是因为所使用的二氧化碳来源于合成氨厂和天然气井副产物的回收，对它加以利用不会增加二氧化碳的排放。而且，当超临界或者液态二氧化碳用作溶剂时，它很容易通过蒸发成为气体而被回收，重新作为溶剂循环使用。相反地，由于二氧化碳的蒸发热比大多数溶剂（如水）和一般的有机溶剂都小，因此，采用蒸发的方法回收二氧化碳比回收其他溶剂更节能。较少的能量消耗意味着消耗较少的矿物燃料（如石油、煤、天然气），从而减少了矿物燃料燃烧时排放的二氧化碳。因此，超临界二氧化碳用作溶剂还可减少其作为温室气体而对大气环境的影响。

近年来，采用超临界流体，特别是超临界二氧化碳，作为替代溶剂进行催化反应是一个迅速发展的领域，并且其重要性日渐突出。已经有许多使用超临界二氧化碳作为反应溶剂的报道。概括起来，二氧化碳在下列反应中被证明是合适的或者是更好的溶剂：聚合反应、亲电反应、酶转化反应以及其他一些反应。除了环境和安全方面的考虑外，还可以提高化学反应的速度或者选择性，更快或是更经济地获得需要的产品。选择适当的反应体系，用超临界二氧化碳取代传统溶剂进行化学反应的潜力十分巨大。

1992 年，美国的 DeSimone 及其合作者首次报道用超临界 CO_2 作溶剂、AIBN 为引发剂，进行 1，1－二氢全氟代辛基丙烯酸甲酯、丙烯酸丁酯等单体的共聚反应，得到了分子量达 27×10^4 的聚合物。自此，开始了高分子合成与制备领域中又一种绿色技术的研究。研究涉及氟代单体的均相自由基聚合与调聚反应，甲基丙烯酸甲酯的分散聚合，丙烯酸的沉淀聚合以及丙烯酰胺的反相乳液聚合等。超临界 CO_2 技术还可用于共混体系，其原理为超临界 CO_2 使某一基体聚合物溶胀（如高密度聚乙烯），溶在 CO_2 中的单体（如苯乙烯）和引发剂也随溶胀过程渗入该聚合物中，加热引发聚合后降压除去 CO_2，即可得到两种聚合物的分子水平上的共混物（PE/PS）。杜邦公司在 1999 年 4 月宣布，该公司计划投资 4 000 万美元用于开发和制造在超临界二氧化碳中进行四氟乙烯和其他氟化物单体的聚合设施，并在此基础上进一步投资 2.75 亿美元建造生产氟化物单体和聚合物的工厂，这样的话，就可以消除生产聚四氟乙烯塑料过程中需要使用的大量挥发性有机溶剂。

超临界流体喷漆新技术，即以超临界二氧化碳代替传统的快挥发溶剂，可获得高质量的涂层。超临界二氧化碳溶液中的新型反应性液体聚合物喷漆系统，完全不使用有机溶剂，从而实现挥发性有机溶剂的零排放。另外，还可以使用水或超临界水来代替传统的挥发性有机溶剂进行化学反应。当然采用水作溶剂需要注意废水是否会造成环境污染。也可以采用其他毒性较小的有机溶剂来代替毒性较大的溶剂，减轻环境危害。或者采用无溶剂的固相反应技术，从根本上消除挥发性有机溶剂的危害。

第四节　可降解高分子材料

高分子材料在制备、加工和使用过程中，受到热、氧、气候（日晒雨淋和大气环境）、微生物、机械力等的作用，不可避免地将发生老化（降解或交联），会部分甚至全部失去其原有的使用性能和使用价值，退出生产领域或使用领域。这是高分子材料废弃物产生的必然原因。由于高分子材料产量大，产品使用周期不很长，其废弃物特别是一次性塑料制品，已成为城市垃圾的主要来源之一，大量废弃的高分子材料严重污染环境，已成为固体废弃物处理中的一个世界性棘手难题。

为解决塑料污染问题，世界上一些主要工业国家和著名公司投入大量资金开发研究可降解聚合物的合成，并已取得引人注目的进展，一些可降解塑料产品也已进入市场，实现工业化生产。日本组织了60多家大公司，成立“生物降解性塑料研究会”；美国也以几家大公司为主体，成立了“可降解塑料协会”。欧美各国还制定了相应法规禁用或限制非降解塑料的使用。我国从20世纪80年代开始研究和开发可降解塑料，现在已建成各种降解塑料母料和专用料的生产线约90条，生产厂家数十家，生产能力10万t/年；已有光降解农用地膜、生物降解农用地膜、可控光降解与微生物降解农用地膜、可降解餐具等商品面世。政府有关部门已要求一次性餐具要使用可降解塑料，减少“白色污染”。

高分子聚合物的降解主要是由高分子中化学键断裂所引起的反应。所谓降解，是指高分子聚合物材料在热、机械、光、辐射、生物及化学物质作用下，分子中化学键断裂，并由此引发的一系列材料老化、性能劣化的过程。该过程包括多种物理的和化学的协同作用。高分子材料的降解有四种主要方式：① 微生物降解。在有氧/无氧条件下，通过微生物使高分子转变成二氧化碳/甲烷及各种副产品。② 大型生物降解。高分子被昆虫、动物或其他生物摄取，在它们的咀嚼和消化活动中降解。③ 光降解。④ 化学降解。根据降解机理，大致可分为光降解和生物降解，以及光－生物共降解等。

一、光降解塑料

1. 光降解机理

光降解是指高分子材料在日光照射下发生劣化分解反应，在一段时间内失去机械强度，其实质是在紫外线照射下的一种快速光老化反应过程。光降解塑料就是一种能在日光条件下快速光老化的塑料，其主要反应是塑料吸收太阳光中的紫外线，引发光化学反应，使高分子链键断裂的过程。由于受光照时间、天气、地域的限制，光降解塑料属于一类不完全降解型的高分子材料，其降解速度不易控制。

常用的塑料，如聚乙烯等，受光的照射不能发生分解，这是因为照射到地球表面的波长为300～400nm的近紫外光的光能比共价键的离解能小得多的缘故。要使聚乙烯发生降解，可在聚乙烯基材中添加光敏剂，由光敏剂吸收光能后产生自由基，然后促使其发生氧化反应而降解。

如果某种塑料含有醛、酮等，即其分子中含有羰基及双键，就能吸收光能引起化学键的断裂，进而引起降解。例如，聚酮分子链中含有大量的羰基，能够发生和小分子酮类相似的光化学反应。聚酮的最大吸收波长范围在280～290nm，太阳光中恰好存在该波长范围的紫外线。室内因玻璃门窗的吸收，该波长的紫外线大为减少，所以聚酮类高分子材料在室外容易发生光降解，在室内比较稳定。各种聚酮发生光降解反应都是因为分子中的羰基在紫外线作用下发生断键反应，从而生成一些小分子化合物。

2. 光降解塑料

制备光降解塑料的方法是在塑料中加入光敏性物质。通常有两种方法：一种是在塑料中添加光敏剂；另一种是采用含羰基的光敏单体与常规的结构单体共聚，以光敏单体的加入量控制聚合物的降解时间。在高分子材料中添加光敏剂，是将适当的光敏感基团，如一CO一基团引入高分子结构中，而赋予高分子材料光降解的特性。常用的光敏剂有二烷基二硫代氨基甲酸铁（FeDRC）、胺烷基二茂铁衍生物等。相对而言，光敏单体的制备方法有广泛的适用性。例如，以一氧化碳或乙烯基酮为光敏单体，与烯烃单体共聚可合成含羰基结构的聚乙烯、聚丙烯、聚氯乙稀、聚对苯二甲酸乙二醇酯、聚苯乙烯等光降解聚合物。当高分子化合物接有不饱和侧链时也容易降解，如侧链接有乙烯基的聚乙烯，受光照会发生降解。现在，也有人在研究采用直接缩聚的方法制备光降解性聚酯、聚酰胺等，这些塑料的光降解性更好。目前光降解塑料制备技术较为成熟，在国外已广泛用于农用地膜、垃圾袋、快餐容器、饮料罐拉环，以及包装塑料制品等一次性用品中。光敏单体用在地膜中的添加量为0.1%～2%。

在有些特殊场合，要求塑料在一定的使用期限内不发生降解行为，它的使用性能应与普通塑料一样，但在一定期限以后，又希望塑料能尽快降解，与自然环境溶为一体。符合这种要求的可降解塑料称为可控降解塑料，其中最主要的产品是可控光降解塑料。这种特殊的可降解塑料必须能精确控制诱导期，在诱导期内，其力学性能至少能保持80%以上，达到有效使用期后力学性能迅速下降，甚至于立刻崩溃。成功的关键是选用合适的光敏剂。这种光敏化合物本身具有两重性，即在塑料聚合加工过程和使用有效期内，它起到抗氧化剂的作用，使塑料具有适当长的诱导期并保持一定的稳定性和力学性能，过了一定的时间，它又起到光解促进剂作用。通过选择不同种类的光敏化合物或改变光敏剂的加入量，可以调控诱导期的长短达到可控光降解的目的。另一种方法是使用多组分光敏剂，其中一种组分A对光敏感，在光照下产生光解自由基，另一个组分B则专门用于吸收光敏组分产生的自由基，然后自身发生变化，当B组分消耗完后，由A组分释放的光解自由基就对塑料进行光降解。只要控制B组分的添加量，就能达到可控光降解的目的。

然而，光降解塑料只有在日光的作用下才能降解，而且能降解为小分子化合物进入生态循环的塑料只是极少部分，绝大部分塑料只是逐步崩解变为碎片或者粉末。当塑料废弃物部分埋在土壤中或整个作为垃圾填埋在地下时，由于缺光或缺氧、缺水，光降解塑料在许多情况下降解不完全。即使能在光辐照条件下发生分解反应，也受地理、气候影响较大，降解速度难控制。因此人们将注意力逐渐转向其他降解塑料，特别是微生物降解塑料产品的开发上。

二、生物降解塑料

1. 生物降解机理

生物可降解塑料可以在细菌、酶和微生物的侵入、吸收及破坏下产生分子链的断裂，从而达到降解、崩坏的结果。生物降解塑料的降解机理主要是通过各种细菌及酶将高分子材料分解成二氧化碳、水、蜂巢状的多孔材料和低分子的盐类，它们可被植物用于光合作用，不会对环境造成污染。生物降解塑料的降解过程一般分为两步。第一步是填充在其中的淀粉被真菌、细菌等微生物侵袭，渐渐消失，在聚合物中形成多孔破坏结构，增大了聚合物的表面积；第二步是剩下的高分子聚合物在细菌和酶的作用下进一步发生各种分解反应，使分子链断裂成低分子量碎片，达到被微生物代谢的程度。一种塑料是否具有生物降解性取决于塑料分子链的大小和结构、微生物的种类和各种环境因素（如温度、pH 值、湿度）及营养物的可作用性等。实际上，生物降解不只是微生物的作用，而是多种生物参加的综合过程。

根据降解机理和破坏形式，生物降解高分子塑料可分为完全生物降解型塑料和生物崩坏型塑料两种。完全生物降解型塑料是指通过环境作用，可将这类高分子材料完全分解成水、二氧化碳及其他低分子化合物，如聚 3-羟基丁酸酯及其衍生物、醋酸纤维素等。这种类型的生物降解塑料是针对高分子化学结构的特征而言的，在自然界中有许多酯类高分子聚合物具有良好的生物分解性，可由自然界中微生物所产生的酶将这些聚合物解聚水解，再由微生物对这些断链碎片加以分解吸收。生物崩坏型降解塑料是对材料成分和类别而言的。在这类材料的制备过程中，添加一些天然高分子的成分，得到含天然高分子的复合材料。将使用后的这种含天然高分子的材料置于微生物环境中，依靠微生物对其中的天然成分进行分解、破坏，其降解过程表现为整体的崩溃，是一种突变过程，如淀粉/PE、PP、PVC、PS 等共混物，淀粉/PVA 合金，脂肪族聚酯类化合物及某些天然矿物质等。

生物降解塑料是一类降解速度不可控制的高分子材料。但与光降解塑料不同的是，生物降解塑料既有不完全降解型的品种，也有完全降解型的品种。完全生物降解型塑料，在 22℃下两年即可完全分解。例如，聚 L-乳酸在土壤掩埋条件下易被微生物降解，其过程可划分为两个阶段：首先是微生物的分解酶吸附在聚 L-乳酸表面上，在酶的作用下，聚 L-乳酸的酯链发生水解、断链反应，分子量从数十万降到数万以下，导致聚乳酸强度降低、崩碎、表面积增大。表面积的增大又促进了水解反应，使之进一步降解，转变成分子量低的乳酸，完成一次降解。其次是水解生成的乳酸，在土壤中微生物的代谢作用下，最终转变成二氧化碳和水。

2. 生物降解塑料

我们从环境保护和资源有效利用两个方面来研究与开发生物降解塑料。由于生物降解塑料可被环境微生物分解，因此可以同家庭垃圾一同处理，利用微生物的代谢，将其变为肥料（堆肥），可作为天然肥料加以利用。不仅如此，在有水和高温条件下，可将聚酯系生物降解塑料水解并以很高的效率回收它的单体，再将这种单体精制，聚合之后，又可重新变化为生物降解聚酯（此即为分子循环）。目前生物降解塑料主要有以下四大类型：

(1) 天然高分子型 利用纤维素、淀粉、木质素、甲壳质等多糖类天然高分子或将其与合成高分子接枝制得生物降解塑料。在自然界中，这类天然高分子化合物资源丰富，自然生长，自然分解，分解产物无毒无害。例如，利用荷叶、芦苇、谷壳、油菜籽壳、虾壳等植物纤维和动物骨壳为原料可以生产天然降解塑料。这些生物降解塑料在生产过程中，可以通过增减动植物纤维和骨壳比例，控制其降解速度，降解所需最长时间两年，而最短仅需15天就可以完全降解，而且原料大量采用农产品的废弃物，价格低廉。

(2) 共混型 在通用塑料中加入天然可生物降解材料和降解添加剂，形成共混物。淀粉因其价格低廉，又是一种易于工业化的材料，使其成为可降解塑料的一种重要原料。目前市场上出现的淀粉聚合物就是由淀粉制备的生物降解塑料。淀粉与LDPE共混物，已经实用化；淀粉与乙烯/丙烯酸共聚物采用干混或溶液混合法，可制得力学性能较好的生物降解塑料。对淀粉进行疏水化处理，即在天然淀粉的大分子上接枝疏水性基团，可以达到增强其耐水性的目的。还有，采用双螺杆挤出技术制得聚丙交酯并与廉价的淀粉共混，用天然亚麻纤维增强，可获得一种力学性能与聚丙烯相当、完全生物降解、价格较低廉的复合高分子材料。

(3) 生物合成 利用微生物在代谢过程中产生的一种特殊的生物质聚合物——聚酯，作为可生物降解材料。这些聚酯实际上是聚β-羟基烷酸酯，它是在大的发酵反应器中，由许多细菌在一定非平衡生长条件下的积累，当生长达到平衡时获得的一种细胞间质。在这些聚酯细菌的细胞内，除发现已知的简单聚酯外，还发现了包含别的羟基酸单元的共聚酯，如三羟基戊酸盐、四羟基丁酸盐、五羟基戊酸盐等。这种共聚聚酯，通过改变其共聚成分，可以制成从类似晶体一样坚硬的塑料到富有弹性的橡胶等一系列材料，呈现出多种多样的特性。同时，它既可加工成结实的线，也可做成透明柔软的薄膜。因此，作为一种很有希望的材料引起世界各国的广泛重视和研究开发。

英国ICI公司以葡萄糖为碳源，进行大规模细菌培养，同时在培养器内加入丙酸，获得了3-羟基丁酸（3HB）和3-羟基戊酸（3HV）共聚酯。中国科学院上海有机化学研究所用生物发酵法制备得到聚3-羟基丁酸酯，成都有机化学研究所也已研制成功高分子量的聚乳酸。如果改变细菌的培养条件，更换碳源种类，还可制得不同性能和构造的共聚物。这种类型的生物降解塑料已引起人们的浓厚兴趣和众多厂商的注意。

为了降低制造生物聚酯的成本，正在开展利用植物的研究。美国密执安州立大学的研究组将生物合成的微生物聚酯体系的遗传基因导入植物中，虽然收率尚低，但已成功地研制出可合成聚酯的植物。或者，通过操作植物的遗传因子，部分控制淀粉高分子链的枝化度，从而制造出以廉价的淀粉为主的生物降解塑料。美国的瓦那·兰巴特制药公司已率先对此进行了研究和开发。该公司还用淀粉和生物降解高分子的混合物开发出了热塑性生物降解塑料，并建立了年产量45 000t的生产设备。

（4）化学合成　这是利用化学方法合成一些分子结构与天然可降解高分子化合物相近的高聚物，如结构类似于蛋白质中肽的聚乙烯醇、聚氨酯、脂族聚酯、聚乳酸、聚己酸内酯（PCL）、聚酐、聚羟基丙酸、聚酯-聚醚共聚物、乙烯-乙烯醇共聚物、聚原酸酯、多磷氮烯等等。还可以采用阳离子聚合法制备聚对二氧环己酮（PDX）。PDX 是继聚己内酯、聚己交酯和聚丙交酯之后，近年来发展迅速的新型合成可生物降解材料。该材料毒性低，具有优良的兼容性和可生物降解性，强度高，玻璃化温度低，常温下具有一定弹性，而且可溶、可熔，应用前景十分看好。

虽然生物降解塑料作为塑料技术的一大飞跃风靡了整个世界，但许多专家、环保组织和科研部门对这类塑料的降解仍有一些疑问，认为这种所谓的生物降解性只不过是一种“错觉”。从理论上计算，这类塑料在阳光或微生物作用下，大部分仍能残留一个相当长的时期，即使埋在土壤中也很难降解。例如，商用聚乙烯包装膜虽经淀粉填充改性，但发现仅是混入的淀粉发生了降解，留下一个空洞环状结构，而高分子量的聚乙烯并没有发生降解，因此只是降低了其物理力学性能，大多形成了碎片或粉末，根本无法再回收。而且，长期掩埋后，在土壤中被微生物吸收的情况不明了，反而将污染由可见变为不可见，对生态环境带来更大的潜在危害。

三、光降解－生物降解塑料

上述两种可降解塑料都存在一定程度的缺点：光降解塑料只有在较直接的强光照射下才能发生降解，当它被埋入地下或与其他废弃物混合堆放时，由于得不到直接光照而不能进行光降解；而生物降解塑料的降解速度和降解程度与周围环境条件直接有关，如温度、湿度、微生物种类、微生物数量、土壤肥力、土壤的酸碱性等，从而使这类可降解塑料可能形成二次污染。美国国会 1987 年就曾通过一项法律，禁止生产和使用部分降解型高分子塑料。鉴于此，在分析光降解和生物降解机理的基础上，发展完全型光－生物共降解塑料，使塑料在光和微生物的共同作用下发生完全型降解，对整个生物圈将会有更积极的意义。

1. 光－生物共降解机理

塑料在光和微生物的共同作用下发生的分解过程被称为光－生物共降解。其过程是塑料先通过自然日光作用发生光氧化降解，并在光降解达到衰变期后可继续被微生物降解，最终变成二氧化碳、水及一些低分子化合物，参与大自然的循环过程。由于光和微生物共同作用，这类高分子材料的降解速度是可以控制的，也是一类完全降解型的高分子材料。

光－生物双降解塑料具有光、生物降解双重性，在光降解的同时也可以进行生物降解。这种方法不仅克服了无光或光照不足的不易光降解和降解不彻底的缺陷，还克服了生物降解塑料加工复杂，成本太高，不易推广的弊端，因而是近年来应用领域中发展较快的一类可降解塑料。目前，光－生物共降解塑料存在的主要问题是光与生物降解两者的有机结合尚不够理想，有待进一步改进。

2. 可控光降解与生物降解塑料

光－生物共降解塑料大多是聚烯烃类塑料，在其成分中添加适量的光敏剂、生物降解剂、促进氧化剂和降解控制剂，包括稳定型、促进型控制剂和生物降解增敏剂等。通过调节各种组分的含量，可调控可降解塑料的降解速度和时间。这类降解塑料可分为两大类：一类为淀粉添加型光－生物降解塑料；另一类采用金属螯合物作光敏剂，其光降解产物最终能被微生物降解。光－生物降解塑料实际上是光降解塑料的改进型，其应用领域与光降解塑料大体相同。

已初步获得成功的产品有加拿大圣劳伦斯淀粉公司与瑞士 Roxxo 公司合作开发的一种有机金属化合物复合母料，这种母料具有光降解和生物降解双重特性，其降解速度为 Ecostar 母料的 5 倍，在北美已有商品试用。以改性莲藕淀粉与通用聚烯烃制备的生物降解塑料母粒中添加了光敏剂和化学助降剂，可使之成为可控双降解塑料。该产品已开发成功，其性能基本满足各方面的要求。它的特点是先使聚烯烃发生光降解，大分子链迅速断裂，分子量迅速降低，然后发生生物降解，聚烯烃的生物降解过程比较复杂，热、紫外光、应力和水等皆可影响生物降解。实地实验表明，当聚乙烯残体的平均分子量在 10^4 以上时，微生物（土壤中）对其作用很小，甚至不起作用。因此，可控光降解的程度是影响微生物降解的关键。

四、可降解高分子材料的发展前景

为了解决严重的“白色污染”问题，世界各国均很重视降解塑料的研究。近年来更强调采用天然原料来制造降解塑料：一来，天然原料无疑会完全生物降解，所制造的塑料当然不会产生污染；再者，天然原料可再生，取之不尽和丰富价廉，因而这是生物降解塑料开发研究的发展方向。但就目前技术水平而言，过分夸张宣传，认为采用这些天然材料就可以解决“白色污染”，显然是不恰当的。因为这些产品的应用性能并不理想，而且有些生产过程（如纸浆）反而污染严重，并且其价格太高也无法推广。生物降解塑料虽已有多种产品问世，且在购物袋、垃圾袋、日用瓶罐、园艺用品、鱼具及农用地膜等方面已有使用，但大规模应用尚存在一些问题亟需解决。

首先，国内外均无统一认可的定义、评价方法和标准。关于降解塑料的定义，虽已由美国ASTMMD-20.96可环境降解塑料分委员会定义组提出，并于1992年11月在ASTM委员会通过，但由于降解塑料的降解性能制约因素很多，各国的地理环境、气候、土壤成分、垃圾处理方式等又有许多差异，因此降解到底意味着什么？其降解时间是否应有所定义？降解产品是什么？这些问题均未能达成共识，其评价方法和标准更是五花八门，要建立起统一、完整的评价方法还需时间。

其次，准确的时控性和用后完全、快速降解离实用要求还有相当大的差距。特别是填充型淀粉塑料，其大部分组分根本不可能在一年内降解，在美、欧等发达国家已不能被环境组织和公众接受。

再次，使用性能尚不如人意。国内外公布的各种品牌淀粉塑料力学性能一般，并且含淀粉的降解塑料耐水性不好，湿强度差，一遇水则力学性能大降。而耐水性恰恰是现行塑料在使用过程中表现的优点之一。

另外，在不同行业使用时也产生不同问题。如在我国火车上推广的光/生物降解聚丙烯快餐盒与原用的聚苯乙烯泡沫餐盒相比，实用性较差，质软，热装食品易变形，且资源耗费大，价格高50%～80%。可降解塑料价格过高也是难以突破的瓶颈。据美国和日本资料，对比现行塑料，破坏性降解塑料价要高15%左右，完全生物降解塑料则要高出4～10倍。

所以，开发降解塑料虽然可能是解决现行塑料发展难题的途径之一，国内外都投入了大量人力、物力和财力进行研究，而且也取得了研究成果。但迄今为止，从综合性能和成本考虑，所有降解材料均无法取代现行塑料，有些品种（如填充型淀粉塑料）根本不具备生命力。从发展趋势看来，降解塑料能有效解决塑料环境污染的只是完全生物降解塑料，但在其成本降低至可广泛应用前，只能在可利用其特殊功能的某些特定领域进行开发，如英国用于高级化妆包装容器，美国用于海军携带出海的食品容器等。当然，上述这些问题也在逐步获得解决，国内外众多科学家仍在不断努力。随着技术不断进步，现在已有多种完全降解的降解塑料问世，如聚合型光降解塑料（乙烯/一氧化碳、乙烯、乙烯基酮共聚物等）、聚合型生物降解塑料（PLA、PCL、PHBV和脂肪族聚酯等）和全淀粉塑料（热塑性淀粉）等，而且在进一步完善和提高其应用性能。

第五节　高分子材料的再循环

一、概述

目前可降解高分子在整个高分子材料中所占比例小，对于高分子材料废弃物的再生循环，显得尤为重要，这既是为了解决环境污染，保护我们赖以生存的地球，也是为了“变废为宝”，实现资源的再利用。高分子合成材料的基本成分

(单体) 主要来自石油，与其他自然资源一样，从长远看石油等资源不会“取之不尽，用之不竭”。所以说，废旧高分子材料的回收，即是资源的再利用。

再生循环技术主要包括回收技术和再生利用技术。“回收”主要指废弃物的集中、运输、分类、洗涤、干燥等处理过程，只有先回收，才能再生或利用；“再生循环”可看做是制品—废弃物—（回收）—再生制品—再废弃物—（回收）—再再生制品……反复多次“回收、再生利用”的过程。

1. 废旧高分子材料的回收技术

不同高分子材料之间的相容性、热稳定性、加工性能及化学性能差别很大，对混杂的高分子材料废弃物必须按高分子材料品种、废品材料的成分（如金属和纤维等嵌件）分门别类，予以分离。根据不同种类高分子材料具有不同塑化温度（熔点、软化点）、燃烧性能（火焰的颜色、难易度、气味）、外观（硬度、光泽、透明度）、密度、溶解性等，其分离方法是很不相同的。最简单的分离方法是根据厂家在制品上刻印的高分子材料代号或外观，进行人为识别和手工分拣。该法简单、易行、效率高，但准确度难以保证。较为复杂的分离方法有很多种：① 根据不同高分子材料静电发生状态和带电差异的静电筛选法；② 根据高分子材料密度不同的湿式重力筛选法；③ X 光探测分拣技术；④ 根据热塑性高分子材料熔融温度不同的热源识别分拣法；⑤ 根据旋风原理和高分子材料密度不同的水力旋风分拣法和液态碳氢化合物分拣法；⑥ 根据同一溶剂不同温度下的溶解能力差对热塑性高分子材料实行选择性分拣等。

2. 废旧高分子材料的再生循环技术

高分子废弃物的再生循环技术可分为三类：一是材料再生利用技术。通过粉碎、热熔加工、溶剂化等手法，使高分子材料废弃物作为原料应用。其基本思想是将高分子材料在其功能丧失之前，多次进行使用。二是化学再生利用技术。通过水解或裂解反应使高分子材料废弃物分解为初始单体或还原为类似石油的物质，再加以利用。其基本思想是将回收材料作为资源，作为石油及单体的原始材料加以利用。三是热能利用技术。对难以进行材料再生或化学再生的高分子材料废弃物，通过焚烧，利用其热能。也有学者把没有丧失使用功能的高分子材料废弃物的利用称为一级再生利用（primary recycling）；把高分子材料废弃物制备成再生材料的利用称为二级再生利用（secondary recycling）；把高分子材料废弃物分解成低分子化合物的化学利用（chemical recycling）称为三级再生利用（tertiary recycling）；把高分子材料废弃物焚烧的热能加以利用称为四级再生利用（quaternary recycling）。一级和二级又称为材料再生（material recycling）或机械再生（mechanical recycling）。

二、废旧塑料的再生循环

1. 材料再生技术

将分拣后的高分子材料废弃物破碎、熔融造粒或粉末化，可作再生原料用于制造化工产品、轻工产品和建筑材料，或与单纯原料混合使用。对于废旧塑料，可以直接利用，也可以改性后利用。

（1）废旧塑料的直接利用　直接利用是指不需进行各类改性，将废旧塑料经过清洗、破碎、塑化直接加工成形或通过造粒后加工成制品。这种直接利用的主要优点是工艺简单，再生制品的成本低廉。其缺点是再生料的制品力学性能下降较大，不宜制作高档次的制品。

（2）废旧塑料的改性及利用　为提高再生料的力学性能，需对其进行各种改性，如活化无机粒子填充改性、加入弹性体的增韧改性、混入短纤维的增强改性、与另外一种树脂并用的合金化改性等。经过改性的废旧塑料的某些力学性能能达到或超过原树脂制品的性能。这种处理方法很有发展前景，越来越受到人们的重视。改性方法可分为两种：一是物理改性法，即采用混炼工艺制备多元组分的共混物和复合材料；二是化学改性法，即采用交联改性、接枝共聚改性或氯化改性等。

材料再生的基本手段有机械法再生、溶剂法再生和热熔加工法再生。

机械法再生技术方法为：① 将简单分离的物料输入专用生产线，切碎、筛选和烘干；② 科学分离和清洗；③ 制成粒料或粉料，作为再生原料出售或利用。该技术适于对所有热塑性废塑料（如 PVC、PE、PET 等）和热固性废塑料（如聚氨酯 PU、酚醛树脂 PF、环氧树脂和不饱和树脂等）及废橡胶等的再生利用。

溶剂化再生技术方法为：① 将高分子材料废弃物切片、水洗；② 加入合适溶剂使其溶解至最高含量；③ 加压过滤除去不溶解成分；④ 加入非溶剂使残留在溶液中的聚合物沉淀；⑤ 对沉淀的聚合物进行过滤、洗涤和干燥。该法的关键是要根据不同高分子材料选择最佳溶剂和非溶剂。如 PP 的最佳溶剂是四氯乙烯、二甲苯，非溶剂是丙酮；PS 泡沫塑料的最佳溶剂是二甲苯，非溶剂是甲醇；PVC 的最佳溶剂是四氢呋喃或环已酮，非溶剂是乙醇；尼龙 6 废纤维可先溶解于 135℃～143℃的甲醇和水的混合物中，再冷却至 80～85℃即可得到尼龙 6 的精细粉末。用过的溶剂/非溶剂可通过分馏处理加以分离，以便循环再用。由于溶剂法能获得最佳性能的高分子再生原料，所以广泛用于 PS、PP、FVC 及尼龙 6 等废塑料的再生。

热熔加工再生技术方法为：① 热塑性废塑料经分离、清洗、粉碎、干燥；② 通过混合机、单螺杆挤出机或双螺杆挤出机进行熔融加工，挤出造粒，作再生原料出售或直接成形制品。热固性废塑料和橡胶的粉碎料可与热塑性塑料或胶粘剂混合，实现熔融加工。

2．化学再生技术

化学再生技术有热分解技术和化学分解技术两类。

(1) 热分解技术　从化学角度看，聚合物热分解的最终产物应当是单体，然而实际上是除单体之外还可能有聚合度较低的齐聚物、分子量不等的烃类及其衍生物等低分子化合物，它们都是高价值的有机化工原料或产品。塑料的热分解需要专门的设备，操作工艺较复杂。热分解产物随所用设备及工艺条件不同而有所不同，它们可能是以液状油为主，或以气体为主，或油、气、固体等产物兼而有之。

1）热分解的油化工艺。油化还原技术是指废弃高分子材料经热分解或催化热分解还原为汽油、煤油和柴油等技术。目前废旧塑料的油化法已有槽式、管式炉、流化床和催化法四种，可以处理 PVC、PP、PE、PS、PMMA 等多种废旧塑料及其他废旧高分子材料（如废旧轮胎等橡胶制品），所得热分解产物皆以油类为主，其次是部分可利用的燃气、残渣、废气等。

2）热分解的气化工艺。对城市垃圾中的混杂废旧塑料或混有部分废旧塑料的垃圾则多采用气化工艺。气化工艺的热分解装置有立式多段炉、流化床、转炉等。气化工艺的特点是无需进行像油化工艺所要求的预处理，可以是不同塑料的混杂物，也可以是与城市垃圾混杂的废旧塑料制品。用气化工艺处理混杂垃圾，可制得燃料气体。如用立式炉气化分解装置即可得到 58% 的各类可燃气体；用流化床气化分解装置则可得到约 84% 的燃料气体。

3）炭化。废旧塑料在一定热分解条件下炭化，并经相应处理即可制得活性炭或离子交换树脂等吸附剂。用回收的废旧 PVC 等热塑性塑料进行炭化后再进行适当的处理，除可制取活性炭和离子交换体之外，还可用以生产分子筛，用作液相色谱柱的填充剂等。

(2) 化学分解　化学分解法又称解聚单体还原技术，是指通过化学作用将聚合物还原成单体。在 600 ~ 800℃下，解聚 PE 可还原成乙烯、甲烷和苯等单体；解聚 PVC 可还原为氯化氢单体；解聚 PS 可还原成苯乙烯单体。日本北海道某公司采用硫化床热分解炉在 450℃下分解 PS 废塑料，分别得到产率为 62.5% 的苯乙烯单体、产率为 20.5% 的三聚体。日本制钢所用挤出机热分解聚苯乙烯 (PS) 废塑料，使苯乙烯单体的产率达 78.6%。同样，PMMA（俗称有机玻璃）通过加热解聚，几乎可 100% 地还原为单体。

化学分解法分解产物均匀且易于控制，在一般情况下，产物不需进行分离和纯化，生产设备投资少，适于处理较单一品种的无污染型废旧塑料。目前主要是处理聚氨酯、热塑性聚酯、聚酰胺类等极性废旧高聚物。有水解法和醇解法两种。前者适用于含有水解敏感基团的高聚物，这类高聚物多由缩聚反应而制得。水解反应其实质是缩合反应的逆向反应。后者使用乙二醇等为醇解剂，分解聚氨酯等塑料，其反应产物主要是混合多元醇。例如，废旧聚酯（如 PET 等）在复合催化剂的作用下，于常温常压下进行解聚，解聚产物主要是聚酯的原单体。此单体不需掺合新单体即可直接缩聚成纺丝级聚酯。

（3）其他化学处理法　将废旧塑料加入各种化学试剂，使其转化成胶粘剂、涂饰剂或其他高分子试剂。例如，将废聚苯乙烯泡沫塑料用水洗净、晒干、粉碎，用二甲苯—乙酸乙酯—环己酮溶解，再加入一定量的增塑剂邻苯二甲酸二丁酯和乳化剂OP-10，快速搅拌均匀。然后，边激烈搅拌边将一定量的水慢慢加入油相液中，得到乳白色乳状液，即为防水涂料成品。该防水涂料可以用于瓦楞纸箱等的防潮，也可用于纤维板的防水。又如，采用加热消泡法，使废聚苯乙烯泡沫塑料的体积缩小为原来的1/25左右，加硝酸、少量催化剂，制得对硝基苯甲酸。该法工艺简单，产品附加值高，有较好的经济效益。

3．热能利用技术

将废旧塑料作为燃料进行焚烧，通过控制燃烧温度，充分利用其转化的热能。这种方法的优点是：① 不需繁杂的预处理，也不需与生活垃圾分离，特别适用于难以分捡的混杂型塑料品；② 废旧塑料的生热值与相同种类的燃料油相当，产生的热量可观；③ 从处理废弃物的角度看十分有效，焚烧后可使其质量减轻80%以上，体积减小90%以上，燃烧后的渣滓密度较大，作掩埋处理也很方便。

因此，废旧塑料的热能利用得到了越来越广泛的重视。在日本，通过焚烧回收热能的废旧塑料约占回收总量的36%，远远高于简单的直接再生或复合再生的比例。原联邦德国已有47家废旧塑料烧结厂（并计划继续扩建这类工厂），它们将这种热能用于火力发电，已占总电力的6%左右。利用废旧塑料回收热能的前景十分广阔，我国在这方面虽基本还是空白，但由于我们废旧塑料回收再利用的综合技术比较落后，所以焚烧废旧塑料利用其热能是很适合我国国情的。

采用燃烧法回收热能时，需要注意的问题是：有些塑料燃烧时产生有害物质（如PVC燃烧时产生氯化氢气体，聚丙烯腈燃烧时产生氰化氢（HCN），聚氨酯燃烧时也产生氰化物等），所以如何做到保护环境、不致产生二次公害非常关键。现行的燃烧废旧塑料的方式有三种：① 使用专用焚烧炉焚烧废旧塑料回收利用能量法。其所用的专用焚烧炉有流动床式燃烧炉、浮游燃烧炉、转炉式燃烧炉等。这类专用设备都要求尽量无公害、长期使用和稳定连续操作。② 作为补充燃料与生产蒸汽的其他燃料掺用法。这是一项可行而又比较先进的能量回收技术，热电厂即可使用塑料废弃物作为补充燃料。③ 通过氢化作用或无氧分解，转化成可燃气体或可燃物再生热法。这与其说是一种能量回收，还不如说是特殊条件下的分解。

4．土埋处理

以上介绍的废旧高分子材料处理方法，是积极的处理，既保护了自然环境，又废物利用，真正体现出将废旧高分子材料变成可再利用的资源。但是，对用现有技术和经济实力难以分拣、分离或无法有效再生利用的高分子材料废弃物，采取土埋处理，仍不失为是一种有效的处理方法。事实上，人们已经用掩埋的方法处理了一批又一批的废旧塑料。掩埋处理法有两个优点：一是深埋于地下，对地表层的绿色植物生长不会构成危害；二是这种处理方法最为简单，设备投资最少，甚至可以只消耗人力和简单工具即可。甚至有人认为：土壤深埋高分子废弃物是储存资源的办法，待资源枯竭或低成本且实用的高新技术问世时，可开采这些资源再利用。

勿庸置疑，深埋废旧高分子的处理方式是一种最下策的处理方式。作为不可倡导的掩埋法，明显有其严重的弊端：一是因埋入地下不见阳光和隔绝了空气，成为“不朽之物”，短时期内虽然无害，但最终还是有害无利的，积累过多会严重妨碍水的渗透和地下水流通等；二是耗费了大量人力物力，却把可再利用的资源白白弃之浪费，久而久之，地下水源必将受到这类废弃物中可溶成分的污染。这类废弃物量的积累和增加将成为人类的公害，为子孙后代埋下了隐患。

总之，土埋处理是现今不得已而为之的消极措施，既不属于再生循环技术，也不属于零排放技术。

三、废旧橡胶的再生循环

在废旧高分子材料制品中，除数量上占首位的废旧塑料外，其次当推废橡胶及含有部分热塑性树脂的橡胶类制品，它也是废高分子材料中的重要组成部分。从将废橡胶作为再利用的资源和保护环境的基本观念出发，人们已愈来愈重视废橡胶的回收与利用。高分子材料科学的进展和成形加工业的进步，一方面为综合利用废橡胶提供了广阔的前景和有力的条件；另一方面，由于橡塑并用、共混型热塑性弹性体的研究开发等新材料的出现，给废橡胶制品及类废橡胶的处理与应用带来了一定的困难，使人们必须不断开拓新思路，采用新工艺。

硫化橡胶具有独特的弹性，交联结构与热固性塑料类似，使用性能与软质热塑性塑料类似，是战略物资之一。橡胶废弃物来源于橡胶厂的边角料、废轮胎、人力车胎、胶管、胶鞋、鞋底、胶带、内胎、密封件、垫板、电线包皮以及橡胶杂品等。20 世纪 80 年代后期，世界各国所产生的废橡胶已超过 1 300 万 t。由于橡胶原材料的 70% 以上来源于石油，估算 1kg 橡胶消耗石油 3L，如果对橡胶废弃物实现了再生循环，就意味着每年节约大量的石油，意义巨大。废旧橡胶的再生循环技术主要有以下五个方面。

1. 原形再用或改制利用

原形再用或改制利用主要用于废轮胎，如轮胎翻新、人工鱼礁、护船、道路铺垫、救生圈、轨道缓冲垫、鞋底、体育设施等，特别是轮胎翻新用量大，经济效益高。废旧轮胎的数量是相当可观的，尤其是人均汽车产量高的国家（如美国、日本、德国等)，如美国年均有废旧轮胎约2亿条之多。因此，对废旧轮胎的原形再用及改制利用，特别是轮胎翻修利用，被公认为是最有效、最直接而且经济的利用方式。

轮胎翻新方法一般是先刮去废轮胎的外层，粘贴上生胶，再进行硫化。棉帘线轮胎可翻新1~2次，尼龙帘线轮胎可翻新2~3次，钢丝帘线轮胎可翻新3~6次。每翻新一次后，平均行驶里程为50 000~70 000km，是新胎寿命的60%~90%，翻新所耗原料为新胎的15%~30%，价格仅为新胎的20%~50%。由于该法耗能少、成本低，真正实现了物尽其用，所以受到各国的重视。美国60%以上的废轮胎得到翻新，中国新胎总数的20%是翻新轮胎。

2. 制备胶粉

废橡胶制备成胶粉或精细胶粉是其再生利用的主导方向。胶粉的概念有特定的含义。胶粉并不是粉末橡胶。粉末橡胶是指粉末状的生胶。虽然胶粉也是粉末状，但它是由已硫化的废旧橡胶经打磨或进一步改性活化而制得的粉状胶料，可改善其掺用制品的力学性能。

按废胶品种不同，可将胶粉分为胎面胶粉和杂品胶粉；按胶粉粒度不同，可分为粗胶粉（500~1 500μm)、细胶粉（300~500μm)、精细胶粉（75~300μm)、超细胶粉（74μm以下)；按胶粉的处理方法不同，又可分为一般胶粉、活化胶粉或改性胶粉。

胶粉制备方法有冷冻粉碎、常温粉碎和湿法粉碎等。① 冷冻粉碎是将废橡胶冷冻至橡胶玻璃化转变温度以下［如NR（天然橡胶）与SBR（丁苯橡胶）胶料至少在-90~-67℃以下］，在玻璃化状态进行粉碎。目前，冷冻粉碎主要有液氮冷冻粉碎、涡轮空气制冷粉碎两种方法。② 常温粉碎法是在常温下利用机械剪切力对废橡胶进行反复切割和挤压。该法设备简单，生产能力大，但胶粉粒度粗，不适合制备细胶粉。③ 湿法粉碎法也是在常温下进行的，把废橡胶浸入水中，在强剪切力作用下粉碎。为使废橡胶在粉碎加工过程中不粘结、容易过筛输送以及胶粉储存过程中不板结，需添加2~20份的白炭黑、滑石粉、$CaCO_3$或PVC树脂等隔离剂。

生产精细胶粉具有明显的经济效益和社会效益：① 制造精细胶粉与生产再生胶相比，可省去脱硫、清洗、挤水、干燥、捏炼、滤胶、精炼等工序，大幅度地节约了设备、能源动力消耗和劳力投入；② 生产精细胶粉可节约废旧橡胶脱硫时所需的软化剂、活化剂等化工原料；③ 精细胶粉掺用于生胶中，可取代部分生胶，使制品成本降低；④ 精细胶粉生产时不存在气、水的环境污染；⑤ 在掺入再生料的制品中，精细胶粉比再生胶掺入量大且力学性能较好。

胶粉有许多重要用途：① 掺入胶料中代替部分生胶，活化胶粉或改性胶粉可用于制造各种橡胶制品（如汽车轮胎、运输带)；② 与沥青混合，用于公路建设和房屋建筑；③ 与塑料共混改性，可制作防水卷材、农用节水渗灌管、消音板和地板、水管和油管、包装材料、框架、周转箱、浴缸、水箱；④ 制作涂料、油漆和粘合剂；⑤ 生产活性炭。

此外，以废胶粉为填充剂可制备廉价铺地胶板及防水卷材；用橡胶改性苯乙烯聚合物制备挤出发泡板材；将废旧橡胶、废旧塑料、木粉组合物加工制成性能优良、成本低廉的材料，可用于制造板材、管材、包装材料、框架、浴缸、水箱等；用沥青、废塑料、废橡胶等制成块状物可用来铺设停车场、人行道、公路等等。

当前国外大都以生产废胶粉为再生利用的主要手段，生产再生胶为辅。而我国则正好相反，以生产再生胶为主（大约占废橡胶回收利用的90%以上），胶粉工业则刚刚起步，且基本上是生产粗胶粉。

3. 再生橡胶

再生胶是指硫化胶脱硫、重新硫化所得到的产物。由于再生胶工艺性能优于胶粉，故在橡胶制品中掺入适量再生胶有利于橡胶的混炼加工。但是，普通脱硫技术污染环境，因此必须开发废橡胶脱硫无污染技术。

再生胶一般分为胎面胶和杂品再生胶。胎面再生胶又分一级、二级、三级。制造再生胶的工艺不尽相同，传统的再生方法有油法、水油法。目前我国的再生胶工业主要还是使用这类传统工艺，其缺点是生产效率低、存在环境污染、能耗大。目前国际上采用的新型再生工艺有动态再生法（恩格尔科法）、常温再生法、低温再生法（TCR 法）、低温相转移催化脱硫法、微波再生法、辐射再生法、压出法等，但尚未达到工业化。下面简单介绍两种再生胶制备方法：

（1）溶剂法或加热法　在胶粉中加入化学试剂或加热或用其他方法打断硫化胶中的 C-S 和 S-S 键，破坏三维网络结构，实现脱硫。这种传统再生胶工艺周期长、生产效率低、再生胶性能差、能耗大，并且因加入油或其他溶剂而污染环境。

（2）De-Link 工艺法　马来西亚和俄罗斯科学家共同发明了 De-Link 工艺生产再生胶。原理是利用物理及化学方法使硫化橡胶经过机械剪切作用“还原”至未硫化状态，即打开硫－硫（S－S）键，使交联分子结构的废橡胶恢复到线性分子结构的橡胶的原始性能。De-Link 的外观为片状，不含对人体有害的物质，其化学成分可有效地打开 S-S 交联，而不破坏 S-C 和 C-C 键。一般，De-Link 可打开 50% ~85% 的 S-S 键。随着加工时间、温度控制、加工机械等因素的不断改进，废橡胶的“还原”效率也在不断提高。

4. 热裂解为化工原料

废橡胶的热裂解主要是指废轮胎的热裂解。裂解后产生固体炭黑、液体油类和煤气等。据报道，德国的流化床热裂解工艺，热裂解温度为 500 ~800℃，一条生产线年处理废胶能力为 1 万 t。此法的不足是，热裂解一般要经过粉碎、热裂解、油回收、气体处理、二次公害的防治等工序，设备费和操作费昂贵。

5. 燃烧利用热能

废旧橡胶制品作为燃料利用的是其燃烧热能。燃烧废轮胎可产生 27.31～33.49MJ/kg 的热能。这也是废弃物终结的解决办法之一，就地处理废胶，减少运输。燃烧方法有三种：① 单纯废轮胎燃烧；② 废轮胎与其他杂品混合燃烧；③ 与煤混合作水泥窑的燃料。一般可直接利用燃煤设备。日本、德国使用废旧轮胎作为焙烧水泥的燃料，燃烧过程中不产生新的污染。

四、废旧纤维的再生循环

有机纤维包括天然纤维（如棉、麻等）和合成纤维（如尼龙、涤纶）。废旧纤维的数量虽不及废旧塑料和废旧橡胶，但也不容忽视。废弃物来源主要有两个：一是纤维生产厂和纺织厂的边角料、废轮胎和废胶带及塑料中的增强纤维；二是化纤衣类废弃物。废纤维具有良好的物理力学性能。但由于废纤维的密度小、占容大、运输成本高、缺乏较好的处理技术及必要的资金投入，致使一些企业采用土埋或焚毁方法，简单处理这些本可以再生利用的重要资源，实属浪费。

纤维的品种较多，所以废旧纤维的种类也比较繁杂。废旧纤维及其制品可有多种途径和方法进行回收利用。如再生胶厂的废短纤维因粘有部分废橡胶可直接加工成再生板材，或采用适宜配方制防水油毡；回收的废天然纤维可以造纸；合成纤维的废弃物可热解回收有机化工原料；如果将废纤维作为增强骨架材料，则可以短纤维方式增强生胶、弹性体、再生胶、热塑性树脂、废旧热塑性塑料回收料、橡塑共混物、微发泡制品等。

1. 废纤维制作橡胶制品、胶板

（1）制作橡胶制品　废短纤维与生胶、再生胶、氯化聚乙烯类弹性体、橡塑共混体等进行共混，可起到明显的增强作用。制作橡胶制品的方法大体有两种：① 将废纤维直接填充于橡胶中，制作轮胎热带、低档胶管、胶管中层胶和内胎、防振胶板、挡泥板、电瓶外壳、人力车胎、胶鞋底、中压农用输水管，这些制品具有耐穿刺、耐磨和成本低的特点；② 除去废纤维中的杂质，在进行表面活化处理后，部分取代橡胶工业中大量使用的预处理短纤维，或者将活化处理的废纤维与预处理的短纤维并用。该法不仅节省短纤维，成本低，而且综合性能好。

（2）制作胶板　再生胶生产过程中所使用的废轮胎、废运输带和 V 带等制品都含有相当数量作为骨架材料的纤维，过去多为天然纤维，现已逐步为合成纤维（如维纶、尼龙 6、尼龙 66、涤纶）所替代。含有纤维的硫化胶制品，橡胶含量约占 10%～60%（质量分数）。将这类废橡胶制品进行粉碎、筛选时，废短纤维不可避免地要吸附一定量的无法分离的细胶粉。这类废纤维实际上是短纤维和胶粉的混合物，它们约占再生胶产量的10%左右（可见其数量之大）。将其加入增粘剂、硫化体系、软化剂等配合剂，经混炼放片、模压硫化，可制得废纤维胶板。这种胶板具有较高的硬度、较强的抗弯抗压性能和较低的吸湿性。在生产这种胶板的过程中，若在配合混炼时加入少量再生胶，或在模压时用薄层贴面料与其复合压制，可制得质量更好的产品。这类纤维胶板可用作包装箱、周转箱、活动房墙板，并可代替部分木质纤维胶合板。

2. 废纤维作增强材料

废短合成纤维可增强热塑性塑料：其一是以纤维状态在塑料中起到"骨架"作用而成为纤维增强热塑性塑料；其二是将合成废纤维（PET等纤维）经塑化造粒，再与LDPE、HDPE等热塑性树脂共混，并加入增容组分，制得聚合物共混物。将废纤维与低熔点树脂在双螺杆挤出机中进行共混并造粒，可制得废纤维增强的热塑性塑料。例如，在PP中添加废聚酯短纤维后，拉伸强度比纯PP提高10～20MPa，冲击强度比玻璃短纤维增强PP提高6%～12%。此外，可先除去废纤维中的杂质，再用双螺杆挤出机混合，挤出造粒，制得工程塑料；还可将废纤维与其他树脂混合后，通过双螺杆挤出机共混，挤出造粒，制得改性工程塑料，其性能要比通用塑料性能好，且造价低。用废涤纶短纤维增强PVC树脂，可以使拉伸强度提高10MPa左右，同时弯曲强度等也有相应提高。

废短合成纤维也可以增强橡塑发泡体。如向橡塑发泡体中加入少量（不超过2%质量分数）短纤维可提高其拉伸强度和压缩恢复性能。

3. 粉末化再生利用

用洗涤剂和碱液洗净废纤维，用化学试剂（如酸）溶解后可并制成粉末。如废尼龙短纤维制成的尼龙粉可以填充在橡胶制品或涂料中，提高橡胶的耐磨性、成形加工流动性、耐介质性和硬度等。

4. 填充于混凝土中作建筑材料

用有机废纤维帘线填充混凝土，可使混凝土的拉伸强度提高25%～50%，冲击强度提高1.5～3.5倍，抗撕裂强度提高25%～50%，且工艺简单，成本低。也可以将废纤维与沥青、再生胶共混制造防水材料和跑道铺地材料，既降低成本，又提高材料的撕裂强度以及耐水、耐介质等性能。还可以对废纤维表面进行化学清洗和漂白，与其他建筑材料混合制作纤维板、天花板等；或者将废纤维与少量树脂或废塑料共混制作塑料三合板、五合板等。

5. 回收单体和制作粘合剂

用酸、碱等降解废纤维可回收有机单体，或在单体形成阶段与其他助剂混合制作涂料和粘合剂等。由化纤厂产生的废聚酯纤维，通过适当的化学试剂处理，可制得价值较高的化工原料。例如，将涤纶废丝切碎，经醇解、缩聚可制得不饱和聚酯。与非回收料制备的不饱和聚酯相比较，省去了苯酐和乙二醇原料。由此制得的不饱和聚酯可用于生产玻璃纤维增强制品。涤纶废纤维的解聚可制得并回收其原单体对苯二甲酸、乙二醇和对苯二甲酸乙二醇酯等。尼龙纤维或废丝也可通过解聚回收相应的单体。

第六节 长寿命高分子材料

为了有效利用资源，减少废弃物发生量，对于用量大、影响深远的高分子材料，如农用棚膜、建筑用高分子材料、上下水道、浴盆、水槽、污水处理管、涂料等应考虑长寿命问题。无论短寿命还是长寿命，都应以维持生态环境和节约资源及提高利用率为最基本目标。

一、农用塑料薄膜的长寿命

地膜、棚膜用于农业上，对改变作物生长季节、生长期，提高作物产量，满足人类不断增长的农副产品需求，在 20 世纪 60 年代被誉为是一个革命性的变革。据报道，我国在 1982 ~ 1991 年间推广应用 $78.7\times10^5hm^2$ 农膜，其中地膜 $75.8\times10^5hm^2$，增产粮食 547 万 t，皮棉 65 万 t，花生 110 万 t，糖料 140 万 t，蔬菜 1 060 万 t，水果 1 060 万 t，净增产值 85 亿多元。然而，随着时间的推移，其对环境的污染也显现出来了，被称之为“白色污染”。由于这类薄膜主要以 PE 为主，埋在地下 200 年不会降解。而且埋入地下的破碎农用薄膜会阻隔水分和养分的传递，影响作物根系的发育和作物生长，使农业减产。我国目前农用膜约 30 万 t，使用土地面积为 466 万 hm^2，仅北京地区土地中农膜的残留量就达 4 000 多 t，平均每公顷土地残留地膜约 45kg，造成蔬菜产量下降 10%，小麦产量下降 $450kg/hm^2$。破残农膜的存在，还影响拖拉机的耕种效率，残膜的缠绕力可将犁铧打断、发动机烧坏。残膜还严重威胁动物的生命。据黑龙江省安达市统计，每年有上百头奶牛、耕牛因误食残膜而致死。同时，深埋地下的废弃高分子材料会分解出 CO_2、H_2O、甲烷、硫酸盐、硝酸盐等，渗入水系会严重影响水质。废弃高分子材料中的稳定剂和着色剂也会溶出，引起二次污染。废弃高分子材料严重污染着江河湖海，毒害生物，并对渔业生产产生极坏影响。

棚膜和其他农膜可以长寿命化。① 厚度应予以规定，改变目前膜厚过薄（所谓双零叁和双零肆，即 0.003mm 或 0.004mm）的状况，使厚度大于 0.012mm。这样即使是降解膜，使用后的碎片较大，就便于回收。② 棚膜应尽量多次使用。为此，要添加长寿命母料，延长棚膜寿命。长寿命母料的配方为：低密度聚乙烯（LDPE）80 份、线性低密度聚乙烯（LIDPE）20 份、GW-540 光稳定剂 12 份、金红石型钛白粉 6 份、1010 主抗氧剂 4 份、DLTP 辅抗氧剂 8 份、聚乙烯蜡 2 份、白油 1 份。在 PE 膜中以添加 2% ~5% 的长寿命母料为宜，在其他制品中也应添加一些抗老化助剂，以延长其使用寿命。

二、建筑用高分子材料的长寿命

1. 建筑用高分子材料

目前，全世界建筑工业消耗的塑料每年超过1000万t，占世界塑料总产量的1/4，在应用塑料中居首位。塑料已与水泥、钢铁、木材一起被列为四大建筑材料。塑料应用在建筑领域被称为建筑塑料。建筑塑料具有质量轻、强度高、加工机械化程度高、安装简便、装饰性强、色彩美观等特点，同时还有防水、防腐、耐磨、隔音、保温等性能。建筑塑料在一定程度上替代了传统的建筑材料，如木材、金属、水泥、陶瓷、玻璃等，应用领域十分广泛。建筑塑料制品的生产和使用能耗远低于其他建筑材料。例如：PVC的生产能耗仅为钢的1/5、铝的1/8；PVC管材用于给水比钢管节能62%～75%，用于排水比铸铁管节能55%～68%；塑钢门窗可节约采暖和空调能耗30%～50%。因此，建筑塑料的推广应用，已成为当今建筑技术发展的重要趋势。

建筑塑料品种繁多，约有40多个门类，300多个品种。按建筑结构分类，可以分为结构建筑塑料、非结构建筑塑料和土建功能高分子材料等。

结构建筑塑料主要是指塑料构件、屋面材料、梁柱屋架、整体建筑单元、活动房屋等。近年来，用改性聚氯乙烯或增强塑料制成的柱和屋架，用于地下工程或化工防腐工程，收效显著，可在潮湿环境下使用，不霉不烂。

非结构建筑塑料主要是指地面材料、隔热保温材料、门窗及其异型材、线材、装饰装修材料、管道及其配件、卫生洁具、透光材料、合成木材、灯具及其他配套零部件等。非结构建筑塑料无论是在品种方面还是在市场占有率方面，在建筑塑料领域都占有重要的地位，也是绿色建筑塑料中发展较快的品种。

土建功能高分子材料包括土工织物、超轻型填土材料、高分子化学灌浆材料、用于道路工程的功能高分子材料、保温材料和防水材料、建筑密封材料等。它们在土建工程中的作用有：使地基基础增加承载力，防止地下水渗透，保护土体和加强土体；改善建筑主体材料混凝土的使用性能，如改善其可操作性、稳定性、体积稳定性、耐久性或赋予某些特殊性能等；改善建筑物的使用功能，如保温、隔热、防水密封、吸音、采光、防火和防腐抗蚀以及美化环境等。

2. 建筑材料及其构件的长寿命

作为支撑建筑物的基本材料，建筑材料及其构件起着重要的作用。要求这些材料具有高强度和高功能性的同时，还要求其在设计使用期限之内必须有尽可能长的寿命，避免多次装修及减少废弃物的产生。延长材料的寿命和保持自然资源，这两者本质是相同的。

建筑材料的长寿命设计，要求在考虑材料功能性的同时，还应兼顾其环境协调性，并运用材料科学和建筑材料工程学的观点（注意它们的平衡）来确立合理的建筑材料构件及建筑方法等方面的相关技术。混凝土聚合物复合材料，即是将混凝土与高分子材料有效结合，获得耐久性很好的材料。日本在水灰比0.5的普通混凝土中掺入乙二醇醚衍生物和氨基醇的衍生物，混凝土可达超高耐久性(500年以上)，并具有优异的耐酸性。高科技合成的特种化学纤维，如高强度碳纤维、芳香族聚酰胺纤维和普通沥青纤维，通过特定的化学方法研制成超高强度的建筑材料，用这种材料成功地建造了两幢高达42层的大厦。

随着高分子化学及工业的发展，各种性能更加优异、功能奇特、设计精巧、使用方便的长寿命建筑用高分子材料将得到更大发展，它是21世纪最有希望的工程结构材料。

第七节　二氧化碳树脂新材料

二氧化碳是燃烧和代谢的终产物，是污染环境的废气，是不活泼和难以利用的物质。但是，作为一种碳资源，二氧化碳是宝贵的财富，它在地球上的储量比天然气、石油和煤的总和还多。利用二氧化碳可以得到许多有机物，但在大多数过程中为把碳还原要消耗大量的能量或氢气。从高分子合成的角度来看，二氧化碳是可聚合的单体。从二氧化碳和环氧化物等单体合成高分子产物，碳的氧化态没有改变，故不需要额外的能量或氢气，同时可以得到颇具特色的新型二氧化碳树脂材料，在保护地球环境方面起到积极作用。在20世纪的最后30年，中、美、日、波兰等国为此做了很多工作，二氧化碳树脂的工业合成的困难已经逐渐克服。这类树脂已显现一些应用前景，有些树脂已成为21世纪的新型材料。

一、聚碳酸酯聚氨酯材料

二氧化碳与环氧化物开键开环聚合生成脂肪族聚碳酸酯（APC），这是迄今最有应用前景的重要的二氧化碳共聚物，其分子链比较柔顺，玻璃化转变温度不高，材料透气率低，生物相容性好。由脂肪族聚碳酸酯（APC）与多异氰酸酯制备的聚氨酯材料，具有优异的耐水解性能。APC聚氨酯乳液制成涂料，具有良好的耐溶剂性和耐热褪色性。用含盐APC制备的聚氨酯具有良好的抗静电性能。利用二氧化碳和环氧丙烷的调节聚合，制得有预定分子量和羟基官能度的树脂，是非常好的聚氨酯原料。

二、生物降解材料

在特定环境下，微生物能使APC结构中的（1，3－氧桥－2－酮）发生降解。把二氧化碳、环氧乙烷（EO）的共聚物（PEC）植入动物体内，一周后便逐渐消失。PEC、二氧化碳-环氧丙烷（PO）－琥珀酸酐（SA）的三元共聚物，以及二氧化碳－环氧丙烷－己内酯（CL）的三元共聚物能与生物体较好地相容，可被微生物分解，土埋一个月至数月即有明显失量。二氧化碳、环氧丙烷和含酯键的环氧化物的三元共聚物可作为药物缓释剂，聚碳酸亚丙酯（PPC）微球作为药物缓释体系的载体能支持药物的长效、均匀释放。由 APC、热塑性基体和少量水制成密度为 0.1 ~ 0.003g/cm^3、直径为 0.5 ~ 10mm 的多孔微球，经一定表面改性处理后，通过附聚作用得到可生物降解的塑料泡沫材料。

三、隔氧材料

二氧化碳树脂的一个显著特性，是对某些气体的透过性很低。因此，可用它们制成隔氧薄膜并用于食品保鲜。

四、胶粘剂、热熔胶和烧结粘合剂

不少二氧化碳共聚物有很好的粘合性质，有的可用于夹层玻璃的胶合。二氧化碳、环氧丙烷和氧化环己烯的共聚产物与丁苯橡胶及少量增塑剂的共混物是一种良好的热熔胶，其强度比单纯的丁苯胶高很多，用于金属粘结。由于 APC 具有良好的尺寸稳定性，可用它制造自限胶层厚度的粘合剂，用来粘接半导体元件。PPC 与氧化铝粉和丙二醇配成糊喷塑材料，流动性优良，可用于丝网印刷。

与其他高分子材料相比，二氧化碳共聚物可在不太高的温度下完全燃烧，不留炭黑之类不完全燃烧的产物，因此可用作陶瓷粘结剂，生产电子工业等方面用的特种陶瓷。同样原因，APC 在铸造行业也有广泛的应用前景。高分子量的 APC 可用沉淀法制成 APC 微球，这种微球用溶剂溶胀后，挤出、注射成形，产品力学性能良好，具有光滑表面，可用于制造金属无损铸造的模型。将 APC 与其他聚合物、金属粉或陶瓷粉及少量溶剂混合，得到的复合物具有优良加工性能，可模压、注射成形，并可在较低的温度下烧结，产品无炭残渣，体相无裂纹。APC 复合物还可用于陶瓷、金属粉的挥发发泡浇铸及融合剂，并可制成低温可焊接无火花焊药等。

五、表面活性剂和无机填料表面处理剂

二氧化碳和环氧乙烷共聚时用锡酸钾为催化剂，并加入长链烷基酚作起始剂，可得到一种非离子表面活性剂，有减泡特性。APC 齐聚物与无机盐类填料（如碳酸钙等）表面有良好的亲和性，与塑料类高分子也有很好的界面亲和性，因此用它对无机填料作表面处理，可以大大改善它们在基质中的分散性，降低体系的熔体粘度而改善其加工性能，增大固体填充率，降低能耗，提高力学性能。用 PPC 处理 $CaCO_3$ 填充聚丙烯塑料（PP）取得了很好的效果。

六、脆性材料的增塑、增韧剂和加工助剂

利用与聚碳酸亚丙酯（PPC）共混的方法可改善脆性材料的性质。将二氧化碳和环氧化物的共聚物用于 PVC 树脂加工，可以改善其熔融流动性及隔氧性能。PPC/聚氯乙烯（PVC）是不相容体系，但用部分交联的 PPC/丁腈橡胶共混物为偶联剂，可使体系的力学性能大幅度提高。较低分子量的 PPC 作为环氧树脂增韧剂也有良好效果。封端后的 PPC 与芳香族聚碳酸酯（PC）共混，作为热电转换材料的基体，其断裂伸长率由 7% 提高至 20%，断裂强度无显著降低。该共混物具有良好加工性能，可用于制造模塑材料。此外，二氧化碳共聚树脂作为添加剂改性聚丙烯树脂弹性复合体，得到具有良好抗冲击强度的复合物，可用于制造汽车零件（如活塞等），将其注射成形，可不用底漆直接涂刷涂料。烯端基的二氧化碳共聚树脂可用来提高不饱和聚酯和纤维增强材料复合物的韧性和弹性。

七、橡胶弹性体补强剂

利用聚碳酸亚丙酯（PPC）端羟基反应活性，使它与丁腈橡胶（NBR）、丁苯橡胶（SBR）、三元乙丙胶（EPR）和天然橡胶（NR）等共混，在特定硫化体系作用下，PPC和橡胶基体间形成交联互穿网络结构，PPC热稳定性得到改善，复合弹性体的加工性能、力学性能有较大幅度提高。PPC/NBR体系保留了NBR的良好耐油性，又大大改善了力学性能，耐热氧老化性能也很优异，用这些新型的耐油橡胶制成垫圈和碱泵活塞，使用寿命大大延长。PPC对于含固体填料的橡胶的补强作用也很显著，用不同分子量范围的PPC作为丁苯的补强剂取得良好的效果。价格低廉的PPC与三元乙丙（EPR）共混，不仅降低了成本，而且共混弹性体的力学性能比纯的EPR更优。此外，将APC与乙烯乙酸共聚物（EVA）共混制成透明性和热稳定性良好的复合物，用于硫化橡胶加工，可改善橡胶的低温弹性。低分子量的APC还可作为PU橡胶和热塑性弹性体的柔顺剂。

八、固体电解质、稳定的水分散体、液晶和其他

除上述各方面外，APC的应用领域仍在不断拓宽。

（1）固体电解质　脂肪族聚碳酸酯（APC）与元素周期表的Ⅰ族和Ⅱ族金属的盐有良好的络合作用，溶于四氢呋喃（THF）后与$LiClO_4$混合，除去不溶物涂膜并蒸发溶剂，就制成离子导电膜。它有优良的成膜性和可挠性，室温电导率高达5.6×10^{-5}S/cm，可用于高能电池中。

（2）稳定的水分散体　用相对分子质量数千的聚碳酸亚丙酯（PPC）溶于甲乙酮等溶剂，加入表面活性剂后与水充分混合，加热蒸发除去有机溶剂并以一定速率冷却，得到的水分散体可以稳定一个月。它可以用作分解性水基涂料，形成的涂膜在400℃下即能彻底分解。

（3）新型液晶材料　预先制备侧基含有硝基均二苯乙烯基团和各种长度的分隔亚烷基的环氧化物，或者制备含苯甲酸苯酯基及各种长度的烷氧分隔链的环氧化物，这些环氧化物与二氧化碳共聚，可以得到液晶性共聚物。

（4）其他　在油（气）井压裂处理过程中，将少量APC作为液态CO_2的增稠剂，得到的CO_2油（气）井压裂液可高速输送，并容易携带支撑剂。APC可作为高分子合成的催化剂载体，如将APC齐聚物与金属催化剂复合用于聚乙烯的催化合成，催化效率达14.5kg/g。此外，APC还可用于抗粘着热转移（记录）介质。

利用二氧化碳和有关原料制备聚合物材料，这对于有效利用资源、创造物质财富有着非常重大的意义。国外一直极其重视这方面的工作，有很大的投入。现在在国外已经有小批量的聚碳酸亚丙酯的生产（售价相当高），我国现有的技术，已经可以以不高的成本工业化生产二氧化碳共聚物材料。然而，由于二氧化碳本身的惰性及其共聚物在某些性能方面的缺陷，二氧化碳共聚物材料还没能广泛应用。随着基础研究和应用研究的深入，二氧化碳这种污染性气体在21世纪将被充分利用并为市场提供许多优异的高分子材料。

参考文献

1 Harris R. F., et al., Polym. Prepr., 1992, 33 (2): 133

2 Nishida H, Tokiwa Y. Chem. Lett, 1994 (3): 421

3 Yang S Y, Fang X G, Chen L B Macrmol Symp, 1996 (105): 17

4 陈占勋编著. 废旧高分子材料资源及综合利用. 北京：化学工业出版社，1997

5 成国祥. 环境与微粒材料. 环境保护科学，1996，22（2）：1~5

6 何天白，胡汉杰主编. 功能高分子与新技术. 北京：化学工业出版社，2001

7 刘晓强. 可降解生物包装材料研究初探. 甘肃环境研究监测，2000，13（3）：139~140

8 闵恩泽，吴巍等编著. 绿色化学与化工. 北京：化学工业出版社，2000

9 聂祚仁. 生态环境材料的研究与发展趋势（上）. 新材料产业，2001，10（5）：12

10 王天民主编. 生态环境材料. 天津：天津大学出版社，2000

11 翁端. 环境材料学. 北京：清华大学出版社，2001

12 蒋挺大，张春萍著，胶原蛋白. 北京：化学工业出版社，2001

13 蒋挺大编著，壳聚糖，北京：化学工业出版社，2001

14 张玉祥. 中国化学建材应用指南（建材专刊）. 香港：华讯传通，1999

15 张玉祥，刘宗柏. 中国绿色建材（建材专刊）. 香港：华讯传通，2000

16 周达飞，唐颂超主编. 高分子材料成型加工. 北京：中国轻工业出版社，2000

第八章 天然资源环境材料

自然界中存在着许多天然材料与自然环境具有极好的环境协调性。如人类广泛使用的木材，就是一种环境协调性很好的天然环境材料，其生长过程是大自然的天然净化器，而使用废弃后可以完全降解。近年来，通过陶瓷化改性的木材陶瓷，不仅具有优良的力学性能，而且具有许多优异的功能特性，如木材陶瓷分子筛等。大自然中存在的天然材料可分为无机和有机两大类，但人们在使用这些天然材料时，必须统筹计划资源的开发和保护。本章介绍无机类的天然矿物环境材料和有机类的天然生物资源高分子环境材料。

第一节 天然矿物环境材料

天然矿物环境材料是指由矿物及其改性产物组成的与生态环境具有良好协调性或直接具有防治污染和修复功能的一类矿物材料。多数矿物材料是直接利用或稍经加工处理（如破碎、选矿提纯、改性）的天然矿物岩石，或者是以天然矿物岩石为主要原料，通过一定的物理化学反应（如烧结、熔融等）制成的成品或半成品材料。这些材料的原料是天然产物，与环境有很好的相容性，且具有环境修复（如大气、水污染治理等）、环境净化（杀菌、消毒、分离等）和环境替代（如替代环境负荷大的材料等）等功能。

天然矿物环境材料对环境的功能作用，有多种表现形式，主要体现在矿物表面吸附性作用与矿物吸附剂、矿物孔道过滤性作用与矿物过滤剂和分子筛、矿物层间离子交换作用与矿物交换剂、矿物热效脱硫除尘作用与矿物添加剂等方面。

一、表面吸附作用

自然界中的矿物表面通常是指矿物与大气、矿物与液体、固体矿物之间的界面。矿物在加工、制备过程中生成的矿物表面，一般具有较强的极性。极性表面具有很强的吸附性。矿物晶体碎裂面和生长面的极性强度一般高于解理面。矿物表面吸附作用与矿物表面性质密切相关。一个整体物相的化学性质或反应活性取决于其化学组成与原子结构。同样一个表面的化学性质取决于化学成分、原子结构和微形貌。通常化学反应往往发生在表面上几个纳米厚度的范围内。

1．矿物表面特性

除了惰性表面（如自然金）或在真空条件下能够产生洁净表面外，一般矿物表面的化学成分很少能代表其整体。因为矿物表面一旦暴露在空气中，便迅速发生氧化，甚至发生碳化或氮化。绝大多数天然矿物在水介质中其表面要发生羟基化、荷电性，盐类和硫化物的表面还具有盐基与硫基等。这些变化产生的与其内部不同的新物相，常常被视为“不定”物质，它可使矿物表面钝化，表现为矿物表面的活性降低。在吸附过程中，表面上第一层的“不定”分子要发生溶解。通常第一、二单层被认为具有重要的反应活性，这些原子和分子直接与矿物最外层的原子发生作用，因此普遍存在的“不定”物质对矿物表面具有一定影响。同时，矿物表面对其他物质的吸附及近矿物表面区域组分的解吸，也会影响顶层的原子，影响的深度取决于表面固体的扩散作用。

天然矿物表面极为粗糙，即使在矿物解理面上也有 2～3nm 的台阶出现，构成较复杂的微形貌特征，如图 8-1 所示。矿物表面台阶可以是一到多层原子层，处于台阶底部或阶地缺陷中的原子具有较高的配合能力，而阶地平面台上的原子配合能力较低。在不同的表面位置上，一个原子的最近邻原子数不同。大多数表面原子位于平台上，近邻原子数目最多。台阶上的原子数近邻较少，扭折位置的近邻数更少。在实际表面上，这几种位置的原子平衡浓度较大，而孤立的原子（附加原子）和空位等点缺陷平衡浓度很小。但是这些位置在表面原子迁移（与污水有机物离子交换）中起着重要作用。大多数真空或非真空条件下的研究结果表明，低配合表面位置最具有化学活性。显然，矿物表面微形貌特征在很大程度上影响着其表面活性强度。

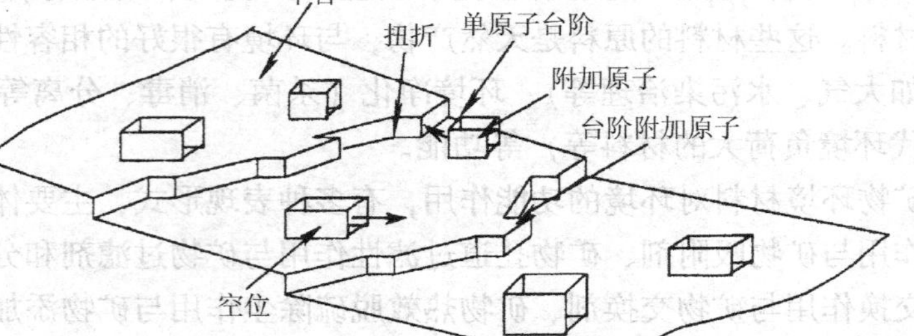

图 8-1　矿物表面微形貌

2. 层状硅酸盐矿物的表面吸附与环境功能

吸附作用包括表面吸附和离子交换吸附。表面吸附是指一种或多种化学物质在表面的富集。吸附作用的进行引起系统表面自由能的减少，因此，高度分散的细粉（外表面大）或多孔的固体（内表面大）由于具有较大的表面积，即具有较大的表面能，都可能成为优良的吸附剂。黏土矿物具有比表面积大、表面能高、存在层间域等特点，使其能够具有较高的表面吸附能力。

吸附作用还可分为选择性吸附和非选择性吸附。非选择性吸附即通常所说的交换吸附，吸附的强弱受矿物所带的永久电荷产生的静电作用的控制，主要发生在层状硅酸盐结构单元层之间的空隙间。选择性吸附则不同，它属于化学吸附，受可变电荷表面的电量控制。可变电荷表面是指由金属离子和羟基组成的表面，羟基暴露在其表面上。层状硅酸盐矿物中含有的铝醇（AlOH）、镁醇（MgOH）羟基基面均属此类。

一般而言，天然矿物是一类资源丰富、价格低廉、能源消耗最少、污染少、与环境协调性最佳的材料。一些天然矿物还具有净化环境和修复环境的功能，是理想的环境材料（见表8-1）。如沸石、硅藻土、海泡石、坡缕石、蒙脱石、麦饭石、膨胀珍珠岩等许多具有选择性吸附、过滤性能的矿物材料已被广泛应用于工农业生产和环境污染治理；以蒙脱石、沸石等层状、多孔状矿物研制的抗菌材料已用于日用消费品；铁的硫化物矿物可用于处理重金属污染物；沸石具有良好的吸附性和离子交换性，用其处理高酚氰水可使水的含氰量达到饮用标准，用于含重金属离子 Cd^{2+}、Pb^{2+}、Hg^{2+} 等废水的回收处理，也取得了很好的效果。再如以膨润土等为主要原料可生产人工合成沸石，用来代替传统洗涤剂中的三聚磷酸钠，可大大减少洗涤废水中残余磷对环境的污染，这是世界上洗涤剂产业发展的趋势。而具有纳米或微米级尺度的多孔结构的矿物材料和用于载体、催化、过滤媒介的矿物材料以及对已有材料的“绿色化”改造，将是环境矿物材料研制、开发的重点。废气治理、废水治理、工业用水净化、居室净化等领域将是环境矿物材料研究和应用的主要领域。

表8-1　治理污染物的天然非金属矿物

治理范围	功能	非金属矿产及其作用
大气污染	中　和	石灰石、菱镁矿、水镁石等碱性矿物用于中和可溶于水的气体，这些有害气体多为酸酐
	吸　附	沸石、坡缕石、海泡石、蒙脱石、高岭石、白云石、硅藻土等多孔物质制作吸附剂吸附如 NO_x、SO_x、H_2S 等有毒有害气体
	过　滤	石英、尖晶石、石榴石、海泡石、坡缕石、膨胀珍珠岩、硅藻土及多孔 SiO_2、膨胀蛭石、麦饭石等用于化工和生活用水过滤
水污染	控制pH值	白云石、石灰石、方镁石、水镁石、蛇纹石、钾长石、石英等用于清除水中过多的 H^+ 或 OH^-
	净　化	明矾石、三水铝石、高岭石、蒙脱石、沸石等用于清除废水中的 MH_3-N、H_2PO_4、$HPO_4{}^{2-}$、$PO_4{}^{3-}$ 和重金属离子 Hg^{2+}、Cd^{2+}、Pb^{2+}、Cr^{3+}、As^{3+}、Ni^{2+} 等
放射性污染	过　滤	石棉用作过滤清除放射性气体及尘埃
	离子交换	沸石、坡缕石、海泡石、蒙脱石等用作阳离子交换剂净化被放射性污染的水体
	吸附固化	沸石、坡缕石、海泡石、蒙脱石、硼砂、磷灰石等可对放射性物质永久性吸附固化
噪　声	隔　音	沸石、浮石、蛭石、珍珠岩等轻质多孔非金属矿产可生产用于保温隔热、隔音的建筑材料

二、孔道过滤效应

矿物孔道效应包括孔道分子筛、离子筛效应与孔道内离子交换效应等。具有孔道结构并具有良好过滤性的矿物有沸石、黏土、硅藻土、海泡石、轻质蛋白石等，而磷灰石、电气石、软锰矿、蛇纹石、蛭石、硅胶等也具有孔道结构。

黏土矿物海泡石和坡缕石结构中平行纤维隧道孔隙占纤维体积的一半以上，外表面积和内表面积都很大，具有极强的吸附性能，大于任何其他黏土矿物，可除臭（NH_3）、净化油水、脱色等。沸石结构中有一维、二维、三维宽阔的通道，为典型的笼状结构，位于通道内的阳离子 Na 和 Ca 等与 Si-Al 骨架联系力较弱，可被其他阳离子置换而不破坏晶格，利用这一特性可除去废水中放射性元素、重金属离子、氨态氮与磷酸根等有毒有害物质。加热时，沸石水被排除后，沸石通道内的剩余电荷可以吸附外来的气体极性分子，如 NH_3、CO_2、H_2S 和 SO_2 等。当然，只有直径比沸石通道小的分子可以进入孔道而被吸附，直径较大者则被拒之于孔道外而起分子筛作用。

硅藻土是由硅藻及其他微生物的硅质遗体组成的生物硅质岩。硅藻土的生物遗骸非常小，在高倍显微镜下才能分辨出它们的形状，如圆盘状、针状、直链状、羽状等，如图 8-2 所示。硅藻土具有独特的微孔结构，比表面积大，堆密度小，

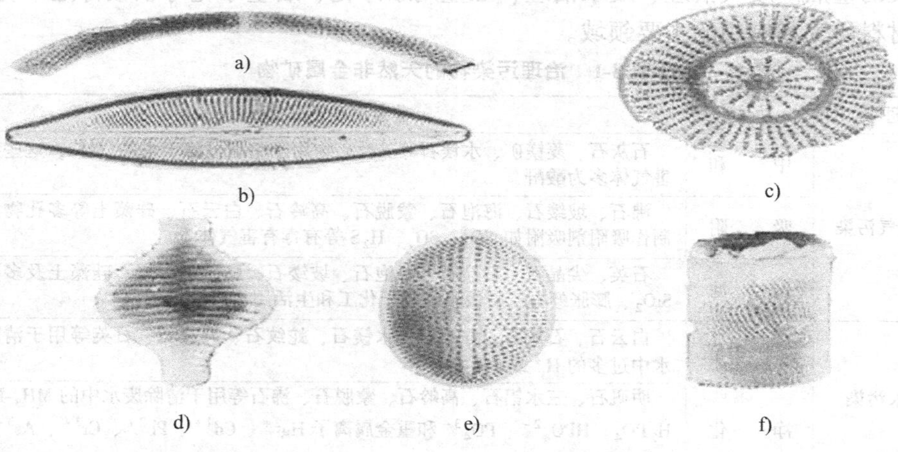

图 8-2　主要硅藻土的形貌

a）颗粒直链藻　b）爱式桥穹藻　c）具星小环藻

d）连结脆杆藻　e）扁圆卵圆藻　f）模糊直链藻

孔体积大，吸附能力很强，能吸附相当于自身质量 1.5~4 倍的液体，并且其对声音、热、电的传导性能都极差，所以具有强吸附、隔音、隔热等特性。硅藻土目前应用最广的是作为过滤介质，早在 1915 年它就开始应用于小型水处理装置，

生产饮用水。在第二次世界大战中，美国野战部队开始研制并装备了硅藻土过滤净水器。第二次世界大战结束后，美国陆军后勤装备研究部门开始进行了较为全面的研究工作，并发现硅藻土过滤技术能有效去除水体中的细菌及阿米巴胞囊，并可有效除去水介质中的胶体颗粒，如细菌和贾弟虫等。

三、结构调整作用

矿物内部结构缺陷与位错在很大程度上影响着矿物整体性质，通常能增加矿物表面的活性。因此，基于对矿物进行结构上缺陷与位错制造而开展的矿物结构改型研究，已成为提高矿物活性的一条重要途径。

某些金属表面结构可以根据其晶体结构予以推断。但实际上表面特征是很复杂的，许多金属表面为了达到能量最低经常发生重构。即由于表面的不饱和状态会促使其结构进行某些自发的调整，致使矿物表面的原子结构及电子特性与其内部的差异很大。矿物表面在没有任何吸附质存在的情况下，表面本身首先产生结构重构；当有被吸附的分子存在时，表面又会以不同的方式在结构上进行重新调整。不同的晶格表面上重构程度也是不同的；对半导体扩展分子，重构的程度是很大的；而在分子晶体和金属中则一般很小。

物质表面上原子有时涉及表面以下几层的原子，其在结构中的位置不同于平衡状态下的位置，这些结构上的差异可以是微弱的或是显著的。简单破裂后暴露出的表面，表面原子结构可能发生松弛，尤其是低对称性结构，多数情况下这种松弛作用垂直于表面。第一层与第二层原子间距离可缩短15%，通过消除自由摆动键的方法，这些表面层会再次膨胀，甚至会超过原有的状态。这取决于表面吸附物。矿物表面上吸着物，也影响着表面的结构，通常与吸着物最近的基底表面上的原子，为了更好吻合吸着物结构，会发生空间位移。这种情况一般发生在吸着物与表面之间具有强的交互作用时，也就是吸着物与表面具有强的化学活性并有强键形成时。

表面结构无序定义为表面上完好秩序的混乱，它影响着多种表面动力学和热力学过程、表面电子性质以及表面化学效应。动力学和热力学过程包括晶体生长、传递、相变和缺陷的形成。电子性质可以受点缺陷影响，也可以受扩展缺陷影响。表面化学反应则受能量不同的缺陷位及动力学因素影响。在表面结构原子极细节上开展研究，能够揭示电荷转移、能级移动、局域电子结构与化学反应性之间的关系等问题。反过来，吸附分子的局域电子性质对基底表面结构也会产生一定影响。

矿物由于受到氧化作用，其化学成分的变化也会导致发生结构缺陷。如与六方磁黄铁矿相比，单斜磁黄铁矿除 Cr^{6+} 效率较高，表明单斜磁黄铁矿反应活性较强。这与单斜磁黄铁矿（$Fe_{1-x}S$）中 Fe 不足而产生的结构缺陷有一定关系，因为这一缺陷是化学反应的活性点。而理论上六方磁黄铁矿（FeS）中是不存在

Fe 缺位的，晶体结构相对较为完整，从一定程度上降低了其化学反应活性。一个有意义的现象是，久置于大气中的六方磁黄铁矿除 Cr^{6+} 效率有所提高，这可能与六方磁黄铁矿表面受到氧化有关。因为六方磁黄铁矿表面及裂隙氧化产物中常有磁铁矿的形成，使得六方磁黄铁矿近表面产生 Fe 缺位：$3FeS + 2xO_2 = 3Fe_{1-x}S + xFe_3O_4$，导致其表面和裂隙化学活性有所提高。

四、化学活性作用

矿物化学活性作用，主要体现在矿物溶解反应、酸碱反应、氧化反应、还原反应、配位体交换、沉淀转化、矿物形成和催化作用等方面，如黄铁矿和磁黄铁矿的微溶作用与还原作用，软锰矿的氧化作用，硫化物的沉淀转化作用，矿物催化作用，缺氧磁铁矿 Fe_3O_{4-x} 配位交换作用。实际上，这些化学活性作用过程都伴随着对多种污染物的净化作用。

溶解作用包括溶质分子与离子的离散和溶剂分子与溶质分子间产生新的结合或络合。“相似者相溶”这一经验理论说明，物质结构越相似越容易相溶。组成“难溶物”的阴离子与阳离子含量由于受某种化学反应的影响而降低时，如硫化物矿物氧化还原反应及氢氧化物矿物溶度积更小的沉淀反应等，该“难溶物”就会不断发生溶解。就矿物本身而言，不同网面密度的晶面在发生溶解时，网面密度较大的晶面先溶解。矿物晶体缺陷处易于溶解，因为位错中心释放能量而发生破键溶解。矿物处于不饱和溶液中边缘处也会发生溶解。

由变价元素组成的具有微溶性的金属矿物往往是自然界中一些极不稳定的金属矿物，其化学性质不稳定，易被氧化分解，且在一定的水介质条件下可表现出一定的溶解度，其化学活性的主要表现形式是氧化还原作用与沉淀转化作用等。因此，此类矿物本身就是一个污染源，常常造成金属矿山周围的酸性废水污染。为防止这些矿物被氧化分解，其中一个具有较好应用前景的方案便是巧妙地利用黄钾铁矾（$KFe(SO_4)_2 \cdot nH_2O$）的形成作用，解决防治矿山酸性废水污染的难题。因为 Fe^{3+}、SO_4^{2-} 和 H_2O 是矿山酸性废水中主要化学成分，只要在产生酸性废水的废石堆上喷洒 KOH 溶液，便可导致 $KFe(SO_4)_2 \cdot nH_2O$ 这一黄钾铁矾矿物的形成。而黄钾铁矾 $KFe(SO_4)_2 \cdot nH_2O$ 是一种胶态物质，能够起到隔绝大气的作用，从而达到防止废石堆中金属硫化物被氧化分解的目的，这实际上体现了以废治废，是污染控制与废弃物资源化并行的典范。

五、物理效应作用

矿物物理效应包括矿物光学、力学、热学、磁学、电学、半导体等性质，如方解石的热不稳定性的固硫效应、堇青石热稳定性可用来制作多孔陶瓷的除尘效应、天然蛭石的热膨胀性可改善煤燃烧过程中氧化气氛以防止硫酸钙分解而提高固硫率的效应、磁铁矿的磁性与电气石的电性的除杂效应，尤其是金红石的半导体性，其光催化氧化性可分解有机污染物。

水体中卤代有机污染物的危害性远远超过无机性污染物。美国环保局公布的129种基本污染物中有机物占114种，其中一半以上是毒性大、分布广的氯代或溴代等卤代有机物。因此开展有机污染物尤其是卤代有机污染物的有效降解方法的研究，不仅始终是国际上水污染治理领域中的重要课题，更是解决我国由于广泛使用含有卤代有机物所造成的对地表水和地下水乃至土壤日益加剧的环境污染问题的迫切需要。当前的污水非生物学处理技术基本上都属于分离过程，即将污染物分离或浓缩，或将污染物进行物相转移，并没有使污染物得到破坏而实现无害化，通常不可避免地带来废料或二次污染。自从 Fujishima 等人于 1972 年发现受辐射的 TiO_2 上可以发生持续的水的氧化还原反应产生 H_2，以及 Carey 于 1976 年首先利用 TiO_2 光催化氧化多氯联苯以来，人们利用了光催化氧化降解有机物的技术，将水体中的卤代烃类、脂肪、羧酸、表面活性剂、染料、含氮有机物、有机磷杀虫剂等较快地完全氧化为 CO_2 和 H_2O 等无害物质，达到了除毒、脱色、除臭的目的。

在诸多光催化氧化剂中，TiO_2 因具有稳定性好、光催化活性强、对人体无害等特点，而被公认为是目前光反应的最佳催化剂。在国内外广泛使用的 TiO_2 是精细化工产品，主要生产原料是钛铁矿或钡钛磁铁矿等含钛氧化物矿物，生产工艺较复杂，投资成本较高，不仅导致产品价格昂贵，而且在生产过程中废水、废气、废渣排放量大。而天然钛的氧化物矿物如金红石、锐钛矿、板钛矿等含有的杂质成分特征、具有的晶格缺陷类型、拥有的受热相变特性以及享有的超细粉体效应等，在光催化氧化方面可能孕育有独特性能，若能以天然钛的氧化物矿物替代化工产品钛白粉作为光催化氧化剂，用以降解卤代有机性污染物，不仅成本低廉，而且与环境协调性最佳。由于纳米 TiO_2 表面所存在的大量悬键可在能隙中形成缺陷能级，对纳米 TiO_2 的电学、光学与光化学性质等产生重要影响，正在成为进一步研究提高 TiO_2 表面活性的前沿课题。此外，通过对 TiO_2 进行加热与掺杂等改性，使其具有更宽的光谱响应性与更强的光催化活性，仍然是当前竞相研究的课题。

利用天然矿物的热效应进行烟道气的脱硫除尘，具体表现为在超高温条件下，天然矿物仍然具有孔道特性作用和化学活性作用等特性。其中，高温条件下具有孔道特性的矿物应具有良好的热稳定性，利用其固有的孔道结构、热膨胀空隙或能被制作成多孔材料。而高温条件下具有化学活性的矿物却要求有热不稳定性，利用其热分解后的产物能与二氧化硫等气体产生化学反应，以形成高温条件下稳定的新物相，达到脱硫的目的。这是运用环境矿物材料研制开发燃煤烟尘型大气污染防治方法与技术的基础。

六、矿物与生物的交互作用

有机界生物与无机界矿物是自然界的共同物质组成，无机界与有机界交叉渗透是地球环境系统中矿物与生物的交互作用的表现形式。在地球圈层之中，矿物的产生、发展与变化过程中均有生物作用的参与，生物的发育、生长与演化过程中也有矿物作用的参与，使得自然界中原本两个截然不同的领域即无机界与有机界变得愈加渗透与融合。这一交互作用也使得无机作用与有机作用的微观界限在某种程度上变得愈加模糊难辨，因此大力开展矿物与生物两大系统之间交互作用的理论与应用研究，同时开展生物成因矿物及生命起源中矿物与生物交互作用研究，拓宽矿物学研究范畴，不仅能为地球系统中生命过程示踪提供科学依据，而且能为地球生态环境质量改善提供技术支撑，这也是更大程度与更高层次上天然自净化作用的体现。

天然矿物是地球不同圈层中自然作用的产物，在矿物所经历的产生、发展、变化和消亡的整个生命周期中，由于受到微生物作用的影响，微细矿物能直接沉淀在细菌的细胞壁上以及分散于整个生物膜中。这一特有的自然作用过程能在矿物微形貌与微结构中留下烙印，使得这些矿物含有丰富的能反映与其生物交互作用的信息，真正成为记录地球生命过程信息的载体。这一研究方法也正在成为国际地学界探讨火星上是否存在生命迹象问题的热点研究内容之一。用一种环境细菌联合体作媒介引起铁矿物的反应研究表明，能产生生物膜的细菌联合体可控制水介质中 pH，并已证实这种联合体对铁矿物如铁氧化物与氢氧化物的各种溶解、沉淀和变化反应具有活性，如利用细菌作用能从花岗石薄片中离析磁赤铁矿颗粒，能将磁赤铁矿转化为赤铁矿，铁矿物能直接沉淀在细菌的细胞壁上以及分散于整个生物膜中。无疑有必要开展生物影响矿物形成与变化示踪生命过程研究，揭示矿物形成与变化受微生物支配作用的机理，提出微生物成因的矿物微形貌与微结构特征，真正为利用矿物受微生物影响所产生的特有微细特征示踪生命过程提供科学依据和方法。

我国西部极端环境通常是指面积近 160 万 $(km)^2$ 的沙漠和戈壁，在这些地区风起沙飞、水分欠缺、土壤匮乏、盐渍广泛、寸草不生，裸露物质主要是抗风化能力较强的长石石英砂与各种砾石，其表面在风蚀作用下浑圆光洁，几乎不具备任何乔木与灌木及草本植物的生长条件，表层无机矿物与有机生物的交互作用关系发生严重失衡。无机矿物种属简单，绝大多数是长石石英砂粒，缺少含水矿物，更缺少黏土质及其他表面吸附功能较强的矿物。有机生物尤其缺乏，植被基本不发育，有限种群的微生物生存环境恶劣。这种失衡的交互作用关系直接导致地表系统中矿物与生物作用产物——土壤的极端匮乏，使得西部地区各圈层物质乃至能量交换作用过程极其不完善。

积极主动的生态建设措施，关键在于调整失衡的表层系统矿物与生物交互作用的关系，提高矿物表面吸附能力，改善植被生长条件，逐渐提高土壤发育程度。铁的氧化物与氢氧化物能有效地附着在石英砂等颗粒表面，形成铁的氧化膜。利用铁的氧化物与氢氧化物薄膜固定于砂粒表面，可去除阳离子和阴离子污染物。因为包覆在砂粒表面上的铁的氧化物及氢氧化物具有较高的比表面积，并且具有可变电荷性质与较高电荷密度，往往对带有异性电荷物质具有一定的吸附能力，因此针对沙漠中浑圆光洁的长石石英砂表面状态，利用铁的氧化物与氢氧化物制备其表面覆膜，以提高其对各种无机肥料的附着能力，避免施入养分的流失，真正起到保持肥效的作用，以便于施入的养分能被植物有效吸收。一旦第一茬植被生长成熟，采用倒茬耕作方式能给第二茬，乃至以后各茬植物生长带来极大便利，最终能形成土壤层，真正改善生态环境。因此，开展西部极端环境表层矿物与微生物促进生态建设的专门研究，具有重要的生态环境改善和修复效应。应重点改善长石、石英砂矿物表面吸附作用，提高表层矿物对施入养分的附着程度以防止肥料流失，培育耐旱耐碱植物种类以适应干旱盐渍生长环境，驯养相匹配的微生物群落以催化所种植物根须对附着在矿物表面上养分的吸收能力。以调整失衡的表层系统中矿物与生物交互作用关系，改良植被生长条件，逐渐提高土壤发育程度，建立在缺肥贫瘠与渗透性极强的沙漠地区基于矿物与生物平衡关系调整的生态建设新方法，最终改善极端环境条件下的土壤－植被－水文小气候系统的环境质量与耦合关系。这是在缺水干旱与缺肥贫瘠以及渗透性极强的沙漠地区开展保水与保肥的矿物学方法，也是选择植物种类与促进植物生长的生物技术，是实现占我国国土总面积1/6之多的西部极端环境条件下的生态化建设的主要途径。

天然矿物尤其是微小微细的纳米级矿物与纤维矿物与人体细胞组织相互作用，表现为对人类健康的影响，如人体中肾结石、牙斑及其他各种组织的矿化等病原性矿化作用，可能与血液中纳米级生物形成生物矿物有关。矿化的纳米生物矿物在化学成分和形态特征上类似于钙化组织细胞与肾结石中的矿物微粒，这不仅对了解病原性矿化作用机理有意义，也可为深入认识骨和牙质生物矿物过程提供新的研究途径。石棉状角闪石是石棉矿山和加工厂工人肺病的主要致病因素，在矿工的肺组织中可以发现纳米级纤维状矿物种类。利用纳米级水聚合二氧化硅对可溶性金属阳离子的强吸附研究表明，被吸附的金属之所以能够长期稳定存在而不易被解吸出来，是由于纳米级水聚合二氧化硅对过渡金属产生成键吸附的结果。在大多数细菌表面上分布有活性的化学物质，其离子化作用可导致中性pH条件下的细菌表面带电荷，在静电作用下溶液中的金属最初与细胞壁上阴离子表面结合，并包围有机聚合物，形成后来晶体生长的晶芽。因此，细菌将环境中微量金属变成真正微细矿物胚体的这一特性，便是净化环境中重金属污染物的表现。

类似于有机界生物处理方法，利用无机界天然矿物治理污染与修复环境的方法，体现了天然自净化作用的特色。更为有利的是，要采用的部分天然矿物往往来源于矿山废弃物，以废治废、污染控制与废弃物资源化并行，具有“零排放”兼有“零废料”的环保意义。

第二节　天然有机高分子材料

天然有机高分子是地球上最丰富的可再生资源之一，其中植物类有纤维素和木质素、淀粉、植物蛋白质、天然橡胶、生漆液、杜仲液等；动物类有甲壳动物的甲壳质、动物的体外分泌物如蚕丝、虫胶，各种蛋白质（酶、血红朊等）、核糖核酸、脱氧核糖核酸等。天然有机高分子材料最显著的特点是生物可降解性，通常也以复合的形式存在，但这些物质都可以在自然环境中降解进入良性循环，细菌、真菌等微生物使其结构、形态破坏，最终分解为水、CO_2和其他小分子即实现生物降解过程，因而属于环境友好材料。从资源的可持续利用、保护环境和生物体系亲和性与生物分解性特点出发，人们对于可再生的天然高分子材料的利用寄托了新的期望，以天然可再生资源高分子为原料合成环境友好材料的研究与开发日益引人注目。

天然纤维素、甲壳素的弹性很差，而且力学强度尤其是湿态强度较低，限制了它的广泛应用。纤维素和甲壳素是两种结晶性较强的高聚物，这一性质使得它们难溶，从而影响加工和使用。人们主要是充分利用纤维素、甲壳素、淀粉和蛋白质分子中含有的大量 $-OH$，$-NHCO-$，$-NH_2$，$-COOH$，$-C-O-C-$等活性基团，利用它与其他高分子化合物形成新的分子间氢键或静电相互作用，通过共混技术制备共混物材料，从而获得新的功能与特性。在合成加工中，开发新溶剂体系对制备不同功能的纤维素和甲壳素材料是至关重要的。而淀粉和蛋白质具有一定的水溶性，较易提纯，提纯过程中不会产生严重的环境污染。淀粉和蛋白质在加水增塑后加热加压可制备热塑性材料，其工业化潜力较大。利用纤维素、淀粉、木质素、甲壳质等多糖类天然高分子或将其与合成高分子接枝可制得生物降解塑料，包括淀粉添加/填充型、改进淀粉型、热塑性淀粉型以及热塑性淀粉填充型等生物降解塑料，也可将这类含淀粉的生物降解料统称为淀粉塑料。高分子材料经完全或大部分降解后的低分子量有机化合物可通过红外光谱、气相色谱、液相色谱以及核磁共振等方法鉴定。

一、纤维素

纤维素是由纤维素二糖重复单元连接而成的线型高分子，其分子量视来源和提取方法不同而相差很大。纤维素是一种同质多晶物质，通常有四种结晶体形态：纤维素Ⅰ、Ⅱ、Ⅲ和Ⅳ。

天然纤维素包括细菌纤维素、海藻和高等植物棉花、苎麻、木材等均属于纤维素Ⅰ型。

纤维素Ⅱ是纤维素Ⅰ再生或处理得到的结晶变体，晶体结构和堆砌方式都有很大的不同，是工业上使用最多的再生纤维素形式。再生纤维素有粘胶法、铜氨法等方法生产的纤维素丝或膜。

经液氨或有机胺类（甲胺、乙胺、丙胺、乙二胺等）处理后的纤维素，得到低温变体纤维素Ⅲ。依据不同原料制得的纤维素Ⅲ有明显差别，以纤维素Ⅰ和Ⅱ为原料制得的分别为纤维素$Ⅲ_{Ⅰ}$和$Ⅲ_{Ⅱ}$。它们经热水或稀酸处理后会还原为原来的纤维素Ⅰ和Ⅱ。

纤维素Ⅳ有$Ⅳ_{Ⅰ}$和$Ⅳ_{Ⅱ}$两种形式。纤维素$Ⅲ_{Ⅰ}$在260℃的甘油中经热处理得到纤维素$Ⅳ_{Ⅰ}$；纤维素Ⅱ和$Ⅲ_{Ⅱ}$在水或甘油中热处理制得纤维素$Ⅳ_{Ⅱ}$。纤维素$Ⅳ_{Ⅰ}$和$Ⅳ_{Ⅱ}$具有完全相同的晶胞参数，但它们的分子链极性和堆砌方式完全不同，纤维素$Ⅳ_{Ⅰ}$为平行链结构，纤维素$Ⅳ_{Ⅱ}$则为反平行链结构。

由于大量羟基的存在，纤维素容易形成很强的分子内和分子间氢键，从而使纤维素具有很多优良的性质；同时，也正是由于强烈的氢键作用，致使纤维素难以熔融和溶解，给纤维素的加工带来困难。

纤维素由于很强的分子内和分子间氢键，以及具有较高的结晶度，普通溶剂难以使其溶解。最早的纤维素溶剂为粘胶溶液和铜氨溶液，长期以来，商业再生纤维素纤维和玻璃纸主要是通过这两种方法生产的。

我国每年产生大约6亿t的甘蔗渣、麦杆、花生壳、稻杆及芦苇等农作物秸杆渣屑，其中仅少部分用于造纸工业。造纸工业中的木质素废弃物，每年也有5亿t。充分利用纤维素制备各种产品，不仅可以保护环境免受污染，同时可以节约有限的石油资源。目前，纤维素科学已发展成为化学分支学科。纤维素、纤维素复合改性材料及衍生物产品，除用于塑料、纺织和造纸等传统工业外，还在食品、日用化工、医药、建筑、油田化学和生物化学等领域得到广泛的应用。

1. 直接利用纤维素生产的Lyocell纤维

被誉为21世纪“绿色纤维”的Lyocell纤维自1980年由荷兰Akzo公司取得生产工艺和产品专利之后，已分别由英国Courtaulds公司和奥地利的Leming公司于1993年和1997年实现工业化生产。目前两家公司的Lyocell纤维总生产能力约为12万t，2002年，全球产量约已达20万t。以NMMO溶剂法生产Lyocell纤维是一种不经化学反应生产纤维素纤维的新工艺。NMMO在溶解纤维素纤维时，不伴随发生纤维素的分解，利用NMMO与纤维素上的多羟基可产生氢键而使纤维素溶解的特性将纤维素浆溶解并得到粘稠的纺丝液，然后以湿法纺丝工艺制得纤维素纤维。与此同时，凝固浴、清洁浴中析出的NMMO被回收精制而重复使用。整个生产系统形成闭路回收再循环系统，没有废物排放，对环境无污染，而且纺丝速度相当高。

Lyocell纤维的原料来自于自然界可再生的速生林，不会对资源造成掠夺性开发；Lyocell纤维具有天然纤维素的理化特性和优良的服装用性能，又具有某些合成纤维特性，能满足人们回归自然、崇尚自然的需求和对天然纤维素纤维的偏爱；Lyocell纤维的生产过程对环境不会造成污染，所采用的溶剂NMMO本身无毒，并且99.7%以上可回收再使用；Lyocell纤维制成品在废弃后能在自然条件下自行降解，不会对环境造成垃圾污染。

2. 再生纤维素膜和丝

再生纤维素膜是分离膜的重要材料，它具有机械强度高、亲水性好、对蛋白质和血球吸附小，优良的耐γ射线及耐热性、稳定性和安全性，无毒无害，侧基可以进行化学或物理修饰，废弃后在土壤环境中可生物分解等优点，容易制得很薄的膜，其厚度仅为合成膜的1/3~1/5，从而扩散阻力小、低分子物质透过性及水滤过速度较高，而且使用过程透过性能劣化缓慢，不会造成环境污染。利用纤维素可制备透析膜、人工肠衣、超滤膜、微孔膜、色谱填料或载体、中空纤维、保鲜膜、包装膜、纤维增强材料、催化剂载体、药物辅料等，它们废弃后埋在土壤中可被土壤微生物分解成CO_2和水，是理想的环境友好材料。目前中空纤维用于血液透析的人工肾在日本、欧洲、美国的市场占有率在70%~80%。铜氨再生纤维素丝主要用作衣料和无纺布。

3. 纤维素的改性

(1) 纤维素的衍生化改性　通过衍生改性可很容易控制它的亲水-疏水性，通过引入亲水或疏水基团，已制备出多种纤维素类高分子表面活性剂。纤维素类表面活性剂是一种很有发展前途的高分子助剂，可广泛用于石油、涂料、纺织、食品、医药和环保等众多领域。纤维素衍生化后可以转变为热塑性材料，目前已经商业化的热塑性纤维素衍生物有纤维素三醋酸酯、纤维素醋酸丁酯、纤维素醋酸丙酯、乙基纤维素和O-(2-羟丙基)纤维素等。纤维素烷基取代衍生物不仅具有通常交联水凝胶的性质，而且具有热塑性加工行为。目前已发现大多数纤维素衍生物的本体和在溶液中具有液晶行为，利用纤维素衍生物的液晶性质已开发出高强度高模量纤维、高性能纤维素液晶复合材料、高性能纤维素液晶分离膜及特殊光学材料的液晶纤维素产品。

(2) 纤维素的接枝改性　纤维素与烯类单体的接枝共聚由于可以在很大程度上改善其性能而引起学术界及工业界的极大兴趣。纤维素与苯乙烯单体的均相接枝可获得新型聚合物；粘胶纤维与苯乙烯的乳液接枝共聚物的耐氧、耐水性均得到明显提高，可代替羊毛作纺织材料；亚麻、罗布麻等韧皮纤维通过接枝可改善纺织性能。

(3) 复合改性　纤维素与其他材料复合也可得到性能截然不同的材料。用纤维素与聚苯胺复合制备了具有导电性能的复合膜。纤维素膜与合成膜复合可制备各种包装材料和分离膜、具有气体选择性透过的食品包装膜、耐热性能优良的微波烤制食品保鲜膜、用于办公器材的防尘膜及用于动物组织培养及生物化学固定相的薄膜等。还可制作生物可降解性防水膜、超导陶瓷纤维、磁性纸的材料等。

(4) 共混改性　国外近年来利用纤维素在非水相溶剂（如二甲亚砜/多聚甲醛、氯化锂/N，N－二甲基乙酰胺等）中的共混研究十分活跃。在氯化锂/N，N－二甲基乙酰胺体系中纤维素与聚乙烯醇（PVA）、聚丙烯腈（PAN）、聚氧乙烯（PEO）、聚ε－己内酯、尼龙6及聚乙烯基吡啶（PVP）等合成高分子的共混相容性，报道了纤维素/PVA共混膜对CO_2的低透过性能，并从理论上预测其对O_2、N_2和CH_4的富集前景。

二、甲壳素

甲壳素也叫甲壳质、几丁质，是一种动物纤维素，它存在于虾、蟹、昆虫等甲壳动物的壳内和蘑菇、真菌、微生物、酵母、细菌等细胞膜内。尤其是虾、蟹等甲壳类的甲壳富含1/4～1/3的甲壳素。将虾、蟹甲壳粉碎干燥后，经脱灰、去蛋白质等化学和生物处理后，可得到壳聚糖。将壳聚糖溶于适当的溶剂中，采用湿法纺丝工艺可制成甲壳素纤维。每年生物合成甲壳素约为100亿t，产量仅次于纤维素，是地球上的主要可再生资源。

甲壳素脱乙酰度大于70%为壳聚糖，它能溶于稀酸水溶液。分子结构中由于含有大量羟基、乙酰氨基等电负性基团，所以在分子内及分子间存在大量氢键。这些氢键及分子链间的范德华力，使甲壳素分子链间形成结合力强的聚集体，从而不易溶解及熔融。甲壳素的分子量一般达10^6级，而经脱乙酰基后的壳聚糖通常降低到10^5级。

固态甲壳素有三种晶体结构：α－、β－和γ－甲壳素。α－甲壳素在动物体中常与矿物质沉积在一起，形成坚硬外壳；β－甲壳素的分子链是平行链状排列；而γ－甲壳素的分子链是两条链之间上下排列。β－及γ－甲壳素与胶原蛋白相结合，表现出一定硬度、柔韧性和流动性。α－甲壳素与β－甲壳素在一定条件下可相互转化，一般可用红外吸收光谱的吸收峰加以区分。壳聚糖也具有两种主要分子结构型，即双折叠和8重折叠螺旋结构。壳聚糖结晶度几乎都在30%～35%之间，其结晶形态与温度有关：低温易生成微晶；中等温度（5～60℃）形成比较规整的大尺寸树枝晶和球状晶；高温下（<100℃）则成为无定形体。

从结构上讲，甲壳素和壳聚糖都可看作是CH_3CONH_-基（甲壳素）或－NH_2基（壳聚糖）取代了纤维素C_2位上的OH基，所以甲壳素一般具有纤维素所具有的功能，而纤维素却没有甲壳素所拥有特性。

甲壳素是自然界的碱性聚多糖。此外，它还是除蛋白质之外的数量最多的含氮有机物，其含氮量（$w_N=6.89\%$）比人工合成的含氮纤维素衍生物含氮量（$w_N=1.25\%$）高约5倍，由此带来甲壳素及其衍生物许多独特的理化性质和生物功能。

1．甲壳素纤维

甲壳素纤维呈碱性和高度的化学活性，从而具有良好的吸附性、粘结性、杀菌性和透气性等优良性能。用甲壳素纤维制成的纺织品可以防治皮肤病，并能抗菌、防臭、吸汗保湿，穿著也十分舒适。用甲壳素纤维制成的医用缝线，术后无需拆线，可自行被人体吸收。由于甲壳质分解酶中的溶菌酶含量高，用甲壳素纤维制成的医用敷料可以使肉芽新生产生胶原，对纤维芽细胞繁殖带来好处，临床上具有镇痛、止血和治愈效果。

甲壳素纤维的原料采用人们废弃的虾、蟹壳类，可减少对环境的污染，而甲壳纤维废弃物又可自然生物降解，对环境不会造成破坏。目前，甲壳素纤维也已实现批量生产，主要用于医疗卫生领域。

2．壳聚糖衍生化

在适当条件下可对甲壳素、壳聚糖进行醚化、酯化、交联、氧化、磺化、降解、接枝共聚以及与金属离子配合等反应，生成具有新型功能性的甲壳素和壳聚糖衍生物。与甲壳素相比，壳聚糖的溶解性能大为改善，分子间作用力相对较弱，因而更易进行化学修饰。这些壳聚糖衍生物的临界含量普遍比纤维素衍生物低。较低的临界含量对于液晶纺丝、液晶成膜都是非常有利的。壳聚糖是第一个作为生物高分子的液晶纺丝的再生纤维，对开拓新一类高强度生物高分子纤维具有重要意义。

3．接枝共聚

甲壳素和壳聚糖可以在多种条件下与乙烯基单体、短链肽、聚乙二醇以及硅氧烷等发生接枝共聚反应，其反应机理主要有自由基接枝共聚、离子接枝共聚和官能团耦联接枝共聚。甲壳素或壳聚糖能与丙烯酸、丙烯酸酯、甲基丙烯酸酯、苯乙烯、丙烯酰胺等乙烯基单体发生自由基接枝共聚反应，接枝产物可具有良好的生物相容性。

4．壳聚糖金属螯合物

壳聚糖对金属离子具有配位作用，因而被广泛应用于重金属离子的回收或富集。用含有活泼基团的冠醚作为壳聚糖的交联剂，可合成出高选择性、高络合性能的吸附分离材料，对贵金属离子、重金属离子也具有优良的吸附特性。

5．共混改性

通过共混可以有效改进甲壳素、壳聚糖物化性能，开拓更广阔的应用范围。壳聚糖与尼龙6的共混，可以改善壳聚糖膜的力学性能；壳聚糖与明胶共混可以制备可食性膜和医用敷料；壳聚糖与纤维素、淀粉、魔芋多糖、海藻酸钠、丝蛋白、大豆蛋白、聚氨酯、PVA、聚丙烯腈等共混或交联，在环境友好材料和生物医用材料、分离膜等方面有广泛应用前景。

壳聚糖无毒，易生物吸收，能在低 pH 条件下形成凝胶，而且壳聚糖具有抗酸性和抗溃疡的能力，可抑制药物对胃的刺激，这些都使其成为理想的控制释放材料。壳聚糖/明胶共混网络水凝胶在酸性和中性水溶液中的溶胀程度不同，可以用作 pH 响应型的药物释放材料。

壳聚糖/明胶共混制备微球，是一种新的缓释材料，其释放行为随 pH 而变化，而且可以通过调节混合高分子的交联网络组成和壳聚糖的脱乙酰度来控制其释放速度，药物通过包合达到缓释靶向的目的。壳聚糖/聚氧乙稀微粒可用作蛋白质缓释的载体。壳聚糖多孔胶囊可应用于酶固定、色谱担体材料、金属离子吸附剂等。

三、淀粉及其衍生物

淀粉主要来自于谷类、豆类、薯类和其他一些富含植物。天然高分子中以淀粉贮量最大，估计每年地球各种植物增长可提供的淀粉有 5 000 亿 t 之多。我国工业淀粉原料为玉米、小麦、马铃薯和木薯。淀粉衍生物由天然淀粉经过化学、物理、生物方法改性而成，比天然淀粉具有更优良的性能，且品种繁多，广泛用于食品、造纸、纺织、化工、医药和其他诸多行业。

天然淀粉含有直链和支链淀粉两种分子。直链分子和支链分子的侧链都是直链，趋向于平行排列，相邻羟基间经氢键结合成散射状结晶“束”（micelles）结构。氢键的强度虽不高，但数量多，使结晶“束”具有一定的强度，也使淀粉具有较强的颗粒结构。淀粉颗粒中的结晶区约为颗粒体积的 25% ~50%，其余为无定形区。结晶区和无定形区并没有明确的分界线，淀粉膨胀时无定形区扩大，结晶束不变，颗粒体积增大，但不破裂。

1. 淀粉衍生物

淀粉衍生物的种类甚多，已经形成工业生产的酯化淀粉有磷酸淀粉、醋酸淀粉；醚化淀粉：羧甲基淀粉、阳离子淀粉、羟烷基淀粉；氧化双醛淀粉；交联淀粉；接枝共聚淀粉等。这些淀粉衍生物产品的许多物理特性，如水中溶解度、粘度、膨胀度、流动性、凝沉性以及热敏性（即糊化温度）等都优于原淀粉，并出现新的特性，如超吸水性、水不溶性、可塑性等。淀粉衍生物作为一种新型化工材料，在工业中的应用范围正在不断地扩大。美国在造纸工业中所用的施胶剂和胶粘剂中，70% 以上为变性淀粉。

淀粉衍生作用能够改变天然淀粉的糊化和蒸煮特性，减轻直链淀粉的凝沉和胶凝倾向，降低淀粉的胶化温度。通过引进其他高分子取代基还可赋予其疏水特性等。轻度改性淀粉的疏水性明显改善，未改性淀粉的吸水率一般为百分之几百。

2. 热塑淀粉塑料

淀粉与热塑性丙烯酸酯、甲基丙烯酸酯和苯乙烯等的接枝共聚物具有热塑性，能热压成塑料或薄膜，具有部分生物可降解性。用热塑性淀粉作为填充料的聚乙烯薄膜，可制成农用薄膜、购物袋、方便快餐盒和一次性饮料杯等。它们属于部分生物降解塑料，淀粉降解后聚乙烯仍残留。这一类材料不应作为农用地膜使用。

3. 改性淀粉

（1）交联淀粉　只要在淀粉中加入淀粉量的0.005%～0.1%（质量分数）的交联剂，就可明显地改变淀粉的糊化和溶胀性质，使胶化温度和糊的粘度升高，稳定性提高。工业上常应用交联与化学反应（如氧化、酯化、醚化或酸处理等）结合制备复合变性淀粉，使其具有更优良的性能。如用环氧氯丙烷交联和一氯醋酸键化产品，具有高吸收水和尿的能力，适用于卫生纸巾、外科用棉塞、尿布等；还可用作阳离子交换剂。另外，对淀粉进行交联改性后，其热塑性有可能全部或部分丧失，但对制备某些特殊用途的材料则有其优势。用淀粉、乙二醇、甘油与甲苯二异氰酸酯反应制备聚氨酯泡沫，可用作环保型的包装材料。

（2）接枝共聚淀粉　淀粉与丙烯腈、丙烯酰胺、丙烯酸、乙酸乙烯、甲基丙烯酸甲酯、苯乙烯等单体进行接枝共聚反应，形成接枝共聚淀粉。不同的接枝单体、接枝率、接枝频率和支链平均分子量，可以制得各种具有独特性能的产品。如淀粉与丙烯腈、丙烯酸接枝共聚，可制得高吸水性树脂，吸水能力可达自身重量的数百倍至数千倍。它们已广泛用于妇女卫生巾、尿布、病床垫褥和石油钻井泥浆固化等方面。淀粉与丙烯酰胺、丙烯酸的几种氨基取代阳离子单体接枝共聚所得共聚物，具有热水分散性，可用作增稠剂、絮凝剂及吸收剂。同时也可以制成造纸用增强剂、助留助滤剂，具有用量少、效果明显等优点。苯乙烯与淀粉接枝共聚，可用粒状淀粉与苯乙烯混合加少量水后，再用^{60}Co进行辐射制备，也可用过硫酸钾引发苯乙烯与淀粉接枝共聚。近年来国内外对淀粉接枝共聚的研究十分活跃。

四、蛋白质

蛋白质作为新材料的开发应用正日益受到重视。蛋白质作为一类天然高分子化合物，种类很多，其相对分子质量小到数千大到几百万，结构十分复杂，大多具有四级结构。

1. 胶原蛋白

胶原是蛋白质的一种，英文名“Collagen”，由希腊文演化而来，意即“生成胶的物质”，主要存在于动物的皮、骨、软骨、牙齿、肌腱、韧带和血管中，是结缔组织极重要的结构蛋白，具有支撑器官、保护机体的功能。胶原是哺乳动物内含量最多的蛋白质，占体内蛋白质总量的25%～30%，相当于体重的6%。

不同组织中的胶原，其化学组成和结构都有差异，可以分成纤维状胶原（在生皮及肌腱中）、玻璃状胶原（如骨组织的骨素）、软骨质胶原（在软骨中）、弹性胶原（如鲨鱼鳍）和鱼卵磷朊胶原（如鱼鳔）等几种，一般按胶原的所在组织称之为皮胶原、骨胶原、齿胶原等。

胶原主要存在于生皮中，其次存在于骨头中。我国是皮革生产大国之一，每年产生 30 万 t 以上的鞣革废渣。鞣革废渣的排放，不仅造成资源浪费，而且是一种非常有害的固体废弃物，严重污染环境，在堆放时腐烂发臭，长期以来，只能用填埋或焚烧的办法加以处置。法国从 20 世纪 30 年代开始研究将其中的胶原蛋白提取出来用作饲料蛋白源，后来许多国家也都展开了这方面的研究。我国在 1987 年实现了工业化。

胶原蛋白纤维几乎与人的皮肤组成相同，具有最好的亲和性和穿着舒适性，其干强度和湿强度都超过了羊毛。弹性也远远超过了羊毛。胶原纤维还具有抑菌作用，特别适合制作贴身穿着的内衣和内裤。胶原纤维还可制成外科手术缝合线，当伤口愈合时，不需拆线，可被人体吸收。

胶原蛋白海绵目前作为生物敷料广泛应用于医学临床，有人造皮肤之称。在临床上具有良好的止血作用，能被人体组织逐渐吸收，应用于包括普通外科、心血管外科、整形外科、泌尿外科、骨科、皮肤科、烧伤科、妇产科以及口腔科、耳鼻咽喉科、眼科等几乎所有的手术。

胶原蛋白与壳聚糖合成的液体地膜，具有可降解性，而且降解后是优质的有机肥料，可供作物吸收，抑制土壤中的病原菌生长和繁殖，同时能有效地改善土壤的团粒结构。

2. 工业蛋白质

用于工业蛋白质原料的蛋白主要有角蛋白、玉米醇溶蛋白、面筋蛋白、菜豆蛋白、鱼肌原纤维蛋白和大豆蛋白。其中大豆蛋白成本最低、来源最丰富。市场上，大豆蛋白以大豆全粉、大豆蛋白浓缩物和大豆分离蛋白三种形式出售，其中大豆分离蛋白（SPI）的蛋白含量最高。大豆中大豆蛋白含量为 40%、油脂 20%、纤维素 17%、多糖 7%、灰分 6%。大豆分离蛋白的制备工艺过程为大豆渣经碱水溶液沉淀过滤再沉淀后水洗、干燥制得。

利用大豆分离蛋白研制可生物降解塑料日益活跃。热机械法制备热塑性大豆蛋白膜或片材是一种简单、低成本和高效的方法。大豆蛋白可用来取代脲醛亲水性粘胶剂，是绿色粘胶剂。用大豆分离蛋白和淀粉共混热塑挤压可制备低成本的 SPI 复合材料。为提高热塑性 SPI 的加工性、耐水性，可用生物降解性脂肪族聚酯与 SPI 共混。

用湿法纺丝的方法或挤压法拉制大豆分离蛋白纤维，然后将大豆分离蛋白纤维在乙酸酐、乙二醛等试剂中进行表面改性，可改善大豆分离蛋白纤维的性能。

大豆蛋白纤维具有羊绒的手感和真丝的光泽，其吸放湿性能、透气性能和保暖性能堪与真丝、棉、羊毛等天然纤维媲美，是制作高档面料、内衣及服装的优良原料。我国近年来开发的以榨油后的大豆豆粕作原料，提取蛋白质，经合成后制成的新型再生植物蛋白纤维，是一项拥有我国自主知识产权的新材料技术，已在国际上率先实现了产业化。

五、可再生生物资源的利用

众所周知，高分子材料主要来源于石油、煤，但从长远来考虑，它们不是人类所能长久依赖的理想资源。一方面，它们的再生周期非常漫长（以亿万年计，实际上是不可再生的），而且在地球上的储量也有限，开采一点就少一点，终究会有枯竭的一天；另一方面，目前地球所面临的环境危机直接或间接地与矿物燃料的加工和使用有关，比如这些矿物燃料燃烧后放出大量的 CO_2、SO_x、NO_x，被认为是形成局部环境污染、产生酸雨以及温室气体等地区性环境问题的根源。

从绿色化学的高度来考虑，作为人类能够长久依赖的未来资源和能源，它必须是储量丰富，最好是可再生的，而且它的利用不会引起环境污染。基于这一原则，普遍认为以植物为主的生物质资源将是人类未来的理想选择。

我们知道，绿色植物利用叶绿素通过光合作用把 CO_2 和 H_2O 转化为葡萄糖并把光能储存在其中，然后进一步把葡萄糖聚合成淀粉、纤维素、半纤维素、木质素等构成植物体本身的物质。所谓生物质（biomass），可理解为由光合作用产生的所有生物有机体的总称，包括植物、农作物、林产物、林产废弃物、海产物（各种海草）和城市废弃物（报纸、天然纤维）等。生物质资源不仅储量丰富，而且可再生。据估计，作为植物生物质的最主要成分——木质素和纤维素每年以约 1 640 亿 t 的速度不断再生，如以能量换算，相当于目前石油年产量的 15 ~ 20 倍。如果这部分资源能得到利用，人类相当于拥有了一个取之不尽、用之不竭的资源宝库。而且，由于生物质来源于 CO_2（光合作用），燃烧后产生 CO_2，但不会增加大气中 CO_2 的含量，因此生物质与矿物燃料相比更为清洁。我国是农业大国，秸秆（包括壳、渣、饼）等资源非常丰富，通常采用焚烧回田的方法处理，不但造成资源浪费，而且污染大气。

采用“生物菌化”技术对秸秆进行处理，然后采用“蛋白变性”技术使其中的蛋白质从有序的螺旋构型、球型变成无序的伸展肽链，从而增加粘度。再对原材料加工定型，制成纤维包装材料。该技术具有废物利用、清洁生产、产品无害、废弃物可作饲料或肥料的特点，并可使农业废弃物增值，具有良好的环境效益和经济效益。

天然纤维具有价廉质轻、比强度和比模量高等优良特性。更重要的是天然纤维属可再生资源，并可自然降解，不会对环境构成负担。由此，以木纤维、竹纤维、麻纤维（亚麻、剑麻、苎麻）、椰纤维等，替代合成纤维作为树脂基复合材料的增强体，已逐渐受到人们的关注。以可降解树脂作为树脂基体，通过化学改性，将木屑转变为热塑性材料，制备剑麻纤维增强塑化木屑复合材料，其性能可与植物纤维增强聚合物基复合材料以及部分玻璃纤维增强聚合物基复合材料相媲美。这类复合材料中的增强体和基体都来自植物纤维，具有生物降解特性，属于环境友好的天然复合材料。

例如，以剑麻纤维树脂基环境材料作板材、装饰材料、家具，可以代替日益紧缺的木材，对保护森林资源起到非常积极的作用。剑麻（Sisal）是一种多年生的硬质纤维作物，我国南方各省均有种植，广东湛江市剑麻种植面积约 2 200hm^2，年产剑麻纤维 2 万 t 之多。剑麻纤维具有质地坚韧、拉力强、耐酸碱、耐海水腐蚀、耐摩擦和耐低温的优点，是无机和有机粘结剂理想的增强材料。传统上剑麻纤维主要用于织布，制造地毯、绳索、麻袋等。但这些产品对剑麻纤维的利用水平较低，没有充分利用其潜在的价值。使用剑麻纤维和树脂基体复合研制成的剑麻纤维树脂基复合材料，具有密度小、比强度和比模量高、耐冲击、耐水、耐老化等多种优点；对于形状复杂的制品可以一次模压成形；产品在生产过程中不会产生环境污染；可以充分利用剑麻纤维纺纱和编织布的下脚料；制品使用后的废弃物可作燃料。

用生物技术生产合成树脂近年来已有长足发展，预计在 21 世纪将会有更大的进展，可能会有所突破，这也是发展绿色高分子的重要途径。最成功的例子是 ICI 公司的聚羟丁（戊）酸。用碳水化合物，包括纤维素及糖类，通过细菌发酵得到 3－羟基丁酸和 3－羟基戊酸，再进一步聚合成高分子，性能类似于聚丙烯。但目前成本仍较高。

聚乳酸是性能优异的功能纤维和热塑料，其突出特点是能生物降解，在人体内能参与新陈代谢而被人体所吸收，因而目前被广泛用于制造药物释放剂、人体组织和器官的修复材料，以及手术用针、线、棒和骨架固定件。乳酸通常通过淀粉发酵法和化学合成法（乙醛法和丙酸法）制得，制备成本很高，特别是制造高纯度的聚合级乳酸的成本更高。目前世界乳酸生产能力仅有 5 万 t/a，主要是食品级产品，用作酸味剂。CarplIDow 聚合物公司目前已开发成功以农业废物（小麦秆等）为原料的生物技术合成乳酸的新工艺。此工业装置的投产成功，将降低乳酸的成本，使聚乳酸成为制造通用塑料和纤维的首选。到那时，基于聚乳酸制成的包装袋、笔杆和背心等服装将进入市场。采用可生物降解的聚乳酸代替聚烯烃和聚苯乙烯类树脂制造包装袋、一次性饭盒及农用薄膜，将使困扰地球的“白色污染”问题得到解决。

利用生物质资源制造有机化学品，不仅原料可再生，而且生产过程避免了有毒有害物质的使用，且产品也往往更环境友好。因此采用可再生生物质资源代替矿物质石油原料合成有机化学品，已成为设计绿色化学过程的有力工具之一。

就目前的技术水平来说，可再生生物质资源利用在成本上尚难于与石油资源形成全面竞争。但随着石油价格的攀升，地球环境对石油等矿物燃料所产生污染物的容忍性日趋极限，特别是生物技术的突破，可再生生物质资源替代石油等矿物资源将成为不可阻挡的历史潮流。

参考文献

1 左铁镛，聂祚仁. 环境材料基础，北京：科学出版社，2003

2 Bibson A S，La Femina J P. Structure of mineral surfaces . Brady P V. Physics and chemistry of mineral surface. Boca Raton，Fla：CRC Press，1996

3 鲁安怀. 环境矿物材料基本性能——无机界矿物天然自净化功能. 岩石矿物学杂志，2001，20（4）：371～381

4 卢龙，王汝成，薛纪越，陈骏，陆建军. 硫化物矿物的表面反应及其在矿山环境研究中的应用. 岩石矿物学杂志，20（4）：387～394

5 刘晓文. 矿物材料的表征. 矿物岩石地球化学通报，1999，（11）：284～286

6 刘君，秦善. 层状硅酸盐矿物污染的光催化氧化. 岩石矿物学杂志，2001，20（4）：461～466

7 汤艳杰，贾建业，谢先德. 黏土矿物的环境意义. 地学前缘，2002，9（2）：337～344

8 杨赞中，胡发社，任京成. 黏土矿物在环境保护中应用研究进展. 中国非金属矿工业导刊，2000，14（2）：3～26

9 魏宏斌，李田，严颐世. 水中有机污染物的光催化氧化. 环境科学进展，1994，2（3）：50～57

10 霍夫曼 R. 固体表面. 郭洪猷，李静译. 北京：化学工业出版社，1996

11 贾建业，汤艳杰. 环境演变的矿物标识研究新进展. 岩石矿物学杂志，20（4）：419～427

12 李金洪，鲁安怀，宋庭兵，黄英. 新型环境矿物材料——堇青石质泡沫陶瓷的研制. 矿物学报，2001（4）：481～484

13 蒋挺大编著. 壳聚糖. 北京：化学工业出版社，2001

14 蒋挺大，张春萍著. 胶原蛋白. 北京：化学工业出版社，2001

第九章　环境治理功能材料与技术

随着人类生产活动和社会活动的增加，环境质量日趋恶化。自工业革命以来，由于大量燃料的燃烧、工业废弃物和汽车尾气的排放等原因，曾发生多起与环境污染有关的公害事件，已经引起了世界各国的重视。积极开发治理环境污染，恢复生态平衡，是环境材料发展的重要方向之一。人们所熟悉的环境污染包括大气环境污染、水体环境污染、固体废弃物污染、噪声污染等。近年来，电磁波污染和光污染已引起人们的重视，而重金属污染对生态系统造成的累积效应等问题也正受到极大的关注。

第一节　大气污染治理材料与技术

大气污染物是指由于人类活动或自然过程，排放到大气中并对人或环境产生不利影响的物质。大气污染物主要来源于自然过程和人类活动，因此从大范围来分，可将大气污染源分为自然污染源和人为污染源两大类。按污染源存在的形式不同，可分为固定污染源和移动污染源两大类（如工厂烟囱、厂房等不能随便移动的为固定污染源，汽车、火车等交通工具等是在移动过程中排放出污染物的称为移动污染源）；按污染物产生的类型不同，可分为工业污染源、农业污染源、生活污染源和交通污染源。按我国环境标准和环境政策法规中规定的大气污染物，可将其分为以下两种：

1）为履行国际公约而确定的污染物，主要有二氧化碳（CO_2）、氟氯烃（CCl_3F、CCl_2F_2）。

2）全国性的大气污染物，主要有烟尘、工业粉尘、二氧化硫（SO_2）、氮氧化物（NO_x）、一氧化碳（CO）和光化学氧化剂（O_3）、过氧硝酸乙酰酯（PAN）等。我国大气环境的主要污染物是烟尘和SO_2。

按污染物的存在状态不同，可将其分为颗粒污染物和气态污染物（见表9-1）。

气态污染物种类繁多，特点各异，因此采用的净化方法也不相同。控制SO_2、NO_x、碳氢化合物、氟化物等气态污染物的排放，主要的途径是净化工艺尾气。目前常用的方法有吸收法、吸附法、催化法、燃烧法和冷凝法等，相应使用的材料为吸收剂、吸附剂、催化剂等。

表 9-1　颗粒污染物和气态污染物

颗粒污染物		气态污染物	
污染物种类	污染物颗粒	污染物种类	污染物举例
粉尘	1 ~ 200μm	含硫化合物	SO_2、SO_3、H_2S
烟	0.01 ~ 1μm	含氮化合物	NO、NO_2、NH_3
飞灰		碳的氧化物	CO、CO_2
黑烟		碳氢化合物	HC
雾		卤素化合物	HF、HCl

一、吸收剂与吸收法

利用吸收剂将混合气体中的一种或多种组分有选择地吸收分离过程称作吸收。具有吸收作用的物质称为吸收剂，被吸收的组分称为吸收质，吸收操作得到的液体称为吸收液或溶液，剩余的气体称为吸收尾气。吸收法净化气态污染物是利用混合气体中各成分在吸收剂中的溶解度不同，或与吸收剂中的组分发生选择性化学反应，从而将有害组分从气流中分离出来。该法是分离、净化气体混合物最重要的常用方法之一，被广泛用于净化含 SO_2、NO_x、HF、H_2S、HCl 等废气。

1. 常用吸收剂

水是常用的吸收剂。用水吸收可以除去废气中的 SO_2、HF、NH_3、HCl 及煤气中的 CO_2 等。碱金属和碱土金属的盐类、铵盐等属于碱性吸收剂，它能与 SO_2、HF、HCl、NO_x 等气体发生化学反应，从而使吸收能力大大增强。硫酸、硝酸等属于酸性吸收剂，可以用来吸收 SO_3、NO_x 等。表 9-2 列出了工业上净化有害气体所用的吸收剂。

表 9-2　常见气体的吸收剂

有害气体	吸收过程中所用的吸收剂
SO_2	H_2O，NH_3，NaOH，Na_2CO_3，$NaSO_3$，$Ca(OH)_2$，$CaCO_3/CaO$，碱性硫酸铝，MgO，ZnO，MnO
NO_x	H_2O，NH_3，NaOH，$NaSO_3$，$(NH_4)_2SO_3$，$FeSO_2$-EDTA
HF	H_2O，NH_3，Na_2CO_3
HCl	H_2O，NaOH，Na_2CO_3
Cl_2	NaOH，Na_2CO_3，$Ca(OH)_2$
H_2S	NaOH，Na_2CO_3，$Ca(OH)_2$
含 Pb 废气	NaOH，Na_2CO_3，$Ca(OH)_2CH_3COOH$，NaOH
含 Hg 废气	$KMnO_4$，NaClO，浓 H_2SO_4，KI-I2

2. 吸收剂的选择

一般来说，选择吸收剂的基本原则是：① 吸收容量大；② 选择性高；③ 饱和蒸气压低；④ 适宜的沸点；⑤ 粘度小，热稳定性高，腐蚀性小，廉价易得。

在选择吸收剂时要根据吸收剂的特点权衡利弊，有的吸收剂虽然具有很好的性能，但不易得到或价格昂贵，使用就不经济。有的吸收剂虽然吸收力强，吸收容量大，但不易再生或再生时能耗较大，在选择时应慎重。

二、吸附剂与吸附法

固体表面对各种物质的吸附能力很早就被人们发现。将具有吸附作用的固体物质称为吸附剂，被吸附的物质称为吸附质。吸附法净化气态污染物就是使废气与表面多孔的固体物质相接触，将废气中的有害组分吸附在固体表面上，从而达到净化的目的。吸附法是一种日益受到重视的污染控制方法，属于干法工艺，主要用于净化有机废气，在净化的同时又回收废气中的有机溶剂。

1. 吸附剂的种类和性质

吸附剂的种类很多，可分为无机和有机吸附剂，天然和合成吸附剂。天然矿产品如活性白土和硅藻土等经过适当的加工，就可以形成多孔结构，可直接作为吸附剂使用。合成无机材料吸附剂主要有活性炭、活性炭纤维、硅胶、活性氧化铝及合成沸石分子筛等。近年来还研制出多种大孔吸附树脂，与活性炭相比，它具有选择性好、性能稳定、易于再生等优点。目前，工业上广泛采用的吸附剂主要有以下几种：

（1）活性炭　活性炭是应用最早、用途较为广泛的一种具有非极性表面、疏水性和亲有机物的吸附剂，常常被用来吸附回收空气中的有机溶剂，或用来净化某些气态污染物，也可以用来脱臭。

活性炭纤维是一种新型的高效吸附剂，具有优良吸附特性及催化功能，是良好的脱臭剂和抗菌剂。它主要用于吸附各种无机和有机气体、水溶性的有机物、重金属离子等，特别对一些恶臭物质的吸附量比颗粒活性炭高出 40 倍。

目前，碳吸附材料的应用范围已经从家用净化器扩大到保护地球环境等各方面。活性炭能有效吸附有毒气体、恶臭气体，因此常被用作气相污染物质的吸附脱除材料。防毒面具吸附筒内所使用的吸附材料主要成分就是活性炭。

（2）沸石分子筛　应用最广的沸石分子筛是具有多孔骨架结构的硅酸盐结晶体。分子筛具有许多孔径均匀的微孔，比孔径小的分子能进入孔穴而被吸附，比孔径大的分子被拒之孔外，因此具有强的选择性。与其他吸附剂相比较，沸石分子筛具有如下特点：① 很高的吸附选择性；② 很强的吸附能力；③ 是强极性吸附剂，对极性分子特别是对水分子具有强的亲和力；④ 热稳定性和化学稳定性高。

（3）泡沫陶瓷　泡沫陶瓷具有三维空间网架结构，形如钢化的泡沫塑料或瓷化的海绵体，具有高气孔率、低容重、耐高温、耐化学腐蚀、抗热振等特点，被广泛应用于冶金、化工、环保、能源、生物等各个部门的高温烟气净化，还可用作金属熔体过滤、催化剂载体和化工精过滤材料等。

2. 吸附剂的选择

对气体净化吸附剂的基本要求是：① 大的比表面积和孔隙率大的吸附容量（由于吸附作用主要发生在空穴的表面上，空穴越多，内表面越大，则吸附性能越好）；② 良好的选择性有利于混合气体的分离（由于不同的吸附剂因其组成和结构不同，所表现出的优先吸附能力就不同，只有具有良好的选择性，才能经济有效地净化气态混合物）；③ 易于再生（吸附法净化气态污染物应包括吸附和吸附剂再生的全部过程）；④ 具有一定的粒度、机械强度大，化学稳定性强，热稳定性好；⑤ 原料来源广泛，价格低廉。

三、催化剂与催化转化

催化转化法净化气态污染物是利用催化剂的催化作用，将废气中的有害物质转变为无害物质或易于去除物质的方法。能够使用催化转化法净化的气态污染物有 SO_2、NO_x、CO 等，特别适用于汽车排放废气中 CO、HC、化合物及 NO_x 的净化。

1. 催化剂

催化剂是能够改变化学反应速度，而本身的化学性质在化学反应前后不发生变化的物质。催化剂通常由主活性物质、载体和助催剂组成。活性物质是催化剂组成中对改变化学反应速度作出贡献的组分。活性物质也可以作催化剂单独使用，如将 SO_2 氧化为 SO_3 时所用的 V_2O_5 催化剂。

助催化剂是存在于催化剂基本成分中的添加剂。这类物质单独存在时本身没有催化活性，但它的少量加入可以改善催化剂性能。当它与活性组分共存时，就能显著地增强催化剂的催化活性。如将 SO_2 氧化为 SO_3 时，在所用的 V_2O_5 催化剂中加入 K_2SO_4，可以使 V_2O_5 的催化活性大大提高。

催化转化法选用催化剂的原则：应有很好的活性和选择性、使用过程中不产生二次污染、足够的机械强度、良好的热稳定性和化学稳定性、抗毒性强、具有尽可能长的寿命以及经济性。

2. 催化剂的性能

催化剂除了能改变化学反应速度外，还具有如下的特性：

（1）催化剂的活性　催化剂的活性是衡量催化剂催化性能大小的标准。催化剂只能缩短反应达到平衡的时间，而不能使平衡移动，更不可能进行热力学上不可能发生的反应。

每一种催化剂都有它的活性温度范围，低于活性温度下限的，反应速度很慢，或不起催化作用；高于活性温度范围上限，催化剂会很快老化或丧失活性，甚至被烧毁。

（2）催化剂的选择性　特定的催化剂只能催化特定的反应，即催化剂性能具有选择性。如果化学反应可能同时向几个平行方向发生，催化剂只对其中的某一个反应起加速作用的性能，称为催化剂的选择性。

（3）催化剂的稳定性　催化剂在化学反应过程中保持活性的能力称为催化剂的稳定性。稳定性应包括热稳定性、机械稳定性和抗毒性，通常用使用寿命来表示催化剂的稳定性。

（4）影响催化剂性能的因素　影响催化剂性能的因素很多，归纳起来主要有催化剂的老化和中毒两个方面。所谓老化，是指催化剂在正常工作条件下逐渐失去活性的过程。一般来说，温度越高，老化速度就越快。所谓中毒，是指反应物料中少量的杂质使催化剂活性迅速下降的现象。致使催化剂中毒的物质称为催化剂的毒物。催化剂中毒分为暂时性中毒和永久性中毒，前者用通水蒸气等简单方法可以恢复其活性，后者则不能。催化剂中毒的原因是由于活性表面被破坏或其活性中心被其他物质所占据，导致催化剂的活性和选择性迅速下降。

易使催化剂中毒的毒物有 HCN、CO、H_2S、S、As、Hg、Pb 等，如砷的含量为0.16%（质量分数）时，可以使铂的活性降低50%、氰氢酸的含量为0.01%（质量分数）时，可以使镍的活性完全丧失。因此在选择催化剂时要考虑其抗毒性。

四、典型气态污染物的治理材料与技术

1. 烟气中 SO_2 的净化材料与技术

SO_2 是目前大气污染物中数量大、分布广、影响严重的气态污染物之一。目前，控制 SO_2 污染的主要途径有采用低硫燃料、高烟囱排放和烟气脱硫等。从技术、成本和效果等方面综合考虑，今后相当长的一段时间内，仍以烟气脱硫为主。烟气脱硫的主要困难在于 SO_2 含量低（体积分数一般低于0.5%），烟气体积大，SO_2 的总量较大，从而导致烟气脱硫装置庞大，投资费用高，大规模发展受到限制。选择和使用经济合理、技术先进、适合我国国情的烟气脱硫技术，仍将是防止 SO_2 污染的重点。

烟气脱硫技术分为高含量 SO_2 烟气脱硫和低含量 SO_2 烟气脱硫。重金属冶炼过程中产生的烟气和硫酸工业尾气中含硫量一般大于2%（质量分数），称为高含量 SO_2 烟气，一般采用接触法回收烟气中的硫，并制成硫酸。对于低含量 SO_2 烟气脱硫技术，大致可分为干法脱硫和湿法脱硫两类。

湿法脱硫是采用液体吸收剂洗涤 SO_2 烟气以除去 SO_2。常用的方法有石灰/石灰石吸收法、钠碱吸收法、氨吸收法、铝法、催化氧化法和催化还原法等。湿法所用设备比较简单，操作容易，脱硫效率高。但脱硫后烟气温度较低，不利于烟气的扩散。

干法脱硫是使用固体吸收剂、吸附剂或催化剂除去废气中的 SO_2。常用的方法有活性炭吸附法、分子筛吸附法、氧化法和金属氧化物吸收法等。干法的最大优点是治理中无废水、废酸排出，减少了二次污染；缺点是脱硫效率低，设备庞大。

2. 烟气中 NO_x 的净化材料与技术

NO_x 主要是在燃料的燃烧过程中产生的，约占总量的 80%（质量分数）。另外，化学工业中如硝酸、硫酸、氮肥、染料、电镀等生产过程均排放出不同数量的 NO_x。脱除烟气中的 NO_x 称为烟气脱氮。主要有吸收法、吸附法和催化还原法。

（1）液体吸收法　液体吸收法是用水或酸、碱、盐的水溶液来吸收废气中的 NO_x，以达到净化的目的。按吸收剂的种类可分为水吸收法、酸吸收法、碱吸收法、氧化—吸收法、还原—吸收法和配位吸收法等。由于吸收剂种类较多，来源广，适应性强，故为中小型企业广泛采用。

（2）活性炭吸附法　活性炭对低含量的 NO_x 有很强的吸附能力。它不仅能吸附 NO_2，促进 NO 氧化成 NO_2，而且还可以将 NO_x 还原为 N_2。

影响吸附净化的因素主要有：① NO_x 尾气中的含氧量越大，净化效率越高；② 水分有利于活性炭对 NO_x 的吸附；③ 低温操作有利于吸附；④ 适当增加吸附接触时间，有利于提高吸附效率。

（3）催化还原法　催化还原法是在一定温度和有催化剂存在的条件下将 NO_x 还原为无害的 N_2 和 H_2O。用催化还原法净化硝酸尾气，在国外已很普遍，我国也已建立了多套催化还原装置。

3. 含氟废气的治理材料与技术

含氟废气通常是指含有 HF 和 SiF_4 的废气。主要来源于冶金工业的铝电解和炼钢过程及化学工业的黄磷、磷肥等生产过程。净化的方法有吸附法和吸收法。

（1）吸附法　含氟废气的吸附净化技术是以粉状的吸附剂吸附废气中的氟化物。吸附剂可采用工业氧化铝、氧化钙、氢氧化钙等。该净化方法的特点是净化效率高、工艺简单、没有水的二次污染，也不受各种气候条件的影响。但净化设备的体积较大。

（2）吸收法　吸收法采用水、碱性溶液或某些盐溶液来吸收含氟废气中的氟化物，同时还可以得到氟硅酸、冰晶石和氟硅脲等副产品。氟硅脲是氟硅酸与尿素的化合物，是防治小麦锈病较好的农药。吸收法净化技术的优点是净化设备体积小，净化效率高，可以回收各种氟化物。缺点是易造成二次污染。

4. 有机废气的净化材料与技术

有机废气中的碳氢化合物（HC）是大气环境的重要污染物之一，主要来源于石油、化工等行业的生产过程。现代交通工具如汽车、飞机、轮船等也是产生碳氢化合物的重要污染源。

防止碳氢化合物（HC）污染的途径有：① 减少石油及化工生产过程中的原料损耗；② 减少有机溶剂的用量；③ 对排放气体进行净化等。净化碳氢化合物的方法有燃烧法、吸收法、吸附法、浓缩法、冷凝法等。

5. 汽车排气净化材料与技术

汽车排气中的有害物质是在燃料燃烧过程中产生的，包括汽油挥发、曲轴箱中泄漏的废气、排气管的尾气等。

对汽车排气净化主要有三个途径：一是燃料的改进与代替；二是发动机内部控制；三是发动机外部净化。机内控制就是利用发动机本身工作过程来降低汽车排放污染物，它是汽车排放控制的主要方法之一。但目前仅靠机内控制还不能彻底解决汽车排气污染问题，因而安装尾气净化器的发动机外部净化方法成为当前解决汽车尾气污染最重要的手段之一。

对尾气净化器所用催化剂的基本要求是：能同时净化CO、HC、NO_x三种有害物质；必须同时具有高温（800℃以上）和低温（100℃以下）活性，以保证其在高温下不被烧结，在低温时又能发挥催化作用。

(1) 汽车尾气净化催化剂　经过20多年的研究开发，已开发出四代汽车尾气净化催化剂。目前应用得多的是第三代和第四代催化剂。

第三代和第四代催化剂主要是稀土金属铈（Ce）和镧（La）的氧化物，其特点是价格低、热稳定性好、活性较高、使用寿命长。特别是具有抗铅中毒的特性，因而受到人们的重视。

汽车发动机排出的废气经三元催化反应器的净化，排气中的HC和CO通过催化氧化反应可转变成无害的CO_2和H_2O，而NO_x通过催化还原反应可转变为无害的N_2，净化后的气体可直接排入环境。

(2) 汽车燃料的改进与替代　由于直馏汽油烃类分子结构中碳链过长，在发动机内高温高压条件下容易断裂，作为汽车燃料性能较差，需添加四乙基铅作抗爆剂，成为有铅汽油。四乙基铅剧毒，燃烧后以PbO形式排放到空气中而造成污染。在燃烧过程中PbO会沉积在燃烧室、活塞、气阀上，从而影响发动机正常工作。而裂化汽油的烃分子结构稳定，提高了燃料的抗爆性能，故可以直接作为汽车燃料使用。用裂化汽油代替有铅汽油称为燃料的改进。

用分子中含碳原子数较低的可燃性气体（氢气、天然气、石油液化气等）或液体（甲醇、乙醇等）取代汽油称为燃料的替代。氢气是非常理想的燃料，燃烧反应的生成物为H_2O，不存在排气中HC和CO的污染问题。以氢气为燃料的燃料电池发动机汽车目前已被人们开发出来，可望实现汽油发动机汽车的换代升级。

6. 恶臭的治理材料与技术

恶臭是大气、水、土壤、废弃物等物质中的异味物质，通过空气介质作用于人的嗅觉器官而引起不愉快的感觉，并对人体健康产生危害。恶臭气体主要是有机化合物及 H_2S 等无机物。主要来自于化工厂、垃圾处理厂、污水处理厂、饲料加工厂、畜牧产品农场及炼焦和煤气发生等能源加工过程。另外，在硫化燃料、人造纤维、二硫化碳等化工工业，以及在医药、农药、造纸、制革等轻工业生产中也有产生。

通常控制和处理恶臭物质的方法有密封法、稀释法、掩蔽法和净化法。净化方法是通过物理的、化学的或生物的方法将恶臭物质捕集起来，使之不能在空气中扩散，或者将其转化为无臭物质。常用的净化方法有吸收法、吸附法和燃烧法等。

由于恶臭物质种类繁多，性质各异，因此在选择处理方法前，必须全面掌握恶臭物质的种类、物理和化学性质、含量大小等，选择合适的处理方法。

五、大气污染综合防治

城市和工业地区的区域性污染，已成为普遍的环境问题，靠单项治理不能有效地、经济地解决大气污染问题，只有从整个地区的大气污染状况出发，进行综合防治，才能有效地控制大气污染。我国大气环境污染以煤烟型污染为主，煤的洁净燃烧技术是重点发展方向之一。洁净燃烧技术是旨在减少燃烧过程污染物排放与提高燃料利用效率的加工、燃烧、转化和排放污染控制等所有技术的总称。

洁净煤燃烧技术主要包括以下几个方面：① 先进的燃煤技术，包括整体煤气化联合循环发电（IGCC）、循环流化床燃烧（CFBC）、煤和生物质及废弃物联合气化或燃烧、低 NO_x 燃烧技术、改进燃烧方式和直接燃煤热机；② 燃煤脱硫、脱氮技术，如先进的煤炭洗选技术、型煤固硫技术、烟气处理技术、先进的焦炭生产技术等；③ 煤炭加工成洁净能源技术，洗选、温和气化、煤炭直接液化、煤气化联合燃料电池和煤的热解等；④ 提高煤炭及粉煤灰的有效利用和节能技术。

大气污染综合防治必须坚持以源头控制为主，推行清洁生产、分散治理与综合防治相结合、按功能区实行总量控制与污染物含量控制相结合的原则，以确保污染控制的综合效果。

第二节　水体污染治理材料与技术

水体是指地表被水覆盖的自然综合体。水体不仅包括水，而且也包括水中的悬浮物、底泥及水中生物等。水体污染是指人为造成河流、湖泊、海洋等自然状态的水在物理、化学、生物等方面发生变化，使其利用受到妨碍的现象。为了确保人类生存可持续发展，人类在利用水资源的同时，还必须有效地防治水体的污染。

一、污水及其处理方法分类

污水是生活污水、工业废水、被污染的降水和流入排水管渠的其他污染水的总称。污水的性质及危害，取决于污水的来源。造成水体污染的因素是多方面的，如向水体排放未经过妥善处理的城市污水和工业废水；施用化肥、农药及城市地面的污染物进入水体；其他污染物被雨水冲刷随地面经流而进入水体；随大气扩散的有毒物质通过重力沉降或降水过程而进入水体等。其中城市生活污水和工业废水是水体污染的主要因素。

1. 工业废水

工业废水系指工业生产中排放出来的水。工业废水成分复杂，涉及面广，因素多，性质各异。工业废水的性质及危害人类的程度主要取决于工业类别、原料品种、工艺过程等诸因素。工业废水是人们关注的焦点，也是环境污染治理中的重点工作。常见的工业废水及其主要来源如表 9-3 所示。

表 9-3　常见的工业废水及其主要来源

废水种类	废水的主要来源
重金属废水	采矿、冶炼、金属处理、电镀、电池、特种玻璃及化工等工业
放射性废水	铀、钍、镭矿的开采加工、核动力站运转、医院同位素试验室等
含铬废水	采矿冶炼、电镀、制革、颜料、催化剂等工业
含氰废水	电镀、提取金银、选矿、煤气洗涤、焦化、金属清洗、有机玻璃等
含油废水	炼油、机械厂、选矿厂及食品厂等
含酚废水	焦化、炼油、化工、煤气、染料、木材防腐、塑料、合成树脂等
硝基苯类废水	染料工业、炸药生产等
有机废水	化工、酿造、食品、造纸等
含砷废水	制药、农药、化工、化肥、采矿、冶炼、涂料、玻璃等
酸性废水	化工、矿山、金属酸洗、电镀、钢铁等
碱性废水	造纸、印染、化纤、制革、化工、炼油等

按工业废水中所含污染物分类，可将其分为三类：

1）含无机污染物的污水，如冶金工业废水、建材工业废水、化学工业废水等。

2）含有机污染物的污水，如食品工业废水、酿造工业废水、石油工业废水等。

3）既含大量有机污染物又含大量无机污染物的污水，如制药工业废水、皮革工业废水等。

按耗氧和有毒两项影响最深的污染指标，将污水分为两类：

1）无机污水：分为无机无毒污水、无机有毒污水两大类。

2）有机污水：分为有机无毒污水、有机有毒污水和有机耗氧污水三大类。

所谓有毒与无毒，是根据对人体健康是否直接造成毒害作用而言的。严格来说，污水中的污染物质是没有绝对无毒害作用的，所谓无毒害作用是相对而有条件的。

2．污水的水质指标

水质指标是用来对水体进行监测、评价、利用以及污染治理的主要依据。水质是指水与水中杂质共同表现的综合特征。水质指标是指水中杂质具体衡量的尺度。可分为物理指标、化学指标和生物指标。污水水质指标有化学需氧量（COD）、生化需氧量（BOD）、总需氧量（TOD）、悬浮物、总有机碳（TOC）、有机氮、pH值、有毒物质、细菌总数、大肠菌数、溶解氧、温度、色度、浊度、电导率等。

3．污水处理的基本方法

针对不同污染物质的特征，发展了各种不同的污水处理方法，这些处理方法可按其作用原理划分为四大类，即物理处理法、化学处理法、物理化学法和生物处理法。废水处理程度确定以后，就应选择适当的处理方法。

（1）物理处理法　通过物理作用，以分离、回收污水中不溶解的呈悬浮状态污染物质（包括油膜和油珠）的污水处理法。在处理过程中不改变其化学性质。根据物理作用的不同，又可分为重力分离法、离心分离法和筛滤截流法等。属于重力分离法的处理单元有沉淀、上浮（气浮、浮选）等，相应使用的处理设备为沉砂池、沉淀池、除油池、气浮池及其附属装置等。

（2）化学处理法　通过化学反应和传质作用来分离、去除废水中呈溶解、胶体状态的污染物质或将其转化为无害物质的污水处理法。在化学处理中，以投加药剂产生化学反应为基础的处理单元是混凝、中和、氧化还原等；而以传质作用为基础的处理单元则有萃取、汽提、吹脱、吸附、离子交换以及电渗析和反渗透等。后两种处理单元又统称为膜处理技术。其中运用传质作用的处理单元具有化学作用，而同时又有与之相关的物理作用，所以也可以从化学处理法中分离出来，成为另一种处理方法，称为物理化学法，即运用物理和化学的综合作用使污水得到净化的方法。

（3）物理化学法　物理化学法是利用物理化学反应的原理来除去污水中溶解的有害物质，回收有用组分，并使污水得到深度净化的方法。其过程通常是污染物从一相转移到另一相，即进行传质过程。常用的物理化学处理法有吸附、萃取、浮选、电解等。当需要从污水中回收某种特定的物质时，或者当工业废水有毒、有害且不易被微生物降解时，采用物理化学处理方法最为合适。采用物理化学法治理工业废水，通常都需先进行预处理，除去废水中的悬浮物、油类、有害气体等杂质，或调整污水的 pH 值，以提高回收率并尽可能地减少损耗。

(4) 生物处理法　通过微生物的代谢作用，使废水中呈溶解、胶体以及微细悬浮状态的有机性污染物质转化为稳定、无害的物质的污水处理方法。根据起作用的微生物不同，生物处理法又可分为好氧生物处理法和厌氧生物处理法。

1) 好氧生物处理法。好氧生物处理法是好氧微生物在有氧条件下将复杂的有机物分解，并以释放出的能量来完成其机体的功能，如繁殖、增长和运动等。产生能量的部分有机物则转变成 CO_2、H_2O 和 NH_3 等，其余的转变成新细胞(微生物的新肌体，如活性污泥或生物膜)。按传统，好氧生物处理法又分为活性污泥法和生物膜法两大类。

2) 厌氧生物处理法。厌氧生物处理法是厌氧微生物在无氧条件下将高含量有机废水或污泥中的有机物分解，最后产生甲烷和 CO_2 等气体。

以上各种处理方法都有它们各自的特点和适用条件。在实际废水处理中，它们往往是要配合使用的，不能预期只用一种方法就能把所有的污染物质都去除干净。这种由若干个处理方法合理组配而成的废水处理系统，通常就称为废水处理流程。

4. 污水处理的分级

按照不同的处理程度，污水处理系统可分为一级处理、二级处理、三级处理等。污水经一级处理后，一般达不到排放标准。所以一般以一级处理为预处理，以二级处理为主体，必要时再进行三级处理，即深度处理，使污水达到排放标准或补充工业用水和城市供水。

(1) 污水一级处理　一级处理主要分离水中的悬浮固体物、胶状物、浮油或重油等。可以采用水质水量调节、自然沉淀、上浮、隔油等方法，去除废水中的漂浮物和较大的悬浮物质。物理法中的大部分方法是用于一级处理的。一级处理有时也叫做机械处理，可调节废水 pH 值、减轻废水的腐化程度和后续处理工艺负荷。一级处理的常用方法有筛滤法、沉淀法、上浮法、预曝气法等。污水在经过筛滤、沉淀或上浮等一级处理之后，可以有效地去除部分悬浮物，生化需氧量（BOD）也可以去除 25%～40%，但一般不能去除污水中呈溶解状态的和呈胶体状态的有机物、氧化物、硫化物等有毒物质，不能达到污水排放标准。

(2) 污水二级处理　污水通过一级处理后再加处理，用以除去污水中大量可生物降解的有机溶解物和部分胶状污染物，使污水进一步净化的工艺过程。通过二级处理，一般废水均能达到排放要求。通常采用生物化学处理、化学混凝和化学沉淀池等二级处理工艺。如含磷酸盐废水和含胶体物质的废水需用化学混凝法处理。二级处理的主要方法有活性污泥法、生物膜法等。

(3) 三级处理　污水三级处理又称污水深度处理或高级处理。当出水水质要求很高时，常需要进行污水三级处理，即进一步去除二级处理未能去除的污染物质，其中包括微生物未能降解的有机物或营养物质磷、氮等可溶性无机物和溶解盐类等，以便达到某些水体要求的水质标准或直接回用于工业。三级处理是深度处理的同义词，但二者又不完全一致。深度处理往往是指以废水回收、复用为目的的三级处理。

三级处理耗资较大，管理也较复杂，但能充分利用水资源。常用的方法有活性炭吸附和化学氧化，也可以采用离子交换或膜分离技术等。含多元分子结构污染物的污水，一般先用物理方法部分分离，然后用其他方法处理。

二、污水过滤材料与结构

利用介质的过滤作用可分离污水中悬浮物。其基本原理是让污水通过带孔眼的过滤介质，使尺寸大于孔眼的悬浮物颗粒被截留下来，它既可以作为污水的预先处理，也可作为最终处理，是一种有效分离悬浮污染物的处理方法。过滤法处理污染物的效果主要受两方面的影响：一是过滤材料的特性，二是滤料层的结构。

1. 过滤材料

过滤材料的质量，直接影响到处理污染的效果。作为过滤材料应具有以下基本特性：

1）足够的机械强度，以避免在冲洗过程中由于与颗粒之间的摩擦而被破碎。

2）足够的化学稳定性，以免在过滤过程中发生溶解而引起水质恶化。

3）接近球状的外形、较大的比表面积，表面粗糙且多有棱角，以加强对污染物的吸附作用。

4）一定的粒度级配。滤料应粗至能足以阻留大量絮凝体，细至足以阻止悬浮固体通过。滤料过细，会使滤速过慢，水头损失增大；滤料过粗，虽然滤速加快，水头损失小，但难以控制出水水质。

过滤材料在过滤过程中主要是载留水中的悬浮物和絮状物，从而达到净化的目的。部分金属矿物也具有孔道结构。如天然锰钾矿，其结构中由 Mn－O 八面体所构建并由 K 等充填其中形成良好孔道；沸石中由 Si－O 和 Al－O 四面体所构建并由 Na 和 Ca 充填其中形成良好孔道。这些金属矿物具有良好的分子筛、离子筛与孔道内离子交换效应。可以使用的矿物滤料有精制无烟煤、精制石英砂、铝矾土陶粒、磁铁矿与软锰矿等。结合表面吸附作用，可制得复合型矿物吸附过滤材料。

2. 滤料层的结构

滤层的合理结构，对于有效去除水体的悬浮物十分重要。滤料层的基本结构如图 9-1 所示。

对于上粗下细型结构，其主要特点为：孔隙上大下小，污染物多数被截留在底层，污染物的穿透深度大且过滤周期长，处理污染能力及效果均较理想。上细

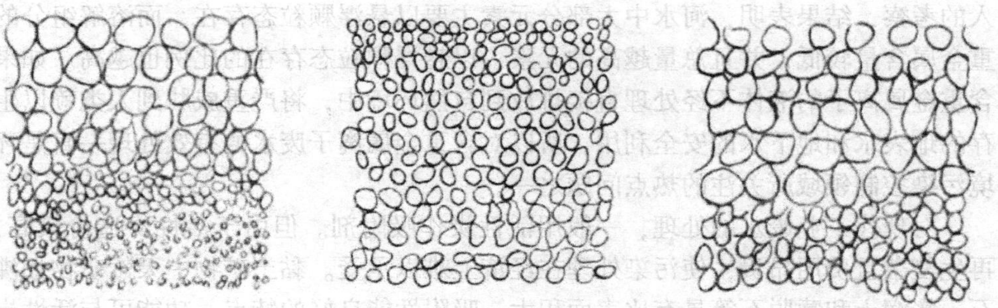

a)　　　　b)　　　　c)

图 9-1　滤料层结构

a）上粗下细　b）上细下粗　c）双层过滤

下粗型过滤层，其特点正好与前者相反。但是，在实际生产应用中，由于水流的冲洗作用，整个过滤层处于悬浮状态，粒径大者重量大而向下沉积，粒径小者重量小而悬浮于上层。针对此种情况，出现了双层过滤结构，即用密度较小而粒径较大的矿物置于上层（如无烟煤），而中间层用砂滤层组成，下层用密度较大的细粒矿物组成，从而保证了滤层的合理结构。

三、吸附剂

在污水处理中，吸附作用是利用多孔性固体吸附剂的表面吸附污水中一种或多种污染物，以达到污水净化目的的过程。这种方法主要用于污染物含量低的工业废水的处理。常用的吸附剂有活性炭、磺化煤、沸石、焦炭、硅藻土、木炭、木屑、活性白土、腐殖酸以及大孔径吸附树脂等。

1. 活性炭

活性炭是目前污水处理中应用最为广泛的吸附剂。国外使用的粒状炭多为煤质或果壳无定形炭，国内多用柱状煤质炭。纤维活性炭是一种由有机炭经活化处理后形成的新型高效吸附材料。它具有发达的微孔结构，巨大的比表面积，以及众多的官能团，因此，其吸附性能大大超过目前普遍采用的活性炭。

油脂废水是我国水体污染的重要污染源。碳材料中的膨胀石墨有自水中吸附油类的良好性能，是一种很好的含油废水净化剂。膨胀石墨对油脂类大分子有很好的脱除能力，且吸附易于回收，对于清除化工、食品、油脂等行业废水的污染和清除海洋油类污染具有重要意义。经膨胀石墨处理的含油废水油类含量可完全达到饮用水标准。该法比传统的活性炭、棉花、氧化镁、亚胺酯粉末油类吸附物质有更好的经济效益和环境效益。

2. 利用天然矿物材料作为吸附剂来处理水中重金属污染物

目前我国水污染主要来自工业废水的排放，对水污染危害最大的是有毒化学废水和重金属。中国科学院地理所等对长江水环境中重金属的背景值进行了较深入的考察，结果表明，河水中大部分元素主要以悬浮颗粒态存在，而溶解组分的重金属含量较低，并且总量越高的元素，以悬浮颗粒态存在的比例也越高。如果含重金属离子的液体不经处理直接排放到自然环境中，将严重威胁到人类赖以生存的地表水和地下水的安全利用，所以对含重金属离子废水的有效处理一直是环境污染控制领域所关注的热点问题之一。

对现代工业废水的处理，一般用活性炭作吸附剂。但由于活性炭造价较高，再生复杂且费用昂贵，使污染处理在经济上难以承受。黏土矿物中天然矿物如沸石、膨润土和蒙脱石等具有比表面积大、吸附性能良好的特点，功能可与活性炭媲美，又具有储量丰富、来源广、成本低的有利因素，因此用黏土矿物作吸附剂去除污染，有巨大的社会经济效益和生态环境效应。

具有特殊晶体结构的天然矿物，如沸石，因其晶体中存在着特殊的孔道结构而具有良好的吸附、离子交换等性能，在污水及废气治理、改良水质、净化空气等方面效果显著。

膨润土是一种以蒙脱石为主要成分的黏土矿物，它具有较大的比表面积、较强的吸附能力和离子交换容量，对废水中重金属离子的吸附有着特殊功效，广泛应用于环境保护、化工、石油钻井、铸造、冶金、建材、医药、食品、纺织工业等。膨润土处理污水的方法不但简便、有效，而且成本低，且重金属在脱附时的释放率较低，较少二次污染。

蒙脱石具有较大的比表面积及离子交换容量，吸附性能好，对废水中重金属离子的吸附处理有着特殊的功效。研究表明：蒙脱石原土对重金属离子具有一定的吸附能力；若用蒙脱石吸附絮凝法处理废水中的Pb^{2+}、Cd^{2+}及Cr^{3+}，可进一步改善去除效果并提高固液分离速度，使低重金属离子含量的废水中的Pb^{2+}等的去除率达93.1%。

四、离子交换剂与离子交换法

离子交换法是一种借助于离子交换剂上的离子和污水中的离子进行交换反应而除去污水中有害离子的方法。离子交换过程是一种特殊吸附过程，所以在许多方面都与吸附过程相类似。但与吸附相比较，离子交换过程的主要特点在于：它主要吸附水中的离子，并与水中的离子进行等量交换。

目前在水处理中广泛使用的是离子交换树脂，它具有交换容量高，制备成球形颗粒使水流阻力小、交换速度快、机械强度高、化学稳定性好等优点，但成本较高。

1. 离子交换树脂及其性能指标

离子交换树脂是一类具有离子交换特性的有机高分子聚合电解质，是一种疏松的具有多孔结构的固体球形颗粒，粒径一般为0.3～1.2mm，不溶于水，也不溶于电解质溶液。

离子交换树脂的性能对污水处理效率、再生周期及再生剂的消量有很大影响。衡量离子交换树脂性能的主要指标有：选择性、含水量、密度、离子交换容量、溶胀性、耐热性、机械强度、化学稳定性等。

2. 离子交换树脂的选择和使用

离子交换法主要用于除去水中可溶性盐类。选择树脂时应综合考虑原水水质、处理要求、交换工艺以及投资和运行费用等因素。当分离无机阳离子或有机碱性物质时，宜选用阳离子交换树脂；当分离无机阴离子或有机酸时，宜采用阴离子交换树脂。对氨基酸等两性物质的分离，既可用阳离子交换树脂，也可用阴离子交换树脂。对某些贵金属和有毒金属离子（如 Hg^{2+}），可选择螯合树脂交换回收。对有机物（如酚），宜用低交联度的大孔树脂处理。绝大多数脱盐系统都采用强型树脂。

五、浮选剂与浮选法

浮选是通过空气鼓入水中产生的微小气泡与水中的悬浮物粘附在一起，靠气泡的浮力一起上浮到水面而实现固液或液液分离的操作。在进行浮选操作时，为了增加污水中悬浮颗粒的可浮性，以提高浮选效果，需向污水中投加各种化学药剂。这种化学药剂称为浮选剂。浮选剂根据其作用的不同可分为以下几种：

1. 捕收剂

污水中的污染物质是多种多样的，其中许多颗粒表面亲水，不易浮选，需投加药剂使其与颗粒表面作用，以改变颗粒—水溶液界面、颗粒—空气界面自由能，提高污染物的可悬浮性。这种能够提高颗粒可悬浮性的药剂称为捕收剂。捕收剂一般为含有亲水性（极性）及疏水性（非极性）基团的有机物，如硬脂酸、脂肪酸及其盐类、胺类等。

2. 起泡剂

浮选过程浮起大量悬浮颗粒或絮体，需要大量的气—液界面，即大量气泡。起泡剂的作用机理主要是降低液体表面自由能，使其产生大量微细且均匀的气泡，防止气泡相互兼并，造成相当稳定的泡沫。因此，起泡剂的作用是作用在气—液界面上，用以分散空气，形成稳定的气泡。但在一定程度上，由于起泡剂与捕收剂分子间的共吸附和相互作用，而加速颗粒在气泡上的附着。但起泡剂在降低气—液界面自由能的同时，也降低了可浮性指标，对浮选不利。因此，起泡剂的用量不可过多。

起泡剂大多是含亲水性和疏水性基团的表面活性剂。根据其成分不同，可分为萜类化合物、重吡啶、脂肪醇类、合成洗涤剂等。

3. 调整剂

为了提高浮选过程的选择性，加强捕收剂的作用并改善浮选条件，在浮选过程中常使用调整剂。调整剂包括抑制剂、活化剂和介质调整剂三大类。

(1) 抑制剂　污水中存在着许多物质，它们并非都是有毒物质或都是值得回收的物质。因此，往往需要从污水中优先浮出一种或几种有毒或值得回收的物质，这就需抑制其他物质的可浮性。这种能够降低物质可浮性的药剂称为抑制剂。

(2) 活化剂　为了达到排放标准规定的悬浮物指标，有时需进一步去除上述这些被抑制的物质，需要投加一种药剂来消除原来的抑制作用，促进浮选的进行。这种用来消除原来抑制作用的药剂称为活化剂。

(3) 介质调整剂　介质调整剂的主要作用是调整污水的 pH 值。对浮选来说，调整剂的主要作用是：

1) 被浮颗粒（絮凝体）的成分决定 pH 值。污水中许多颗粒（絮凝体）以盐的形式存在，它们在水中可以部分水解生成 OH^- 或 H^+。

2) 悬浮颗粒和胶粒化学混凝团聚要求相应的 pH 值。

3) 各种浮选剂与颗粒（絮凝体）表面相互作用要求特定的 pH 值。药剂的离子（分子）的含量常常决定于水介质的 pH 值。例如脂肪酸作捕收剂时，只有在碱性溶液中才能解离出大量活性脂肪酸离子等。

第三节　固体废物治理与土壤中重金属污染治理

大多数固体废物经过某些技术环节处理，可以回收多种有用资源，有些固体废物本身就是某些行业生产中可以直接利用的原料。因此，实施固体废物资源化不仅在环境治理上具有意义，而且在经济上具有重要意义。

一、固体废弃物处理与材料回收

固体废弃物中含有多种有用原材料，如废纸、废橡胶、塑料、玻璃、纺织品、废钢铁与非金属等。经过适当的单元处理技术，可使各种材料得到分选与回收。如由几种处理单元技术组合，形成对垃圾加工、分选的工程系统，可组成材料回收系统。但由于不同的垃圾中含可回收材料的内容与数量不同，因此，有否建立回收系统的价值，应通过技术经济评价加以决策。评价中的主要条件是产品应满足市场需要，包括产品的纯净度与堆密度等。其次是各类回收物品的产量与运输条件。根据上述各条件，确定产品价格，并设计回收技术系统。经济发达国家虽已建立了不少类似回收系统，但产品受市场条件的明显制约。

二、固体废物资源化

不同国家产生的固体废物，特别是城市垃圾，在性质与成分上存在着显著差异，采用何种技术手段实施资源化，以及其深度与广度，必须根据国情进行评价、决策。一些工业化国家的城市垃圾中可回收利用的原材料含量较高，适宜于采用较大规模的垃圾处理与资源回收。而像我国这样经济发展中国家，目前由于城市垃圾中可回收资源有限，不宜建立大型垃圾处理与回收系统。但随经济的发展与人民生活水准的不断提高，这样大规模垃圾处理与资源回收系统的建设，终究会提到日程上来。

工业废渣的利用也是固体废物综合利用与资源化的重要方面。例如我国利用矿渣、煤矸石、锅炉灰渣与冶炼渣等，开发生产了多种建筑材料；利用废煤矸石为燃料的坑口电站，回收了能源；利用煤矸石烧结，制取聚合氯化铝混凝剂；利用有色金属废渣提取稀、贵金属等，获得了重大的环境与经济效益，为我国工业废渣的综合利用开辟了广阔的道路。

三、固体废弃物填埋处理用的材料

无论是发达国家还是发展中国家，都不可避免地面临着自然资源垃圾化和垃圾危害化的严重威胁。目前国内外比较经济地处理垃圾的办法是建造垃圾填埋场，进行卫生填埋。这一方法现已成为我国垃圾处理的首选技术。在垃圾的填埋过程中，由于压实、降雨等作用，会从垃圾层中渗出有机物含量很高的废水——渗滤液，如果处理不当，会对地下水等水源造成污染，并且用人工方法对污染水源进行再净化几乎是不可能的。所以在建造垃圾填埋场的时候，除了进行合理选址和科学规划设计外，通常在垃圾填埋场的底部和四周还要设置填埋衬层来防止对地下水造成污染。由于天然黏土特别是蒙脱石具有良好的吸附性能，因此往往被用作建造填埋场的衬层。

在国外，利用天然黏土作为垃圾卫生填埋场防渗衬层建筑材料，开始于20世纪60年代中期。利用天然黏土建造一定厚度的衬层并经夯实处理后，能起到防止垃圾渗滤液和无机污染物渗漏的作用。然而我国城市垃圾渗滤液是一种有机物含量高、强污染、组成复杂的综合有机污水，在垃圾卫生填埋场建造工程中如何防止垃圾渗滤液有机物渗漏，已成为一个新的难题。目前普遍使用的施工方案是在天然黏土衬层之上再铺垫一层价格昂贵且依赖于进口的高分子聚合物薄膜防渗材料，使衬层建造成本大大提高。

膨润土具有优良的吸湿膨胀性、低渗透性、高吸附性及良好的自封闭性能，尤其是钠基膨润土的吸水性强、膨胀倍数大、阳离子交换容量高，即使是在较高温度下仍能保持其膨胀性和吸附能力。在有机污染物和生活垃圾的土地填埋中，若在防渗材料中将有机黏土矿物和传统的钠基蒙脱石混合使用，其中有机黏土矿物可吸附有机污染物，分散的钠基膨润土可以阻止水的流动，可延缓污染物穿透防渗材料的速度。对膨润土进行有机改性，可以提高其吸附能力。它们对水中多环芳烃、苯酚、苯胺对硝基苯酚等有机物的吸附非常有效，吸附能力远大于原土。

铝土矿是由铝的氢氧化物（如硬水铝石、一水软铝石、三水铝石等）与其他矿物（如含水氧化铁、含水铝的硅酸盐、蛋白石等胶态矿物）胶结而成。垃圾渗滤液是一种污染物含量高、强污染、组分复杂，特别是有机污染物种类繁多的有毒有害有机废水。利用铝土矿混凝及吸附方法，对垃圾渗滤液进行处理，其中48.93 %的有机污染物完全被去除。

天然蒙脱石层间域存在着大量可交换的亲水性无机阳离子，使蒙脱石表面通常形成一层薄薄的水膜，具有强烈的亲水性，因而不能有效地吸附疏水性有机污染物。但是，经过多种方法改性的有机蒙脱石和含高化合价离子蒙脱石均能提高对有机污染物的吸附能力。利用改性蒙脱石作为垃圾填埋防渗衬层建造材料，能有效地阻止垃圾渗滤液中有机污染物在衬层中的迁移与渗漏，而且还能保持其粘性以防止所建衬层的断裂，并能堵塞地下溶洞，因而适用于具有较强的地应力地质特征的城市垃圾卫生填埋场中防渗衬层的建造工程。

国内外对放射性废物的处理一般都是将废物封闭贮存在金属结构容器内，永久埋藏在地质环境有利的大钻孔里或进行深海存储。这种方式随着时间的延长，易造成污染物渗漏出放射性成分的隐患。为了有效处理放射性废物，发达国家在20世纪90年代初期开始将膨润土用于核废物的地质处置回填材料，并进行了卓有成效的研究。结果显示，防渗性好、吸附性强的蒙脱石是一种封存封闭滤毒罐的理想隔绝材料。在深埋地下的滤毒罐周围使用钠基膨润土粉末填塞，当蒙脱石遇水饱和膨胀后，与岩石和滤毒罐融为一体，既可避免滤毒罐与周围的岩土发生理化作用，又能过滤、捕集泄漏的小量放射性物质防止其向土壤中渗透，从而达到对放射性污染的控制。

四、土壤中重金属污染治理

重金属污染是对生态环境产生严重影响的重要污染类型，它是指由于人类活动将重金属排放到环境中，致使环境中重金属含量明显高于原有含量、造成生态环境质量恶化的现象。在环境污染方面所说的重金属，主要指生物毒性显著的Hg、Cd、Pb、Cr以及类金属As，还包括具有毒性的重金属Zn、Cu、Co、Ni、Sn等，它们主要来源于采矿（Cd^{2+}、Cr^{3+}等）、冶金（Cd^{2+}、Pb^{2+}等）、化工（Cu^{2+}、Cd^{2+}、Zn^{2+}和Cr^{2+}等）、电镀（Cd^{2+}、Zn^{2+}和Pb^{2+}等）、皮革（主要为Cr^{3+}等）等工业排放的废水和固体垃圾填埋场的渗滤液（主要为Cd^{2+}、Zn^{2+}、Pb^{2+}、Cu^{2+}和Cr^{3+}）。如果含重金属离子的液体不经处理直接排放到自然环境中，将严重威胁到人类赖以生存的土壤的开发与安全利用。

将天然矿物用于土壤重金属污染防治领域，具有开发土壤天然自净化作用的特色，并为土壤重金属污染防治提供矿物学新方法，进而能为改善土壤环境、防止耕地污染与保护国土质量提供具体的对策和措施。在土壤重金属污染物防治途径中，人们一直在强调土壤自身的净化能力。土壤自净化能力离不开土壤中矿物对重金属的吸附与解吸作用、固定与释放作用。土壤中矿物的净化能力的大小反映了土壤自身的净化能力与容纳能力。此外，对土壤中多种黏土矿物进行改性，以形成有机黏土矿物，可有效截住或固定有机污染物，阻止地下水的进一步污染，限制有机污染物在土壤环境中迁移扩散。

在土壤中，黏土矿物是土壤胶体的主体，土壤胶体的自净化作用在某种程度上是指黏土矿物性质的体现。黏土矿物主要是由粒径小于2μm的层状硅酸盐矿物组成。黏土矿物由于其颗粒细微、比表面积巨大和具有结构层间域的特征等，使之具有吸附性、离子交换性、膨胀性等特殊性能。层状硅酸盐矿物以及黏土矿物具有的上述特性，使其可以在重金属污染的治理中发挥特殊的功效。

大量矿区地质测试数据表明，环境污染问题产生的根本原因在于近地表岩（矿）石的黏土化或成土过程中Cr、Pb、Cd、As、Sb、Hg等有害元素被吸附而富集在黏土矿物中；与地壳丰度相比，Cr、Pb、Cd、As、Sb、Hg的含量明显较高，有的含量甚至高达上百倍，主要是因为岩（矿）石黏土化过程中高岭石和蒙脱石等黏土矿物对Cd、Pb、Cr、As、Hg等有害元素进行吸附、富集造成的。

当有毒物质进入土壤后，土壤胶体首先吸附带相反电荷的离子或络合物，如金属离子或化学农药，使污染物质的活性和扩散性大大减弱，也抑制了污染物质参与再循环。其次，黏土矿物层内表面不仅可吸附交换性离子，还可以把一些有毒的阳离子吸附在层间的晶架结构内而成为固定离子，消除了污染物的毒害。利用土壤中广泛分布的天然黏土矿物治理土壤重金属污染物，体现了利用天然矿物发挥自净化作用的特色，展示了黏土矿物在环境演变和环境治理过程中的重要作用。

土壤的主要矿物组成除黏土矿物外，还存在大量的铁锰铝氧化物及氢氧化物、硅氧化物、碳酸盐、有机质硫化物等天然矿物。天然铁锰铝氧化物及氢氧化物的表面具有明显的化学吸附性特征，锰氧化物与氢氧化物还具有较完整的孔道特性。因此，铁锰铝氧化物及氢氧化物具有净化重金属污染物的功能，成为土壤环境中吸附固定态重金属污染物的有效物质。

氧化铁矿物是土壤中吸附土壤中有毒重金属的主要载体。氧化铁表面对氟、砷等元素的选择性吸附及其解吸作用是造成红土中氟、砷等元素活化迁移和污染的重要机理。可以利用氧化铁矿物这一特性，一方面用氧化铁矿物作为环境矿物材料吸附固定土壤中的有毒重金属元素；另一方面在改变介质条件的情况下，使其解吸释放这些污染元素，或用吸附力更强的无污染元素代换重金属元素，以便达到再次利用的目的。如用Ca、Na处理氧化铁矿物对微量元素Cd的代换性吸附，使原有的特性吸附在外界环境改变下转化为可变的交换性吸附，再用提取剂提取这些毒性元素，使氧化铁矿物又能再次作为环境矿物材料被利用。

第四节　其他污染控制材料与技术

一、噪声污染控制材料与技术

噪声是声波的一种，具有声音的所有特征。从物理学的观点来看，噪声是指声波的频率和强弱变化毫无规律、杂乱无章的声音。近年来，我国已颁布了声学方面的一系列国家标准，其中 GB3096—1993 中规定的城市区域环境噪声标准如表 9-4 所示。

表 9-4　城市区域环境噪声标准（等效声级 L_{eq}）　（单位 dB）

适用区域	昼间	夜间
特殊住宅区	45	35
居民区、文教区	50	40
一类混合区	55	45
二类混合区 商业中心区	60	50
工业集中区	65	55
交通干线道路两侧	70	55

注：“特殊住宅区”是指特别需要安静的住宅区；“居民、文教区”是指纯居民区和文教、机关区；“一类混合区”是指一般商业与居民混合区；“二类混合区”是指工业、商业、少量交通与居民混合区；“商业中心区”是指商业集中的繁华地区；“工业集中区”是指在一个城市区域内规划明确确定的工业区；“交通干线道路两侧”是指车流量每小时 100 辆以上的道路两侧。

从噪声源控制噪声，这是最积极最彻底的控制措施。分析噪声源发声的机理，消除噪声发生的根源，采用吸声、隔声、减振、隔振、安装消声器等措施。

如果从声源上控制噪声效果不好或因条件所限不能实施时。应从噪声的传播途径上采取控制的措施。噪声在传播过程中，其强度将随着距离的增加而逐步减弱。例如，离噪声源稍远的地方，距离每增加一倍，噪声衰减 6dB。因此，可以在城市或工厂的总体设计上进行合理布局，使需要安静的地方远离吵闹的马路、车间工厂等噪声源。或者利用屏障阻挡噪声，例如山丘、土坡、高大建筑物、树林等。噪声源具有高频指向性，通过改变机器设备安装的方向，使噪声源指向旷野或天空，可以降低高频噪声的影响。

上述措施虽能达到降低噪声的目的，但其程度是有限的。最有效的办法是在噪声传播的途径上采用声学控制措施，例如采用吸声材料与吸声结构，或采用隔声结构，可以抑制噪声的传播。

1. 吸声材料与吸声处理技术

吸声处理是控制音质和降低噪声的重要方法之一。它是利用某些吸声材料或吸声结构吸收声能来降低噪声强度。

吸声材料多是一些多孔的材料，这类材料的吸声机理是：当声波进入多孔材料的孔隙中时，引起空隙间的空气分子和纤维振动，由于空气与孔壁的摩擦阻力、空气的粘滞阻力和热传导等作用，使相当一部分声能变为热能而耗散掉，从而起到吸声作用。因此，多孔材料必须具有大量微孔，各孔之间要连通并通到材料表面，使空气可以自由进入。

吸声材料的吸声性能可以用吸声系数 α 来衡量。吸声系数等于被吸收的声能（E）对入射声能（E_0）之比。即

$$\alpha = \frac{\text{吸收声能}}{\text{入射声能}} = \frac{E}{E_0}$$

吸声系数 α 与材料的性质有关。一般说，密度小和孔隙多的材料，吸声系数大，吸声性能好；而结构紧密、光滑、坚硬的材料吸声系数小，吸声性能差。吸声系数还与声波的频率有关，通常用125、250、500、1 000、2 000、4 000六个频率的吸声系数表示材料的吸声频率特性。吸声系数可用混响室或驻波管法进行测定。

影响多孔材料吸声性能的主要因素有：

1）材料的空隙率。多孔材料中通气的孔隙体积与材料总体积之比称为空隙率。一般多孔吸声材料的空隙率在70%以上。

2）吸声材料的结构特性。材料吸声系数与材料的结构特性有关。材料的结构特性在这里是指材料的厚度和堆密度。

吸声材料的厚度关系到它的吸声频率特性。一般说，低频范围的吸声性能随材料厚度的增加而提高。但厚度增加对高频声的吸收影响不明显，因为高频声在吸声材料表面就被吸收。

当某种吸声材料的堆密度一定时，吸声系数的大小取决于材料厚度与声音频率的乘积。材料堆密度增加时，空隙率相应降低，能改善低频吸声效果，但高频吸声效果降低。堆密度过大，吸声效果会显著降低。

材料厚度一定的多孔材料，改变它背后空气层的厚度，对吸声性能有很大影响。通常，在空气层厚度等于1/4波长的奇数倍时，可获得该频率最大吸声系数。

吸声结构一般都是共振结构。利用共振的原理吸收声能，往往能获得较好的低频吸声效果。常用的吸声结构有薄板共振吸声结构。

薄板共振吸声器是一种盒式结构，它是用不透气的薄层（如胶合板、硬质纤维板等），将其四周固定，并在背后留一定厚度的空气层组成。板后的空气层相当于弹簧，当声波入射到薄板时，由于声压的作用，迫使薄板产生振动，使板发生弯曲变形，出现内摩擦，使部分振动能转变为热能而消耗掉。当入射声波与振动系统的固有频率接近时，发生共振现象，此时振动最大，吸声最显著。

2. 隔声材料与隔声技术

用屏蔽物使入射声反射而隔断声波的传播，或者用围护结构把噪声控制在一定范围内，这种方法叫做隔声。隔声罩和屏障是工厂控制噪声的最有效的方法之一。隔声处理可分为空气声的隔绝和固体声的隔绝两类。

隔声罩要取得较好的降噪效果，必须满足一定的条件。一般机器的隔声罩由罩板、阻尼涂料和吸声层构成。小型设备一般采用1～3mm厚的钢板作罩板。根

据实验测定，当厚度为1，2，3mm时，隔声量分别为25，29，32dB。其形状与声源设备轮廓相似，最好为曲面形体，尽量少用方形，以防止驻波效应，使隔声量降低。罩体应有一定厚度的阻尼层，厚度不小于罩壁厚度的2~4倍，以有效抑制共振的不利影响。隔声罩内应衬吸声材料，平均吸声系数不应低于0.5，否则罩内混响声会使实际隔声效果受影响。隔声罩要密封，缝隙和孔洞将严重影响其隔声性能。由于操作、维护、检修等要求，需开孔或穿过管道等，要采取必要的密封、减振及消声措施。隔声罩与发声设备间不能有刚性连接。

在某些场合，由于实际条件所限，例如由于机器操作、维护等要求，或交通噪声的控制，不宜采用全封闭性的隔声措施，这时可采用隔声屏来降低某区域的噪声。所谓隔声屏，就是放在噪声源和受声点间用隔声结构制成的屏障，它能使屏障后形成一个声影区，使噪声降低。

3．消声器

消声器是一种能使噪声衰减而气流能顺利通过的装置，因此它是控制气流噪声通过管道向外传播的有效工具。它一般装在空气动力设备的气流通道或进气、排气口上。

消声器种类很多，根据声能衰减原理，基本上可分四类：阻性消声器、抗性消声器、复合式消声器和微穿孔板消声器。

阻性消声器是由吸声材料按一定排列方式固定在气流通道（或管道）内壁构成的，它通过吸声材料吸收声能而使噪声衰减。阻性消声器对中、高频的噪声消声效果好，结构简单，在实际中被广泛用于消除风机、燃气轮机等的进气噪声。阻性消声器结构形式很多，主要有管式、片式、蜂窝式、折板式、迷宫式和声流式。

还有微穿孔板消声器，即用微穿孔板结构作为消声器贴衬材料构成的消声器。这种消声器不仅效果好，而且空气动力性能好，不怕油雾和水蒸气，能耐高温。也可由多孔材料直接构成，使高速排气管的排气速度降低。如排气速度降低1/2，则噪声可降低24dB。除此之外，还有喷注耗散型消声器等。

二、电磁波防护材料

电气与电子设备仪器已遍及生产、科学研究与医疗卫生等各个领域，并已进入人们日常生活之中。随着电子工业的发展与电子仪器设备的广泛应用而造成的电磁辐射对环境的污染与危害，已愈来愈为人们所认识。

1．电磁污染与传播

电气与电子设备的运行过程所产生的电波，其实质就是电磁辐射。从频率的概念而言，主要是指射频电磁场频段。当射频电磁场达到足够的强度时，就会对生物体产生作用，机体可吸收一定的辐射能量，发生生物学效应，主要表现为热效应。此外，机体中的电解质因受场力作用发生位移，在高频条件下，在平衡位置上振动发热。机体内的体液多为导体，在不同程度上具有闭合回路的性质，在电磁场作用下，局部发生感应涡流致热。这种能量转化率与场强成正比。当射频电磁场辐射强度在一定范围内，可对人体有良好作用；而超过一定范围时，则可破坏人体热平衡，有害健康。

电磁辐射对人体危害程度随波长而异，波长愈短对人体作用愈强，微波作用最为突出。射频电磁场的生物学活性与频率的关系为：微波 > 超短波 > 短波 > 中波 > 长波。微波对生物危害的一个显著特点是具有积累性，在一次伤害未得到恢复前再次受辐射，伤害将积累；多次积累，则伤害不易恢复。

(1) 射频污染源的种类　射频电磁场包括两类：天然源与人为源。天然源是由自然现象所引起。由于大气中发生电离作用，导致电荷的蓄积，从而引起放电现象。这种放电的频带较宽，可从几千周到几百兆周，乃至更高的频率。人为源按频率的不同可分为工频场源与射频场源。工频场源以大功频输电线路产生的电磁污染为主，也包括若干放电型污染源。射频场源主要由无线电或射频设备工作过程产生的电磁感应与电磁辐射所引起。由于电子工业的迅速发展与电气、电子设备的广泛应用，人为电磁辐射污染已成为环境污染的主要来源。现将天然电磁污染源列于表9-5，人为电磁污染源列于表9-6。

表 9-5　天然电磁污染源

分　类	来　源
大气与空间污染源	自然界的火花放电、雷电、台风、高寒地区飘雪、火山喷烟
太阳电磁场源	太阳的黑子活动与黑体放射
宇宙电磁场源	银河系恒星的爆发、宇宙间电子移动

表 9-6　人为电磁污染源

分　类		设 备 名 称	污染来源与部件
放电所致污染源	电晕放电	电力线（送配电线）	由于高电压、大电流而引起静电感应、电磁感应、大地漏泄电流所造成
	辉光放电	放电管	白光灯、高压水银灯及其放电管
	弧光放电	开关、电气铁道、放电管	点火系统、发电机、整流装置
	火花放电	电气设备、发动机、冷藏车、汽车	整流器、发电机、放电管、点火系统
工频辐射场源		大功率输电线、电气设备、电气铁道	污染来自高电压、大电流的电力线场电气设备
射频辐射场源		无线电发射机、雷达	广播、电视与通信设备的振荡与发射系统
		高频加热设备、热合机、微波干燥机	工业用射频利用设备的工作电路与振荡系统
		理疗机、治疗机	医学用射频利用设备的工作电路与振荡系统
建筑物反射		高层楼群以及大的金属构件	墙壁、钢筋、吊车

(2) 电磁污染的传播途径　电磁污染大体可由下述三种途径传播：空间辐射、导线传播、复合传播。

电磁辐射是不可见的物理性污染。防治这种污染的技术称为“抑制”技术。常用的抑制技术包括屏蔽和吸波几个方面。

2. 电磁屏蔽材料与技术

(1) 电磁屏蔽的原理与方式　电磁屏蔽是采用某种能抑制电磁辐射能扩散的材料，将电磁场源与外界隔离开来，使辐射能限制在某一范围内，达到防止电磁污染的目的。屏蔽材料选用良导体。当场源作用于屏蔽体时，因电磁感应，屏蔽体产生与场源电流方向相反的感应电流而生成反向磁力线，这种磁力线与场源磁力线相抵消，达到屏蔽效应。屏蔽体采取接地处理，使屏蔽体对外界一侧电位为零，这样电场也起到屏蔽作用。电磁屏蔽的实质是利用屏蔽材料的吸收与反射效应。由于反射作用，使射入屏蔽体内部的电磁能显著减少；而射入屏蔽体内的部分电磁能又被吸收，从而使穿透屏蔽体的能量显著降低。

屏蔽方式根据场源与屏蔽体相对位置不同可分为主动场屏蔽与被动场屏蔽两类。主动场屏蔽是将场源作用限制在某一范围之内，使之对限定范围之外的任何生物机体或仪器不产生影响。主动场屏蔽的特点是场源与屏蔽体之间距离小，结构严密，可以屏蔽电磁场强大的场源，要有符合技术要求的接地处理。被动场屏蔽是将场源设置于屏蔽体之外，使之对限定范围内的生物机体或仪器不产生影响。其特点是屏蔽体与场源间距离大，屏蔽体可不接地。

(2) 屏蔽材料与结构　实验证明，铜、铝与铁对各种频段的电磁辐射源都有较好的屏蔽效果。在屏蔽设计中，可以根据技术与经济评价选材。一般情况，电场屏蔽宜选用铜材，磁场屏蔽则宜选用铁材。

屏蔽体结构一般选用板、网结构以及表面涂覆等。板结构的设计厚度根据下式确定：

$$R_a = 1.314d\sqrt{fG\mu}$$

式中　R_a——金属板内对电磁能吸收衰减量（dB）；

d——金属板厚度（cm）；

G——金属相对导电系数；

μ——金属磁导率；

f——场源频率。

由上式可见，电磁能的吸收衰减随屏蔽层厚度增大而增大。但由于射频电流的集肤效应，过厚的屏蔽也是不必要的。实验表明，当厚度超过 1mm 时，屏蔽效果不再有显著改善。

对于网状结构，设计应考虑网孔目数与层数。网孔目数愈大，金属丝直径愈粗，愈有利于屏蔽。对中、短波场源屏蔽要求不严格，可以根据取材的方便确定。对于微波场源则要高目数网材，但网孔的直径要防止与波长构成比例关系。网层数的选择根据屏蔽要求而定，一般双层效果远高于单层。

屏蔽体要求有较好的整体性，交接处需用严格的焊接结构。缝隙与门窗要严密，但防止产生绝缘部位。

将碳材料与树脂和水泥复合制备的复合材料，增加了材料的导电性、耐磨耗性和耐冲击性等，能够用作防静电材料、电磁屏蔽材料等。将石墨尾矿用作军用建筑材料，成本低廉，屏蔽性能优越。

3. 吸波材料与微波污染控制

对于微波辐射污染控制，可以采用对这种辐射能产生强烈吸收作用的材料敷设于场源外围，以防止大范围的污染。目前电磁辐射吸收材料可分为两类。一类为谐振型吸收材料，是利用某些材料的谐振特性制成的吸收材料。这种吸收材料厚度小，对频率范围较窄的微波辐射有较好的吸收效率。另一类为匹配型吸收材料，是利用某些材料和自由空间的阻抗匹配，达到吸收微波辐射能的目的。

应用吸收材料防护，一般多用在微波设备调试过程，要求在场源附近能将辐射能大幅度衰减。实际应用的吸收材料种类繁多，如各种塑料、橡胶、胶木、陶瓷等加入铁粉、石墨、木材和水等物质制备而成。此外，应用等效天线吸收辐射能，也有良好的效果。

参考文献

1 Christmann K, Ertl G. Interaction of hydrogen with Pt (111) the Role of Atomic Steps. Surface Sci., 1976, 60: P365 ~ 384

2 Stella Triantafyllou, Eirini Christotoulou, Paraskevi Neou Syngouna, Removal of Nickel and Cobalt from Aqueous Solutions by Na-Activated Bentonite J, Clays and Clay Minerals, 1999, 47 (5): 567 ~ 572

3 Toyoda M, Inagaki M. Heavy Oil Sorption Using Exfoliated Graphite: New Application Graphite to Protect Heavy Oil Pollution. Carbon, 2000, 38: P199-210

4 蔡凤田. 汽车排放污染物控制实用技术. 北京：人民交通出版社，1999

5 陈静. 氧化铁矿物作为环境材料在土壤和水体中的应用. 贵州地质，2001，18 (3)：205 ~ 209

6 传秀云. 碳材料在环境工学方面的应用. 岩石矿物学杂志，2001，20 (4)：507 ~ 510

7 邓南圣，吴峰. 环境化学教程. 武汉：武汉大学出版社，2000

8 段宁，岑运华，周泽兴. 污染防治技术研究与开发. 北京：中国环境科学出版社，2000

9 高廷远，顾国维. 水污染控制工程. 北京：高等教育出版社，2000

10 顾国维，何澄. 绿色技术及其应用. 上海：同济大学出版社，1999

11 郭静，阮宜纶. 大气污染控制工程. 北京：化学工业出版社，2001

12 合田健. 水环境指标，北京：中国环境科学出版社，1989

13 何宏平，郭九皋，朱建喜，杨丹. 蒙脱石、高岭石、伊利石对重金属离子吸附容量的实验研究. 岩石矿物学杂志，2001，20 (4)：273 ~ 278

14 黄成彦. 中国硅藻土及其应用. 北京：科学出版社，1993
15 黄少云，马广伟，葛学贵. 改性膨润土在环境保护中的应用. 岩石矿物学杂志，2001，20（4）：490～494
16 李红阳，牛树银，王宝德. 矿物材料与环境污染治理——以黏土矿物和沸石为例. 北京地质，2001，13（4）：8～12
17 李金洪，鲁安怀，高永华. 民用燃煤烟尘特征及环境矿物材料固硫剂开发. 地学前缘，2001，4：315～320
18 刘景良. 大气污染控制工程. 北京：中国轻工业出版社，2002
19 鲁安怀. 环境矿物材料在土壤、水体、大气污染治理中的利用研究. 岩石矿物学杂志，1999，18（4）：292～300
20 彭近新，陈慧君. 水质富营养化与防治. 北京：中国环境科学出版社，1988
21 钦佩，安树青，颜京松. 生态工业学. 南京：南京大学出版社，1999
22 任子平，杨赞中. 矿物的环保功能及其应用研究进展. 矿产保护与利用，2001（6）：44～48
23 石俊仙，鲁安怀. 黄铁矿处理含 Cr（Ⅵ）废水体系的研究. 内蒙古工业大学学报，2001，20（1）：6～9
24 松村芳美. 新版活性炭—基础应用，东京：讲谈社，1992
25 童志权. 工业废弃净化与利用. 北京：化学工业出版社，2001
26 涂锦葆，电镀废水治理手册，北京：机械工业出版社，1989
27 汪灵，张振禹. 2：1 型层状硅酸盐的羟基定位结构及其矿物材料学意义. 矿物岩石地球化学通报，1997（9）：137～138
28 王宁，朱俊，冯俊明，张强. 金属元素调控在水华治理中的作用初探. 岩石矿物学杂志，2001，20（4）：533～535
29 王宁，朱俊，冯俊明，张强. 隐身材料研究开发现状与矿物材料在其中的应用. 矿物学报，2001（6）：345～350
30 王天民. 生态环境材料. 天津：天津大学出版社，2000
31 肖文德，吴志泉. 二氧化硫脱除与回收. 北京：化学工业出版社，2001
32 谢晓凤，王京刚. 黏土矿物材料在水处理中的应用. 国外金属矿选矿，2002（1）：22～25
33 杨胜科，周春雨，张威，费晓华. 非金属矿物材料处理含铅废水影响因素探讨. 化工矿物与加工，2002（5）：11～12
34 杨赞中，廖立兵，杜洪兵，范丽珍. 非金属矿物在环境治理中的应用. 矿物岩石地球化学通报，1999，18（4）：257～260
35 尹琳，陆现彩. 一种对饮用水进行降氟、矿化处理的新材料. 岩石矿物学杂志，2001，20（4）：536～538
36 云南环境科学研究所，昆明煤炭科学研究所. 云南寻甸县先锋硅藻土在造价纤维及其他工业废水处理中的应用研究报告. 1986
37 周律. 环境工程技术经济和造价管理. 北京：化学工业出版社，2001
38 朱世勇. 环境与工业气体净化技术. 北京：化学工业出版社，2001